U0395787

基于企业自行监测的污染物监测方法指南

韩中豪　主编

杨智慧　刘　红　宋　钊　潘妙婷　副主编

华东理工大学出版社
EAST CHINA UNIVERSITY OF SCIENCE AND TECHNOLOGY PRESS
·上海·

图书在版编目(CIP)数据

基于企业自行监测的污染物监测方法指南／韩中豪
主编.—上海:华东理工大学出版社,2020.12
ISBN 978-7-5628-6354-0

Ⅰ.①基… Ⅱ.①韩… Ⅲ.①企业环境管理—环境监
测—指南 Ⅳ.①X322-62

中国版本图书馆 CIP 数据核字(2020)第 238042 号

内容提要

本书提出企业自行监测方案编制的基本要求和思路,筛选上海市主要行业所涉及的大气和水污染物排放标准、建设用地土壤污染风险管控标准以及地下水中的控制因子,对其监测方法进行筛查、整理和研究;从标准方法适用性、非标方法选择、自行监测方案编制和资质申请等方面建立适合上海当前环境管理需要的大气、水体和土壤污染物分析方法指南。

本书可供各级环保管理部门、监测机构、企业环保管理人员使用,作为相关单位和从业人员开展监测技术活动的参考用书,也可作为高等院校环境科学与工程专业本科生或研究生的专业教材。

策划编辑／李佳慧
责任编辑／李佳慧
装帧设计／徐　蓉
出版发行／华东理工大学出版社有限公司
　　　　　地址:上海市梅陇路 130 号,200237
　　　　　电话:021-64250306
　　　　　网址:www.ecustpress.cn
　　　　　邮箱:zongbianban@ecustpress.cn
印　　刷／上海中华商务联合印刷有限公司
开　　本／710 mm×1000 mm　1/16
印　　张／21.75
字　　数／376 千字
版　　次／2020 年 12 月第 1 版
印　　次／2020 年 12 月第 1 次
定　　价／158.00 元

基于企业自行监测的污染物监测方法指南
编辑委员会

序

preface

生态环境监测是保护生态环境的基础工作，是推进生态文明建设的重要支撑。加强生态环境监测，是构建生态环境领域治理体系和治理能力现代化的重要组成部分。

近年来，国家大力推进污染源环境管理制度改革，加快构建以排污许可制为核心的固定污染源监管制度体系。生态环境部陆续出台了《排污单位自行监测技术指南 总则》和重点行业排污单位自行监测技术指南，进一步明确了自行监测相关技术和质控要求；上海市生态环境局也相继制定了关于排污单位自行监测检查等工作的有关文件，督促和指导排污单位规范有序地开展自行监测工作。

环境监测方法标准具有强制性、规范性、技术性和时限性，排污单位及其委托的社会环境监测机构在开展自行监测时应按照统一的标准规范开展监测活动，不断增强监测数据的真实性、准确性和可比性。为此，上海市环境监测中心组织编制了《基于企业自行监测的污染物监测方法指南》，本书的出版可作为高等院校环境科学与工程专业本科生或研究生的专业教材，也可为相关单位和从业人员开展监测技术活动提供有益的借鉴和参考。

2020 年 7 月

前　言
foreword

环境监测数据是客观评价环境质量状况、反映污染治理成效、实施环境管理与决策的基本依据。自行监测是排污单位为掌握本单位的污染物排放状况及其对周边环境质量的影响等情况，按照相关法律法规和技术规范，组织开展的环境监测活动。污染源监测是污染防治的重要支撑，也需要各方的共同参与。为适应环境治理体系变革，自行监测应发挥相应的作用，补齐短板，提供便利，为社会共治提供条件。

2017 年，《排污单位自行监测技术指南　总则》出台，之后陆续发布火力发电及锅炉、造纸、水泥、钢铁工业及炼焦化学、石油炼制、纺织印染、有色金属、平板玻璃、化肥工业、石油化学、农副食品加工、制革及毛皮加工、制药、电镀、农药制造、酒、饮料制造、食品制造、涂装、涂料油墨制造、水处理等行业自行监测指南，形成"1+N"的体系。根据近几年调研情况，除了国控重点企业自行监测开展情况相对较好外，其他排污单位自行监测工作并不理想。多数企业存在监测点位、监测指标覆盖不全、监测频次不合理、监测方法标准选择不当等问题。

上海市环境监测中心联合上海市化工环境保护监测站组织本市环境监测系统内资深环境监测专家，在国家标准、规范的基础上，结合多年的监测工作经验，提出企业自行监测方案编制的基本要求和思路，筛选上海市主要行业所涉及的大气和水污染物排放标准、建设用地土壤污染风险管控标准以及地下水中的控制因子，对其监测方法进行筛查、整理和研究，从标准方法适用性、非标方法选择、自行监测方案编制和资质申请等方面建立适合上海当前环境管理需要的大气、水体和土壤污染物分析方法指南，为各级环保管理部门、监测机构、企业环保管理人员提供借鉴。

在本书编写过程中，得到了许多专家的指导和帮助，受益匪浅。承蒙华东理工大学出版社大力支持，得以成书，在此一并深表谢意！

由于我们的水平和经验有限，书中难免有不妥之处，恳请广大读者批评斧正。

编写者

2020 年 7 月

目 录

contents

第1章 概 述

1.1 企业自行监测的背景

1.1.1 管理现状

近年来，全国生态环境系统全面落实大气、水、土壤污染防治三大行动计划，切实加大生态环境保护力度，积极推进生态文明建设，各项工作取得明显成效。环境监测是保护生态环境的基础工作，是推进生态文明建设的重要支撑。环境监测数据是客观评价环境质量状况、反映污染治理成效、实施环境管理与决策的基本依据。当前，地方不当干预环境监测行为时有发生，相关部门环境监测数据不一致现象依然存在，排污单位监测数据弄虚作假屡禁不止，环境监测机构服务水平良莠不齐，导致环境监测数据质量问题突出。我们要切实扛起生态文明建设和环境保护的政治责任，全面加强环境污染防治，加大生态保护力度，有效防范和化解环境风险，深化生态环保领域改革，立足我国生态环境保护需要，坚持依法监测、科学监测、诚信监测，全力打好污染防治攻坚战！

自行监测是指排污单位为掌握本单位的污染物排放状况及其对周边环境质量的影响等情况，按照相关法律法规和技术规范，组织开展的环境监测活动。污染源监测是污染防治的重要支撑，也需要各方的共同参与。适应环境治理体系变革的需要，自行监测应发挥相应的作用，补齐短板，提供便利，为社会共治提供条件。2013年，为了解决单纯依靠环保部门有限的人力和资源，难以全面掌握企业的污染源状况这一问题，原环境保护部组织编制了《国家重点监控企业自行监测及信息公开办法（试行）》，大力推进企业开展自行监测。2014年以来，陆续修订的《环境保护法》《大气污染防治法》《水污染防治法》《环境保护税法》明确了排污单位自行监测责任和要求。排污单位要按照法律法规和相关监测标准规范开展自行监测，制定监测方案，保存完整的原始记录、监测报告，对数据的真实性负责，并按规定公开自行监测方案、自行监测结果、未开展自行监测的原因、自行监测开展情况年度报告等。企业自行监测采用自动监测、手工监测、自动监测和手工监测相结合的技术手段。重点排污单位自行开展污染源自动监测的手工比对，及时处理异常情况，确保监测数据完整有效。自动监测数据可作为环境行政处罚等监管执法的依据。但由于企业自行监测处于起步阶段，其实施情况并不理想。多数企业监测能力薄弱、硬件投入不足，甚至根本没有开展监测的能力，自行监测方案制定、数据质量保证和质量控制、信息公开、第三方管理等工作有待不断完善。当前和今后一段时间，管理部门都要在强化企业污染源排放监测的主体地位、制定技术指南规范自行监测行为、提升自行监测数据质量和完善信息公开等方面继续努力。

1.1.2　技术指南体系

2017年4月，环境保护部印发了《排污单位自行监测技术指南　总则》（以下简称《总则》），在排污企业自行监测指南体系中属于纲领性的文件，起到统一思路和要求的作用，也起到"托底"作用。首先，对行业指南总体性原则进行规定，作为行业指南的参考性文件。其次，对于行业指南中必不可少，但要求比较一致的内容，可以在《总则》中进行体现，在行业指南中加以引用，既保证一致性，也减少重复。再次，对于部分污染差异大、企业数量少的行业，单独制定行业指南意义不大，这类行业企业可以参照《总则》开展自行监测。行业指南未发布的，也应参照《总则》开展自行监测。《总则》核心主要包括4个内容：自行监测的一般要求、监测方案的制定、监测质量保证与质量控制、信息记录和报告要求。

后续发布的行业自行监测指南，涉及火力发电及锅炉、造纸、水泥、钢铁工业及炼焦化学、石油炼制、纺织印染、有色金属、平板玻璃、化肥工业、石油化学、农副食品加工、制革及毛皮加工、制药、电镀、农药制造、酒、饮料制造、食品制造、涂装、涂料油墨制造、水处理等行业，形成一个"1+N"的体系。因我国是制造业大国，不同行业排污节点迥异，排放图谱千差万别，污染物排放相关的工况和参数指标都是不同的，监测点位、指标、频次都有很大差别。要说清不同行业应收集哪些信息，如何收集，分别应记录和上报哪些指标，必须分行业进行梳理分析，支撑排污许可申请与核发，规范企业自证守法行为。

行业自行监测技术指南以《总则》为指导，根据行业特点进行细化，在污染物指标确定上，以污染物排放标准为基础，做到全指标覆盖。同时，根据实地调研及相关监测结果，适当考虑实际排放或地方实际管控的污染物指标。

1.1.3　方法标准选择

开展监测活动的方法依据是选取的监测方法标准。根据具体的监测项目，应按照相应的监测方法标准，选择具体监测仪器设备，开展监测活动。我国监测方法标准有很多：① 生态环境部为配套污染物排放标准和质量标准，制定了一系列环境监测方法标准；② 我国其他行业的污染物监测方法标准，如职业卫生；③ 国际上一些监测方法标准。这些监测方法标准都可以用来开展监测，每项标准对监测适用条件、前处理要求、监测过程、质量控制等都有具体规定。

但目前的环境监测方法体系存在以下问题：① 环境监测方法标准之间缺乏协调性，方法标准与评价标准或其他行业的标准之间缺乏协调性；② 部分方法标准可操作性较差，一些关键问题如干扰等内容缺乏，监测过程的质量控制相对缺乏，监测中使用的关键性材料和设备规定不够；③ 方法标准的制定和技术水平落后于评价标准的强制监测项目的设定，使企业自行监测工作经常会遇到难以有效解决的问题。

1.2　企业自行监测的方案

根据目前对企业自行监测现状调研来看，除了原国家重点监控企业自行监测开展情况相对较好外，其他排污单位自行监测工作并不理想。多数企业存在监测点位、监测指标覆盖不全、监测频次不合理、监测方法不当等问题。本书依据相关政策规范，并结合多年的监测工作经验，提出企业自行监测方案编制的基本要求，指导企业和第三方检测实验室开展相关工作。

1.2.1　编制依据

2013 年，《国家重点监控企业自行监测及信息公开办法（试行）》（环发〔2013〕81 号）的发布对原国家重点监控企业的自行监测工作进行了全面指导和规范。为进一步推动企业的自行监测工作，2017 年起，国家生态环境部门陆续发布了不同行业的自行监测技术指南。截至 2020 年 6 月，已正式发布实施了《排污单位自行监测技术指南　总则》和 23 个行业的自行监测技术指南。此外，《在产企业土壤及地下水自行监测技术指南（征求意见稿）》也已公开征求意见。

　　各行业自行监测指南主要内容包括排污单位自行监测的一般要求、监测方案制定、信息记录和报告的基本内容和要求。总则除了包含上述内容外，还包括监测质量保证和质量控制的相关要求。

　　国家生态环境部门已发布的自行监测指南如下：

《排污单位自行监测技术指南　总则》（HJ 819 - 2017）

《排污单位自行监测技术指南　火力发电及锅炉》（HJ 820 - 2017）

《排污单位自行监测技术指南　造纸工业》（HJ 821 - 2017）

《排污单位自行监测技术指南　水泥工业》（HJ 848 - 2017）

《排污单位自行监测技术指南　钢铁工业及炼焦化学工业》（HJ 878 - 2017）

《排污单位自行监测技术指南　纺织印染工业》（HJ 879 - 2017）

《排污单位自行监测技术指南　石油炼制工业》（HJ 880 - 2017）

《排污单位自行监测技术指南　提取类制药工业》（HJ 881 - 2017）

《排污单位自行监测技术指南　发酵类制药工业》（HJ 882 - 2017）

《排污单位自行监测技术指南　化学合成类制药工业》（HJ 883 - 2017）

《排污单位自行监测技术指南　石油化学工业》（HJ 947 - 2018）

《排污单位自行监测技术指南　化肥工业—氮肥》（HJ 948.1 - 2018）

《排污单位自行监测技术指南　制革及毛皮加工工业》（HJ 946 - 2018）

《排污单位自行监测技术指南　电镀工业》（HJ 985 - 2018）

《排污单位自行监测技术指南　农副食品加工业》（HJ 986 - 2018）

《排污单位自行监测技术指南　农药制造工业》（HJ 987 - 2018）

《排污单位自行监测技术指南　平板玻璃工业》（HJ 988 - 2018）

《排污单位自行监测技术指南　有色金属工业》（HJ 989 - 2018）

《排污单位自行监测技术指南　水处理》（HJ 1083 - 2020）

《排污单位自行监测技术指南　食品制造》（HJ 1084 - 2020）

《排污单位自行监测技术指南　酒、饮料制造》（HJ 1085 - 2020）

《排污单位自行监测技术指南　涂装》（HJ 1086 - 2020）

《排污单位自行监测技术指南　涂料油墨制造》（HJ 1087 - 2020）

《排污单位自行监测技术指南　磷肥、钾肥、复混肥料、有机肥料和微生物肥料》（HJ 1088 - 2020）

《企业事业单位环境信息公开办法》（中华人民共和国环境保护部令第 31 号）

《国家重点监控企业自行监测及信息公开办法（试行）》（环发〔2013〕81 号）

1.2.2　方案内容

企业自行监测方案内容一般包括单位基本情况、监测点位及示意图、监测指标、执行标准及其限值、监测频次、采样和样品保存方法、监测分析方法和仪器、质量保证与质量控制等。

从监测要素上来说，根据自行监测要涵盖的内容，包括废气排放监测（有组织和无组织）、废水排放监测、噪声排放监测、周边环境质量影响监测等。因此监测方案要包括每类监测要素的监测点位、监测指标、监测频次、监测技术、采样方法和分析方法等内容。

对于监测点位，根据设置的位置不同，监测点位可分为外排口监测点位、内部监测点位、无组织排放监测点位、噪声监测点位、周边环境影响监测点位等。其中内部监测点位，是相对于外排口监测点位来说，指用来监测污染治理设施进口、污水处理厂进水等污染物状况的监测点位，或监测工艺过程中影响特定污染物产生排放的特征工艺参数的监测点位。

1.2.3　编制要求

1. 一般要求

（1）企业所在行业已发布自行监测技术指南的，应按照标准的规定来制定监测方案，行业自行监测指南中未规定的内容参考总则。

（2）企业所在行业还未发布自行监测技术指南的，应按照总则来制定监测方案，监测指标要包括所执行的国家或地方污染物排放（控制）标准、环境影响评价文件及其批复、排污许可证等相关管理规定明确要求的污染物指标。排污单位还应根据生产过程的原辅材料、生产工艺、中间及最终产品，确定是否排放纳入相关有毒有害或优先控制污染物名录中的污染物，或其他有毒污染物，这些污染物也应纳入监测指标。根据是否是主要排放口、主要污染物来确定监测频次。

（3）排污单位可利用自有人员、场所和设备自行监测，也可委托其他有资质的社会化监测机构代其开展自行监测。无论何种方式，都应该按照国家发布的环境监测技术规范、监测方法标准开展监测活动。

2. 监测技术方法

监测技术包括手工监测和自动监测两种。排污单位可根据监测成本、监测指标以及监测频次等，合理选择适当的监测技术。对于采用自动监测的污染物指标，排污单位不需要同时开展手工监测，但应该按照自动监测技术规范的要求，对自动监测设备进行定期运行维护、校准和校验，以保证自动监测设备的正常运行，能够出具符合技术规范要求的有效监测数据。

一般来说，对于相关管理规定要求采用自动监测的指标，应采用自动监测技术；对于监测频次高、自动监测技术成熟的监测指标，应优先选用自动监测技术；其他监测指标，可选用手工监测技术。《上海市固定污染源自动监测建设、联网、运维和管理有关规定》的通知（沪环规〔2017〕9号）规定了污染源自动监测实施范围、总体要求、建设安装、联网备案、运行维护等要求。《上海市固定污染源挥发性有机物在线监测体系建设方案》的通知（沪环保总〔2018〕231号）规定以下排污单位涉及 VOCs 排放的排口要实施固定污染源 VOCs 在线监测：① 纳入排污许可证管理的排污单位；② 大气环境重点排污单位；③ 国家和本市规定应当实施在线监测的排污单位。

对于废气自动监测技术，比较成熟的指标主要是颗粒物、SO_2、NO_x、CO、非甲烷总烃和烟气参数。对于环境空气自动监测技术，比较成熟的指标主要是 PM_{10}、$PM_{2.5}$、SO_2、NO_2、O_3、CO、非甲烷总烃和 VOCs。对于废水自动监测技术，比较成熟的指标主要是化学需氧量、氨氮、总磷、pH、温度和流量。目前总磷、总氮的自动监测正在逐步推进的过程中，重金属自动监测在部分地方有试点，全国尚无统一要求。

国家和上海已发布的污染物在线监测技术规范如下：

（1）《固定污染源废气非甲烷总烃连续监测系统技术要求及检测方法》（HJ 1013-2018）

（2）《固定污染源烟气（SO_2、NO_x、颗粒物）排放连续监测技术规范》（HJ 75-2017）

（3）《固定污染源烟气（SO_2、NO_x、颗粒物）排放连续监测系统技术要求及检测方法》（HJ 76-2017）

（4）《环境空气挥发性有机物气相色谱续监测系统技术要求及检测方法》（HJ 1010-2018）

（5）《环境空气颗粒物（PM_{10} 和 $PM_{2.5}$）连续自动监测系统运行和质控技术规范》（HJ 817-2018）

（6）《环境空气气态污染物（SO_2、NO_2、O_3、CO）连续自动监测系统运行和质控技术规范》（HJ 818-2018）

（7）《环境空气有机硫在线监测技术规范》（DB31/T 1089－2018）

（8）《环境空气非甲烷总烃在线监测技术规范》（DB31/T 1090－2018）

（9）《上海市固定污染源非甲烷总烃在线监测系统安装及联网技术要求（试行）》

（10）《上海市固定污染源非甲烷总烃在线监测系统验收及运行技术要求（试行）》

（11）《水污染源在线监测系统（COD_{Cr}、NH_3－N 等）安装技术规范》（HJ 353－2019）

（12）《水污染源在线监测系统（COD_{Cr}、NH_3－N 等）验收技术规范》（HJ 354－2019）

（13）《水污染源在线监测系统（COD_{Cr}、NH_3－N 等）运行技术规范》（HJ 355－2019）

（14）《水污染源在线监测系统（COD_{Cr}、NH_3－N 等）数据有效性判别技术规范》（HJ 356－2019）

（15）《超声波明渠污水流量计技术要求及检测方法》（HJ 15－2019）

（16）《氨氮水质在线自动监测仪技术要求及检测方法》（HJ 101－2019）

（17）《化学需氧量（COD_{Cr}）水质在线自动监测仪技术要求及检测方法》（HJ 377－2019）

（18）《六价铬水质自动在线监测仪技术要求及检测方法》（HJ 609－2019）

3. 采样方法和分析方法

（1）有组织废气手工采样方法的选择参照《固定污染源排气中颗粒物和气态污染物采样方法》（GB/T 16157－1996）、《固定源废气监测技术规范》（HJ/T 397－2007）等国家和上海发布的相关监测技术规范执行。

（2）无组织废气排放采样方法的选择参照《大气污染物无组织排放监测技术导则》（HJ/T 55－2017）、《泄漏和敞开液面排放的挥发性有机物检测技术导则》（HJ 733－2014）等国家和上海发布的相关监测技术规范执行。

（3）废水手工采样方法的选择参照相关污染物排放标准及《污水监测技术规范》（HJ 91.1－2019）、《水污染物排放总量监测技术规范》（HJ/T 92－2002）、《水质采样　样品的保存和管理技术规定》（HJ 493－2009）、《水质　采样技术指导》（HJ 494－2009）、《水质　采样方案设计技术规定》（HJ 495－2009）等国家和上海发布的相关监测技术规范执行。

（4）排污单位和固定厂界环境噪声的测点位置具体要求按《工业企业厂界环境噪声排放标准》（GB 12348–2008）等国家和上海发布的相关监测技术规范执行。

（5）排污单位厂界周边的土壤、地表水、地下水、大气等环境质量影响监测点位参考排污单位环境影响评价文件及其批复及其他环境管理要求设置。如上述文件中均未做出要求，排污单位需要开展周边环境质量影响监测的，点位设置的原则和方法参照相关标准规范。

监测分析方法应优先选用所执行的排放标准中规定的方法。本书第2、3、4章列出方法的适用范围、方法原理、检出限、干扰和消除，企业或第三方检测机构可参考选择合适的分析方法；如无标准分析方法，可参考选用列出的其他国家、行业标准方法，但方法的主要特性参数（包括检出下限、精密度、准确度、干扰消除等）须符合标准要求。尚无国家和行业标准分析方法的，或采用国家和行业标准方法不能得到合格测定数据的，可选用其他方法，但必须做方法验证和对比实验，证明该方法主要特性参数的可靠性。

1.2.4 制定思路

结合以上研究内容，总结出企业自行监测方案的制定思路，可供相关人员参考，见图1–1。

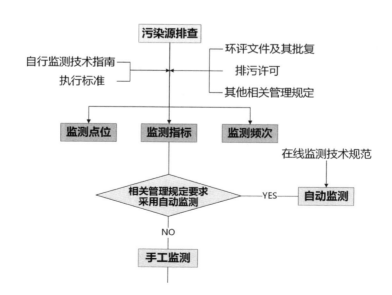

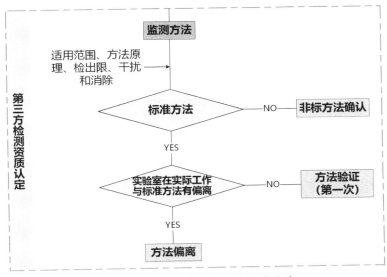

图 1-1　企业自行监测方案制定思路

1.3　信息记录和报告

企业除了按照标准和规范的要求，编制自行监测方案，开展自行监测，了解污染物排放状况外，还应开展信息记录和报告工作，同时将自行监测工作开展情况及监测结果向社会公示，接受公众监督。

企业信息记录和报告主要包括监测信息记录、信息报告、应急报告、信息公开等内容。企业信息记录和报告应按照《排污单位自行监测技术指南　总则》、《企业事业单位环境信息公开办法》（环境保护部令第 31 号）、《国家重点监控企业自行监测及信息公开办法（试行）》（环发〔2013〕81 号）以及相关监测技术规范来执行。

1.3.1　信息记录

信息记录的内容一般包括监测信息、生产和污染治理设施运行状况、固体废物产生与处理状况等。

（1）一般要求

信息记录应该符合监测机构记录程序的要求，对所有质量活动和监测过程的技术活动及时记录，保证记录信息的完整性、充分性和可追溯性，为监测过程提供客观证据。

信息记录应清晰明了，不得随意涂改，必须修改时应采用杠改方法；电子存储记录应保留修改痕迹。应规定各类记录的保密级别、保存期和保存方式，防止记录损坏、变质和丢失；电子存储记录应妥善保护和备份，防止未经授权的侵入或修改。必要时，进行电子存储记录的存储介质更新，以保证存储信息能够读取。各类原始记录内容应完整并有相关人员签字，保存三年。

（2）监测信息的记录

监测信息一般包括手工监测信息和自动监测信息。手工监测的记录包括采样记录、样品保存和交接、样品分析记录、质控记录等。

采样记录内容：采样日期、采样时间、采样点位、混合取样的样品数量、采样器名称、采样人姓名等。

样品保存和交接内容：样品保存方式、样品传输交接记录。

样品分析记录内容：分析日期、样品处理方式、分析方法、质控措施、分析结果、分析人姓名等。

质控记录内容：质控结果报告单。

自动监测信息：包括自动监测系统运行状况、系统辅助设备运行状况、系统校准、校验工作等；仪器说明书及相关标准规范中规定的其他检查项目；校准、维护保养、维修记录等。

（3）生产和污染治理设施运行状况记录

记录监测期间企业及各主要生产设施（至少涵盖废气主要污染源相关生产设施）运行状况（包括停机、启动情况）、产品产量、主要原辅料使用量、取水量、主要燃料消耗量、燃料主要成分、污染治理设施主要运行状态参数、污染治理主要药剂消耗情况等。日常生产中上述信息也须整理成台账保存备查。

（4）固体废物（危险废物）产生与处理状况记录

记录监测期间各类固体废物和危险废物的产生量、综合利用量、处置量、贮存量、倾倒丢弃量，针对危险废物，还应详细记录其具体去向。

1.3.2 信息报告

企业应于每年1月底前编制完成上年度自行监测开展情况年度报告，并向负责备案的环境保护主管部门报送。年度报告应包含以下内容。

方案变更：监测方案的调整变化情况及变化原因。

污染排放：企业及各主要生产设施（至少涵盖废气主要污染源相关生产设施）全年运行天数，各监测点、各监测指标全年监测次数、达标次数，超标情况等。

排放总量：全年废水、废气污染物排放量。

固废：固体废弃物的类型、产生数量，处置方式、数量以及去向。

周边环境：按要求开展的周边环境质量影响状况监测结果。

1.3.3　应急报告

监测结果出现超标的，排污单位应加密监测，并检查超标原因。短期内无法实现稳定达标排放的，应向环境保护主管部门提交事故分析报告，说明事故发生的原因，采取减轻或防止污染的措施，以及今后的预防及改进措施等。若因发生事故或者其他突发事件，排放的污水可能危及城镇排水与污水处理设施安全运行的，应当立即采取措施消除危害，并及时向城镇排水主管部门和环境保护主管部门等有关部门报告。

1.3.4　信息公开

排污单位应该按照《企业事业单位环境信息公开办法》（环境保护部令第 31号）、《国家重点监控企业自行监测及信息公开办法（试行）》（环发〔2013〕81 号）等要求，将自行监测工作开展情况及监测结果定期向社会公众公开，并对公开内容的真实性、准确性负责。非重点排污单位的信息公开要求由地方环境保护主管部门确定。

（1）公开内容

企业自行监测公开内容应包括企业基础信息、监测方案、监测结果、未开展监测的原因、年度报告五项内容。

基础信息：企业名称、法人代表、地理位置、生产周期、联系方式、委托机构详细名称等。

自行监测方案：自行监测内容详见本书 1.2.2。

自行监测结果：污染物排放自行监测结果及周边环境质量自行监测结果，具体包括监测点位、监测时间、污染物种类及浓度、标准限值、达标情况、超标倍数、污染物排放方式及排放去向。

未监测的原因：未开展自行监测的企业应公开未监测的原因。

年度报告： 年度报告内容详见本书 1.3.2。

（2）公开方式

企业公开的自行监测信息应便于社会公众获取，公开方式包括对外网站、报纸、广播、电视等。同时，应当在省级或地市级环境保护主管部门统一组织建立的公布平台上公开自行监测信息，并至少保存一年。

（3）公开时限

企业自行监测信息根据内容不同，有不同的公开时限要求。

企业基础信息应随监测数据一并公布，基础信息、自行监测方案如有调整变化时，应于变更后的五日内公布最新内容。

手工监测数据应于每次监测完成后的次日公布。

自动监测数据应实时公布监测结果，其中废水自动监测设备为每 2 h 均值，废气自动监测设备为每 1 h 均值。

每年一月底前公布上年度自行监测年度报告。

第2章　水污染物筛选和监测方法选择

2.1　污染物指标筛选

本书选择的 48 个废水污染物排放标准见表 2-1，包括 44 个国家行业污染物排放标准、上海市污水综合排放标准和 4 个上海市行业污染物排放标准。

表 2-1　废水污染物排放标准列表

序号	类别	标　准　名　称
1	上海	污水综合排放标准
2	上海	半导体行业污染物排放标准
3	上海	畜禽养殖业污染物排放标准
4	上海	上海市生物制药行业污染物排放标准
5	国家	制糖工业水污染物排放标准
6	国家	制浆造纸工业水污染物排放标准
7	国家	制革及毛皮加工工业水污染物排放标准
8	国家	皂素工业水污染物排放标准
9	国家	再生铜、铝、铅、锌工业污染物排放标准
10	国家	杂环类农药工业水污染物排放标准
11	国家	羽绒工业水污染物排放标准
12	国家	油墨工业水污染物排放标准
13	国家	医疗机构水污染物排放标准
14	国家	硝酸工业污染物排放标准
15	国家	橡胶制品工业污染物排放标准

序号	类别	标　准　名　称
16	国家	无机化学工业污染物排放标准
17	国家	味精工业污染物排放标准
18	国家	铁合金工业污染物排放标准
19	国家	提取类制药工业水污染物排放标准
20	国家	陶瓷工业污染物排放标准
21	国家	石油炼制工业污染物排放标准
22	国家	石油化学工业污染物排放标准
23	国家	缫丝工业水污染物排放标准
24	国家	汽车维修业水污染物排放标准
25	国家	啤酒工业污染物排放标准
26	国家	柠檬酸工业水污染物排放标准
27	国家	毛纺工业水污染物排放标准
28	国家	麻纺工业水污染物排放标准
29	国家	硫酸工业污染物排放标准
30	国家	磷肥工业水污染物排放标准
31	国家	炼焦化学工业污染物排放标准
32	国家	酵母工业水污染物排放标准
33	国家	混装制剂类制药工业水污染物排放标准
34	国家	化学合成类制药工业水污染物排放标准
35	国家	城镇污水处理厂污染物排放标准
36	国家	船舶水污染物排放控制标准
37	国家	电池工业污染物排放标准
38	国家	电镀污染物排放标准
39	国家	淀粉工业水污染物排放标准
40	国家	发酵酒精和白酒工业水污染物排放标准
41	国家	发酵类制药工业水污染物排放标准

序号	类别	标　准　名　称
42	国家	纺织染整工业水污染物排放标准
43	国家	钢铁工业水污染物排放标准
44	国家	合成氨工业水污染物排放标准
45	国家	合成革与人造革工业污染物排放标准
46	国家	合成树脂工业污染物排放标准
47	国家	生活垃圾填埋场污染控制标准
48	国家	烧碱、聚氯乙烯工业污染物排放标准

48 个水污染物排放标准中控制因子有 148 个，详见表 2 - 2。

表 2 - 2　水污染物排放标准中控制因子列表

序号	控 制 因 子	序号	控 制 因 子	序号	控 制 因 子
1	pH	15	总磷	30	总铅
2	色度	16	总氮	31	总砷
3	悬浮物	17	氨氮	32	总铊
4	溶解性总固体	18	硫氰酸盐	33	总铁
5	总 α 放射性	19	二氧化氯	34	总铜
6	总 β 放射性	20	总钡	35	总硒
7	总氰化物	21	总钒	36	总锡
8	硫化物	22	总镉	37	总锌
9	总余氯（余氯）	23	总铬	38	总银
10	氯化物、活性氯、氯离子	24	总汞	39	总钼
		25	总钴	40	总硼
11	氟化物	26	总铝	41	总锶
12	化学需氧量	27	总锰	42	总锑
13	五日生化需氧量	28	总镍	43	六价铬
14	总有机碳	29	总铍	44	石油类

序号	控 制 因 子	序号	控 制 因 子	序号	控 制 因 子
45	动植物油	70	2,4,6-三氯酚	96	4-硝基氯苯（对-硝基氯苯）
46	挥发酚	71	2,4-二氯酚
47	1,1,1-三氯乙烷	72	苯酚	97	硝基苯类
48	1,1-二氯乙烯	73	间-甲酚	98	总硝基化合物
49	1,2-二氯乙烯	74	硝基酚	99	多菌灵
50	二氯一溴甲烷	75	2-氯-5-氯甲基吡啶	100	多氯联苯
51	三溴甲烷	76	吡啶	101	二噁英
52	一氯二溴甲烷	77	二甲基甲酰胺（DMF）	102	二硫化碳
53	1,2-二甲苯（邻二甲苯）			103	二乙烯三胺
		78	苯胺类	104	氟虫腈
54	1,3-二甲苯（间二甲苯）	79	苯并(a)芘	105	环氧氯丙烷
		80	多环芳烃	106	六氯丁二烯
55	1,4-二甲苯（对二甲苯）	81	吡虫啉	107	氯丁二烯
		82	百草枯离子	108	甲醇
56	苯	83	丙烯腈	109	甲基对硫磷
57	苯乙烯	84	丙烯醛	110	有机磷农药总量
58	甲苯	85	丙烯酰胺	111	甲醛
59	乙苯	86	滴滴涕	112	肼
60	异丙苯	87	六六六	113	水合肼
61	1,2-二氯苯	88	对硫磷	114	一甲基肼
62	1,4-二氯苯	89	甲基对硫磷	115	可吸附有机卤化物
63	1,2-二氯乙烷	90	乐果	116	邻苯二胺
64	二氯甲烷	91	马拉硫磷	117	邻苯二甲酸二丁酯
65	三氯甲烷	92	有机磷农药（以P计）	118	邻苯二甲酸二辛酯
66	四氯化碳	93	有机磷农药总量	119	氯苯
67	三氯乙烯	94	对氯苯酚	120	氯乙烯
68	四氯乙烯	95	2,4-二硝基氯苯	121	咪唑烷
69	2,2′:6′,2″-三联吡啶			122	三氯苯

续　表

序号	控制因子	序号	控制因子	序号	控制因子
123	偏二甲基肼	132	彩色显影剂	141	粪大肠菌群数
124	三氯乙醛	133	显影剂及氧化物总量	142	耐热大肠菌群数
125	三乙胺	134	阴离子表面活性剂	143	总大肠菌群（MPN／L）
126	三唑酮	135	丁基黄原酸		
127	四氯苯	136	六氯代‑1,3‑环戊二烯	144	急性毒性
128	烷基汞			145	鱼类急性毒性
129	五氯酚及五氯酚盐（以五氯酚计）	137	壬基酚	146	结核杆菌
		138	双酚 A	147	沙门氏菌
130	乙腈	139	乙醛	148	志贺氏菌
131	莠去津	140	丙烯酸		

2.2　监测方法选择

2.2.1　理化指标

1. pH

方法：水质　pH 的测定　玻璃电极法 GB 6920 - 86

适用范围　适用于饮用水、地面水及工业废水 pH 的测定。

方法原理　pH 由测量电池的电动势而得。该电池通常由饱和甘汞电极为参比电极，玻璃电极为指示电极所组成。在 25℃，溶液中每变化 1 个 pH 单位，电位差为 59.16 mV，据此在仪器上直接以 pH 的读数表示。温度差异在仪器上有补偿装置。

干扰和消除　水的颜色、浊度、胶体物质、氧化剂、还原剂及较高含盐量均不干扰测定。

在 pH 小于 1 的强酸性溶液中，会有所谓酸误差，可按酸度测定。

在 pH 大于 10 的碱性溶液中，因有大量钠离子存在，产生误差，使读数偏低，通常称为钠差。消除钠差的方法，除了使用特制的低钠差电极外，还可以选用与被测溶液的 pH 相近似的标准缓冲溶液对仪器进行校正。

温度影响电极的电位和水的电离平衡。须注意调节仪器的补偿装置与溶液的温度一致，并使被测样品与校正仪器用的标准缓冲溶液温度误差在±1℃之内。

2. 色度

方法： 水质　色度的测定　GB 11903 – 89

适用范围　铂钴比色法参照采用国际标准 ISO 7887 – 1985《水质　颜色的检验和测定》。铂钴比色法适用于清洁水、轻度污染并略带黄色调的水，以及比较清洁的地面水、地下水和饮用水等。

稀释倍数法适用于污染比较严重的地面水和工业废水。

两种方法应独立使用，一般没有可比性。

样品和标准溶液的颜色色调不一致时，本标准不适用。

方法原理

（1）铂钴比色法：用氯铂酸钾和氯化钴配制颜色标准溶液，与被测样品进行目视比较，以测定样品的颜色强度，即色度。

（2）稀释倍数法：将样品用光学纯水稀释至用目视比较与光学纯水相比刚好看不见颜色时的稀释倍数作为表达颜色的强度，单位为倍。

同时用目视观察样品，检验颜色性质：颜色的深浅（无色、浅色或深色），色调（红、橙、黄、绿、蓝和紫等），如果可能，应包括样品的透明度（透明、浑浊或不透明）。用文字予以描述。

结果以稀释倍数值和文字描述相结合表达。

干扰和消除　pH 对颜色有较大影响，在测定颜色时应同时测定 pH。

3. 悬浮物

方法： 水质　悬浮物的测定　重量法　GB 11901 – 89

适用范围　本方法适用于地面水、地下水，也适用于生活污水和工业废水中悬浮物的测定。

干扰和消除　暂不明确。

4. 溶解性总固体（TDS）

方法： 城镇污水水质标准检验方法　CJ/T 51 – 2018：溶解性固体的测定　重量法

适用范围　本方法适用于测定城镇污水中和地面水中的溶解性固体。

方法原理　将过滤后的实验样品放在称至恒重的蒸发皿内蒸干，然后在 103~105℃中烘至恒重，增加的重量为溶解性总固体。

检出限　测试溶度不大于 20 000 mg/L。

干扰和消除　暂不明确。

5. 总 α 放射性

方法一： 水质　总 α 放射性的测定　厚源法　HJ 898 – 2018

适用范围　本方法适用于地表水、地下水、工业废水和生活污水中总 α 放射性的测定。

方法原理　缓慢将待测样品蒸发浓缩，转化成硫酸盐后蒸发至干，然后置于马弗炉内灼烧得到固体残渣。准确称取不少于"最小取样量"的残渣于测量盘内均匀铺平，置于低本底 α、β 测量仪上测量总 α 的计数率，以计算样品中总 α 的放射性活度浓度。

检出限　方法探测下限取决于样品含有的残渣总质量、测量仪器的探测效率、本底计数率、测量时间等，典型条件下，探测下限可达 4.3×10^{-2} Bq/L。

干扰和消除　暂不明确。

方法二： 水中总 α 放射性浓度的测定　厚源法　EJ/T 1075 – 1998

适用范围　本方法规定了在非盐碱水中总 α 活度的测定方法，该 α 放射性核素于 350℃ 不挥发。会挥发的核素也可以测定，其可测限度取决于挥发物的半减期、基质保留量和测量时间。

本方法适用于天然水和饮用水，也能用于盐碱水或矿泉水。

方法原理　将水样酸化使之稳定，蒸发浓缩，转化为硫酸盐态，再蒸发至干，然后在 350℃ 下灼烧。将部分经准确称量过的残渣转移到样品盘，用 α 测量仪测定其 α 计数。以适量的硫酸钙为模拟载体，在其中加入适量的 α 辐射标准溶液，用以制备标准源，令它的质量厚度与样品源的相同，而且它们的放射性活度相近。用这样的标准源对测量仪器进行刻度，从而求出总放射性浓度。

干扰和消除　暂不明确。

6. 总 β 放射性

方法一： 水质　总 β 放射性的测定　厚源法　HJ 899 – 2017

适用范围　本方法适用于地表水、地下水、工业废水和生活污水中总 β 放射性的测定。

方法原理　缓慢将待测样品蒸发浓缩，转化成硫酸盐后蒸发至干，然后置于马弗炉内灼烧得到固体残渣。准确称取不少于"最小取样量"的残渣于测量盘内均匀铺平，置于低本底 α、β 测量仪上测量总 β 的计数率，以计算样品中总 β 的放射性活度浓度。

检出限 本方法探测下限取决于样品含有的残渣总质量、测量仪器的探测效率、本底计数率、测量时间等，典型条件下，探测下限可达 $1.5×10^{-2}$ Bq/L。

干扰和消除 暂不明确。

方法二：水中总β放射性测定 蒸发法 EJ/T 900 - 94

适用范围 本方法适用于饮用水、地面水、地下水和核工业排放废水中放射性核素（不包括本标准规定条件下属挥发性核素）的总β放射性的测定。也可用于咸水或矿化水中β放射性的测定。

方法原理 用蒸发法使水中放射性核素浓集到固体残渣中，灼烧后制成样品源，用优级纯氯化钾作为参考源，在低本底β测量仪上测量β放射性。

检出限 $5×10^{-2}$ ~ 10^2 Bq/L 的水样。

干扰和消除 暂不明确。

2.2.2 无机阴离子

1. 总氰化物

方法一：水质 氰化物的测定 容量法和分光光度法 HJ 484 - 2009

适用范围 本方法适用于地表水、生活污水和工业废水中氰化物的测定。

方法原理

（1）硝酸银滴定法：经蒸馏得到的碱性试样"A"，用硝酸银标准溶液滴定，氰离子与硝酸银作用生成可溶性的银氰络合离子 $[Ag(CN)_2]^-$，过量的银离子与试银灵指示剂反应，溶液由黄色变为橙红色。

（2）异烟酸-吡唑啉酮分光光度法：在中性条件下，样品中的氰化物与氯胺 T 反应生成氯化氰，再与异烟酸作用，经水解后生成戊烯二醛，最后与吡唑啉酮缩合生成蓝色染料，在波长 638 nm 处测量吸光度。

（3）异烟酸-巴比妥酸分光光度法：在弱酸性条件下，水样中氰化物与氯胺 T 作用生成氯化氰，然后与异烟酸反应，经水解而成戊烯二醛（glutacondialdehyde），最后再与巴比妥酸作用生成紫蓝色化合物，在波长 600 nm 处测定吸光度。

（4）吡啶-巴比妥酸分光光度法：在中性条件下，氰离子和氯胺 T 的活性氯反应生成氯化氰，氯化氰与吡啶反应生成戊烯二醛，戊烯二醛与两个巴比妥酸分子缩和生成红紫色化合物，在波长 580 nm 处测量吸光度。

检出限

（1）硝酸银滴定法：本方法检出限为 0.25 mg/L，测定下限为 1.00 mg/L，测定上限为 100 mg／L。

（2）异烟酸-吡唑啉酮分光光度法：本方法检出限为 0.004 mg／L，测定下限为 0.016 mg／L，测定上限为 0.25 mg／L。

（3）异烟酸-巴比妥酸分光光度法：本方法检出限为 0.001 mg／L，测定下限为 0.004 mg／L，测定上限为 0.45 mg／L。

（4）吡啶-巴比妥酸分光光度法：本方法检出限为 0.002 mg／L，测定下限为 0.008 mg／L，测定上限为 0.45 mg／L。

干扰和消除

（1）试样中存在活性氯等氧化物干扰测定，可在蒸馏前加亚硫酸钠溶液（Na_2SO_3）排除干扰。

（2）试样中存在亚硝酸离子干扰测定，可在蒸馏前加氨基磺酸（NH_2SO_2OH）排除干扰。

（3）试样中存在硫化物干扰测定，可在蒸馏前加碳酸镉（$CdCO_3$）或碳酸铅（$PbCO_3$）固体粉末排除干扰。

（4）少量油类对测定无影响，中性油或酸性油大于 40 mg／L 时干扰测定，可加入水样体积的 20% 量的正己烷（C_6H_{14}），在中性条件下短时间萃取，分离出正己烷相后，水相用于蒸馏测定。

方法二：水质　氰化物等的测定　真空检测管-电子比色法　HJ 659－2013

适用范围　本方法适用于地下水、地表水、生活污水和工业废水中氰化物、氟化物、硫化物、二价锰、六价铬、镍、氨氮、苯胺、硝酸盐氮、亚硝酸盐氮、磷酸盐以及化学需氧量等污染物的快速分析。

方法原理　将封存有反应试剂的真空玻璃检测管在水样中折断，样品自动定量吸入管中，样品中的待测物与反应试剂快速定量反应生成有色化合物，其色度值与待测物含量成正比。将化学显色反应的色度信号与待测物浓度间对应的函数关系存储于电子比色计中，测定后直接读出水样中待测物的含量。

氰化物（CN—）与有机酮类测试液在碳酸钠存在下加热，经离子缔合生成黄至深红色有色络合物，有色络合物的色度值与氰化物的浓度呈一定的线性关系。

检出限　0.009 mg／L。

干扰和消除

（1）水中悬浮物质或藻类等会对测定产生干扰，可以通过过滤或沉淀消除干扰；在测定范围允许的情况下，也可通过稀释的方法消除干扰。

（2）通过加标回收试验结果判断色度是否产生干扰。当水样的色度对测定产生干扰时，在测定范围允许的情况下，可通过稀释消除干扰。

（3）$S^{2-} \leqslant 30$ mg/L，丙酮 $\leqslant 5\,000$ mg/L 时不干扰。

（4）$NH_3-N \leqslant 30$ mg/L 不干扰，>30 mg/L 时为负干扰。

方法三：水质　氰化物的测定　流动注射-分光光度法　HJ 823－2017

适用范围　本方法适用于地表水、地下水、生活污水和工业废水中氰化物的测定。

方法原理

流动注射仪工作原理：在封闭的管路中，将一定体积的试样注入连续流动的载液中，试样与试剂在化学反应模块中按特定的顺序和比例混合、反应，在非完全反应的条件下，进入流动检测池进行光度检测。

化学反应原理如下。

（1）异烟酸-巴比妥酸法。在酸性条件下，样品经 140℃ 高温高压水解及紫外消解，释放出的氰化氢气体被氢氧化钠溶液吸收。吸收液中的氰化物与氯胺 T 反应生成氯化氰，然后与异烟酸反应水解生成戊烯二醛，再与巴比妥酸作用生成蓝紫色化合物，于 600 nm 波长处测量吸光度。

（2）吡啶-巴比妥酸法。在酸性条件下，样品经 140℃ 高温高压水解及紫外消解，释放出的氰化氢气体被氢氧化钠溶液吸收。在中性条件下，吸收液中的氰化物与氯胺 T 反应生成氯化氰，再与吡啶反应生成戊烯二醛，最后与巴比妥酸生成缩合红紫色化合物，于 570 nm 波长处测量吸光度。

检出限　当检测光程为 10 mm 时，异烟酸-巴比妥酸法测定水中氰化物检出限为 0.001 mg/L，测定范围为 0.004～0.10 mg/L；吡啶-巴比妥酸法测定水中氰化物的检出限为 0.002 mg/L，测定范围为 0.008～0.50 mg/L。

干扰和消除　试样中存在活性氯等氧化性物质干扰测定，可在蒸馏前加亚硫酸钠（Na_2SO_3）溶液消除干扰；试样中存在亚硝酸离子干扰测定，可在蒸馏前加氨基磺酸（NH_2SO_3H）消除干扰；试样中存在硫化物干扰测定，可在蒸馏前加碳酸镉（$CdCO_3$）或碳酸铅（$PbCO_3$）固体粉末消除干扰；硫氰酸盐产生小于 1% 的正干扰。

2. 硫化物

方法一：水质　硫化物的测定　亚甲基蓝分光光度法　GB/T 16489－1996

适用范围　本方法适用于地面水、地下水、生活污水和工业废水中硫化物的测定。

方法原理　样品经酸化，硫化物转化成硫化氢，用氮气将硫化氢吹出，转移到盛乙酸锌-乙酸钠溶液的吸收显色管中，与 N,N-二甲基对苯二胺和硫酸铁铵反应生成蓝色的络合物亚甲基蓝，在 665 nm 波长处测定。

检出限　试料体积为 100 mL、使用光程为 1 cm 的比色皿时，方法检出限为 0.005 mg/L，测定上限为 0.700 mg/L。

干扰和消除　主要干扰物为 SO_3^{2-}、$S_2O_3^{2-}$、SCN^-、NO_2^-、CN^- 和部分金属离子。硫化物含量为 0.500 mg/L 时，样品中干扰物质的最高允许含量分别为 SO_3^{2-} 20 mg/L、$S_2O_3^{2-}$ 240 mg/L、SCN^- 400 mg/L、NO_2^- 65 mg/L、NO_3^- 200 mg/L、I^- 400 mg/L、CN^- 5 mg/L、Cu^{2+} 2 mg/L、Pb^{2+} 25 mg/L、Hg^{2+} 4 mg/L。

方法二：水质　氰化物等的测定　真空检测管-电子比色法　HJ 659-2013

适用范围　见 2.2.2　总氰化物　方法二。

方法原理　将封存有反应试剂的真空玻璃检测管在水样中折断，样品自动定量吸入管中，样品中的待测物与反应试剂快速定量反应生成有色化合物，其色度值与待测物含量成正比。将化学显色反应的色度信号与待测物浓度间对应的函数关系存储于电子比色计中，测定后直接读出水样中待测物的含量。

硫化物与 N,N-二甲基对苯二胺和高铁离子在酸性条件下反应，生成亚甲基蓝有色络合物，有色络合物的色度值与硫化物的浓度呈一定的线性关系。

检出限　0.1 mg/L。

干扰和消除

（1）水中悬浮物质或藻类等会对测定产生干扰，可以通过过滤或沉淀消除干扰；在测定范围允许的情况下，也可通过稀释的方法消除干扰。

（2）通过加标回收试验结果判断色度是否产生干扰。当水样的色度对测定产生干扰时，在测定范围允许的情况下，可通过稀释消除干扰。

（3）SO_3^{2-}、$S_2O_3^{2-}$ ≤ 20 mg/L，NO_2^- ≤ 15 mg/L，CN^- < 7 mg/L 时不干扰。

（4）NO_2^- ≥ 16 mg/L 时为负干扰，若测试时显示颜色偏绿，不是亚甲基蓝色，可考虑是 NO_2^- 的干扰。

（5）样品中 S^{2-} ≥ 20 mg/L 时显示颜色会降低，应稀释适当倍数后再测定。

方法三：水质　硫化物的测定　流动注射-亚甲基蓝分光光度法　HJ 824-2017

适用范围　本方法适用于地表水、地下水、生活污水和工业废水中硫化物的测定。

方法原理

（1）流动注射分析仪工作原理：在封闭的管路中，将一定体积的试样注入连续流动的载液中，试样与试剂在化学反应模块中按特定的顺序和比例混合、反应，在非完全反应的条件下，进入流动检测池进行光度检测。

（2）化学反应原理：在酸性介质下，样品通过（65±2）℃在线加热释放的硫化氢气体被氢氧化钠溶液吸收。吸收液中硫离子与对氨基二甲基苯胺和三氯化铁反应生成亚甲基蓝，于 660 nm 波长处测量吸光度。

检出限 当检测光程为 10 mm 时，本方法检出限为 0.004 mg/L（以 S^{2-} 计），测定范围为 0.016~2.00 mg/L（以 S^{2-} 计）。

干扰和消除 本方法的主要干扰物为 SO_3^{2-}、$S_2O_3^{2-}$、SCN^-、NO_2^-、CN^-、Cu^{2+}、Pb^{2+}、Hg^{2+}。硫化物含量为 0.50 mg/L 时，样品中干扰物质的最高允许含量分别为 SO_3^{2-} 20 mg/L、$S_2O_3^{2-}$ 240 mg/L、SCN^- 400 mg/L、NO_2^- 65 mg/L、NO_3^- 200 mg/L、I^- 400 mg/L、CN^- 5 mg/L、Cu^{2+} 2 mg/L、Pb^{2+} 25 mg/L 和 Hg^{2+} 4 mg/L。

方法四：水质 硫化物的测定 碘量法 HJ/T 60-2000

适用范围 本方法适用于测定水和废水中的硫化物。

方法原理 在酸性条件下，硫化物与过量的碘作用，剩余的碘用硫代硫酸钠滴定。由硫代硫酸钠溶液所消耗的量，间接求出硫化物的含量。

检出限 试样体积 200 mL，用 0.01 mol/L 硫代硫酸钠溶液滴定时，本方法适用于含硫化物在 0.40 mg/L 以上的水和废水测定。

干扰和消除 试样中含有硫代硫酸盐、亚硫酸盐等能与碘反应的还原性物质产生正干扰，悬浮物、色度、浊度及部分重金属离子也干扰测定，硫化物含量为 2.00 mg/L 时，样品中干扰的最高允许含量分别为 SO_3^{2-} 30 mg/L、NO_2^- 2 mg/L、SCN^- 80 mg/L、Cu^{2+} 2 mg/L、Pb^{2+} 5 mg/L 和 Hg^{2+} 1 mg/L。经酸化—吹气—吸收预处理后，悬浮物、色度、浊度不干扰测定，但 SO_3^{2-} 分离不完全，会产生干扰。采样硫化锌沉淀过滤分离 SO_3^{2-}，可有效消除 30 mg/L SO_3^{2-} 的干扰。

方法五：水质 硫化物的测定 气相分子吸收光谱法 HJ/T 200-2005

适用范围 本方法适用于地表水、地下水、海水、饮用水、生活污水及工业污水中硫化物的测定。

方法原理 在 5%~10% 磷酸介质中将硫化物瞬间转变成 H_2S，用空气将该气体载入气相分子吸收光谱仪的吸光管中，在 202.6 nm 等波长处测得的吸光度与硫化物的浓度遵守朗伯-比尔定律。

检出限　使用 202.6 nm 波长，方法的检出限为 0.005 mg/L，测定下限为 0.020 mg/L，测定上限为 10 mg/L；在 228.8 nm 波长处，测定上限为 500 mg/L。

干扰和消除　本方法主要干扰成分有 SO_3^{2-}、$S_2O_3^{2-}$ 及产生吸收的挥发性有机物气体。水样中 SO_3^{2-}、$S_2O_3^{2-}$ 分别大于硫化物含量 5 倍和 20 倍时，加入 H_2O_2 将其氧化成 SO_4^{2-}，干扰可消除；若同时含有较高 I^-、SCN^- 或水样含有产生吸收的有机物时，可用沉淀分离手段消除影响。

3. 总余氯（余氯）

方法一：生活饮用水标准检验方法　消毒剂指标 GB/T 5750.11 – 2006

A：N,N -二乙基对苯胺（DPD）分光光度法

适用范围　本方法适用于经氯化消毒后的生活饮用水及其水源水中游离余氯和各种形态的化合性余氯的测定。

方法原理　DPD 与水中游离余氯迅速反应而产生红色。在碘化物催化下，一氯胺也能与 DPD 反应显色。在加入 DPD 试剂前加入碘化物时，一部分三氯胺与游离余氯一起显色，通过变换试剂的加入顺序可测得三氯胺的浓度。本方法可用高锰酸钾溶液配制永久性标准系列。

检出限　本方法最低检测质量为 0.1 μg，若取 10 mL 水样测定，则最低检测质量浓度为 0.01 mg/L。

干扰和消除　高浓度的一氯胺对游离余氯的测定有干扰，可用亚砷酸盐或硫代乙酰胺控制反应以除去干扰。氧化锰的干扰可用过做水样空白扣除。铬酸盐的干扰可用硫代乙酰胺排除。

B：3,3′,5,5′-四甲基联苯胺比色法

适用范围　本方法适用于经氯化消毒后的生活饮用水及其水源水中总余氯及游离氯的测定。

方法原理　在 pH 小于 2 的酸性溶液中，余氯与 3,3′,5,5′-四甲基联苯胺（以下简称四甲基联苯胺）反应，生成黄色的醌式化合物，用目视比色法定量。本方法可用重铬酸钾溶液配制永久性余氯标准色列。

检出限　本方法最低检测质量浓度为 0.005 mg/L 余氯。

干扰和消除　超过 0.12 mg/L 的铁和 0.05 mg/L 的亚硝酸盐对本方法有干扰。

方法二：水质　游离氯和总氯的测定　N,N -二乙基-1,4-苯二胺滴定法 HJ 585 – 2010

适用范围　本标准规定了测定工业废水、医疗废水、生活污水、中水和污水

再生的景观用水中游离氯和总氯的 N,N -二乙基 -1,4 -苯二胺滴定法。

方法原理

（1）游离氯测定

在 pH 为 6.2~6.5 条件下，游离氯与 N,N -二乙基 -1,4 -苯二胺（DPD）生成红色化合物，用硫酸亚铁铵标准溶液滴定至红色消失。

（2）总氯测定

在 pH 为 6.2~6.5 条件下，存在过量碘化钾时，单质氯、次氯酸、次氯酸盐和氯胺与 DPD 反应生成红色化合物，用硫酸亚铁铵标准溶液滴定至红色消失。

检出限　本标准的检出限（以 Cl_2 计）为 0.02 mg/L，测定范围（以 Cl_2 计）为 0.08~5.00 mg/L。对于游离氯和总氯浓度超过方法测定上限的样品，可适当稀释后进行测定。

干扰和消除

（1）其他氯化合物的干扰

二氧化氯对游离氯和总氯的测定产生干扰，亚氯酸盐对总氯的测定产生干扰。二氧化氯和亚氯酸盐可通过测定其浓度加以校正，其测定方法参见 GB/T 5750.11 和 GB/T 5750.10。

高浓度的一氯胺对游离氯的测定产生干扰。可以通过加亚砷酸钠溶液或硫代乙酰胺溶液消除一氯胺的干扰。

（2）氧化锰和六价铬干扰的校正

氧化锰和六价铬会对测定产生干扰。通过测定氧化锰和六价铬的浓度可消除干扰。

（3）其他氧化物的干扰

本方法在以下氧化剂存在的情况下有干扰：溴、碘、溴胺、碘胺、臭氧、过氧化氢、铬酸盐、氧化锰、六价铬、亚硝酸根、铜离子（Cu^{2+}）和铁离子（Fe^{3+}）。其中 Cu^{2+}（<8 mg/L）和 Fe^{3+}（<20 mg/L）的干扰可通过缓冲溶液和 DPD 溶液中的 Na_2 -EDTA 掩蔽，氧化锰和六价铬的干扰可通过滴定测定进行校正，其他氧化物干扰加亚砷酸钠溶液或硫代乙酰胺溶液消除。铬酸盐的干扰可通过加入氯化钡消除。

方法三：水质游离氯和总氯的测定　N,N -二乙基 -1,4 -苯二胺分光光度法 HJ 586 – 2010

适用范围　本方法适用于地表水、工业废水、医疗废水、生活污水、中水和污水再生的景观用水中的游离氯和总氯的测定。本方法不适用于测定较混浊或色度较高的水样。

方法原理

（1）游离氯测定

在 pH 为 6.2 ~ 6.5 条件下，游离氯直接与 N, N - 二乙基 - 1, 4 - 苯二胺（DPD）发生反应，生成红色化合物，于 515 nm 波长处测定其吸光度。

由于游离氯标准溶液不稳定且不易获得，本方法以碘分子或 $[I_3]^-$ 代替游离氯做校准曲线。以碘酸钾为基准，在酸性条件下与碘化钾发生如下反应：$IO_3^- + 5I^- + 6H^+ \Longrightarrow 3I_2 + 3H_2O$，$I_2 + I^- \Longrightarrow [I_3]^-$，生成的碘分子或 $[I_3]^-$ 与 DPD 发生显色反应，碘分子与氯分子的物质的量的比例关系为 1 : 1。

（2）总氯测定

在 pH 为 6.2 ~ 6.5 条件下，存在过量碘化钾时，单质氯、次氯酸、次氯酸盐和氯胺与 DPD 反应生成红色化合物，于 515 nm 波长处测定其吸光度，测定总氯。

检出限　对于高浓度样品，采用 10 mm 比色皿，本方法的检出限（以 Cl_2 计）为 0.03 mg/L，测定范围（以 Cl_2 计）为 0.12 ~ 1.50 mg/L。对于低浓度样品，采用 50 mm 比色皿，本方法的检出限（以 Cl_2 计）为 0.004 mg/L，测定范围（以 Cl_2 计）为 0.016 ~ 0.20 mg/L。

干扰和消除

（1）其他氯化合物的干扰

二氧化氯对游离氯和总氯的测定产生干扰，亚氯酸盐对总氯的测定产生干扰。二氧化氯和亚氯酸盐可通过测定其浓度加以校正，其测定方法参见 GB/T 5750.11 和 GB/T 5750.10。

高浓度的一氯胺对游离氯的测定产生干扰。可以通过加亚砷酸钠溶液或硫代乙酰胺溶液消除一氯胺的干扰，一氯胺的测定按照附录 B 执行。

（2）氧化锰和六价铬的干扰

氧化锰和六价铬会对测定产生干扰。通过测定氧化锰和六价铬的浓度可消除干扰。

（3）其他氧化物的干扰

本方法在以下氧化剂存在的情况下有干扰：溴、碘、溴胺、碘胺、臭氧、过氧化氢、铬酸盐、氧化锰、六价铬、亚硝酸根、铜离子（Cu^{2+}）和铁离子（Fe^{3+}）。其中 Cu^{2+}（<8 mg/L）和 Fe^{3+}（<20 mg/L）的干扰可通过缓冲溶液和 DPD 溶液

中的 Na_2-EDTA 掩蔽，其他氧化物干扰加亚砷酸钠溶液或硫代乙酰胺溶液消除。铬酸盐的干扰可通过加入氯化钡消除。

4. 氯化物、活性氯、氯离子

方法一： 水质　氯化物的测定　硝酸银滴定法　GB 11896 – 89

适用范围　本方法适用于天然水中氯化物的测定，也适用于经过适当稀释的高矿化度水如咸水、海水等，以及经过预处理除去干扰物质的生活污水或工业废水。

检出限　本方法适用于浓度范围为 10~500 mg/L 的氯化物。高于此范围的水样经稀释后可以扩大其测定范围。

方法原理　在中性至弱碱性范围内（pH = 6.5~10.5），以铬酸钾为指示剂，用硝酸银滴定氯化物时，由于氯化银的溶解度小于铬酸银的溶解度，氯离子首先被完全沉淀出来后，然后铬酸盐以铬酸银的形式被沉淀，产生砖红色，指示滴定终点到达。

干扰和消除

（1）溴化物、碘化物和氰化物能与氯化物一起被滴定。正磷酸盐及聚磷酸盐分别超过 250 mg/L 及 25 mg/L 时有干扰。铁含量超过 10 mg/L 时使终点不明显。

（2）如水样浑浊及带有颜色，则取 150 mL 或取适量水样稀释至 150 mL，置于 250 mL 锥形瓶中，加入 2 mL 氢氧化铝悬浮液，震荡过滤，弃去最初滤下的 20 mL，用干的清洁锥形瓶接取滤液备用。

（3）如果有机物含量高或色度高，可用马弗炉灰化法预先处理水样。取适量废水样于瓷蒸发皿中，调节 pH 至 8~9，置于水浴上蒸干，然后放入马弗炉中在 600℃下灼烧 1 h，取出冷却后，加 10 mL 蒸馏水，移入 250 mL 锥形瓶中，并用蒸馏水清洗三次，一并转入锥形瓶中，调节 pH 到 7 左右，稀释至 50 mL。

（4）由有机质而产生的较轻色度，可以加入 0.01 mol/L 高锰酸钾 2 mL，煮沸。再滴加乙醇以除去多余的高锰酸钾至水样褪色，过滤，滤液贮于锥形瓶中备用。

（5）如果水样中含有硫化物、亚硫酸盐或硫代硫酸盐，则加氢氧化钠溶液将水样调至中性或弱碱性，加入 1 mL 30% 过氧化氢，摇匀。1 min 后加热至 70~80℃，以除去过量的过氧化氢。

方法二： 水质　无机阴离子（F^-、Cl^-、NO_2^-、Br^-、NO_3^-、PO_4^{3-}、SO_3^{2-}、SO_4^{2-}）的测定　离子色谱法　HJ 84 – 2016

适用范围　本方法规定了测定水中可溶性无机阴离子（F^-、Cl^-、NO_2^-、Br^-、NO_3^-、PO_4^{3-}、SO_3^{2-}、SO_4^{2-}）的离子色谱法。本方法适用于地表水、地下水、

工业废水和生活污水中 8 种可溶性无机阴离子（F^-、Cl^-、NO_2^-、Br^-、NO_3^-、PO_4^{3-}、SO_3^{2-}、SO_4^{2-}）的测定。

方法原理　水质样品中的阴离子，经阴离子色谱柱交换分离，抑制型电导检测器检测，根据保留时间定性，根据峰高或峰面积定量。

检出限　当进样量为 25 μL 时，Cl^- 的方法检出限为 0.007 mg/L，测定下限为 0.028 mg/L。

干扰和消除

（1）样品中的某些疏水性化合物可能会影响色谱分析效果及色谱柱的使用寿命，可采用 RP 柱或 C_{18} 柱处理消除或减少其影响。

（2）样品中的重金属和过渡金属会影响色谱柱的使用寿命，可采用 H 柱或 Na 柱处理减少其影响。

（3）对保留时间相近的 2 种阴离子，当其浓度相差较大而影响低浓度离子的测定时，可通过稀释、调节流速、改变碳酸钠和碳酸氢钠浓度比例，或选用氢氧根淋洗等方式消除和减少干扰。

方法三：水质　氯化物的测定　硝酸汞滴定法（试行）HJ/T 343-2007

适用范围　本方法适用于地表水、地下水中氯化物的测定及经过预处理后，能消除干扰的其他类型废水水样中氯化物的测定。曾选取有代表性的江、河、湖、库水样检验本法对地表水的适用性。

检出限　本方法适用的浓度范围为 2.5~500 mg/L。

方法原理　酸化了的样品（pH=3.0~3.5）以硝酸汞进行滴定时，与氯化物生成难离解的氯化汞。滴定至终点时，过量的汞离子与二苯卡巴腙（Diphenylcarbazone）生成蓝紫色的二苯卡巴腙的汞络合物指示终点。

干扰和消除　饮用水中的各种物质在通常的浓度下不发生干扰；溴化物和碘化物像氯化物一样被测定；铬酸盐、高铁离子和亚硫酸盐离子含量超过 10 mg/L 时，对滴定有干扰；锌、铅、溴、亚铁及三价铬离子的存在，对滴定终点的色度有影响，但它们即使含量高达 100 mg/L 时，也不致影响准确度；铜的允许限为 50 mg/L；硫化物有干扰；季铵盐达 1~2 mg/L 时有干扰；深的色度也形成干扰。

所述重金属离子含量在 100 mg/L 时，对滴定终点颜色的影响，应由操作人员配制相应的标准溶液，通过实验掌握终点颜色变化情况，以消除其影响。还可于指示剂中加入一种背景色的子种绿染料（Alphazurine），以改善终点变色的敏锐性。高铁离子及六价铬离子的干扰用对苯二酚还原消除；硫化物干扰用过氧化氢消除。

5. 氟化物

方法一： 水质　氟化物的测定　离子选择电极法　GB 7484 - 87

适用范围　本方法适用于测定地面水、地下水和工业废水中的氟化物。

方法原理　当氟电极与含氟的试液接触时，电池的电动势 E 随溶液中氟离子活度变化而改变（遵守能斯特方程）。当溶液的总离子强度为定值且足够时服从关系式：$E = E^\ominus - \dfrac{2.303RT}{F}\lg c_{F^-}$

E 与 $\lg c_{F^-}$ 成直接关系，$\dfrac{2.303RT}{F}$ 为该直线的斜率，亦为电极的斜率。

检出限　检测限的定义是在规定条件下的能斯特方程的限值，本方法的最低检测限为氟化物（以 F^- 计）0.05 mg/L，测定上限可达 1 900 mg/L。

干扰和消除　本方法测定的是游离的氟离子浓度，某些高价阳离子（例如三价铁、铝和四价硅）及氢离子能与氟离子络合而有干扰，所产生的干扰程度取决于络合离子的种类和浓度、氟化物的浓度及溶液的 pH 等。在碱性溶液中氢氧根离子的浓度大于氟离子浓度的 1/10 时影响测定。其他一般常见的阴、阳离子均不干扰测定。测定溶液的 pH 为 5~8；氟电极对氟硼酸盐离子不响应，如果水样含有氟硼酸盐或者污染严重，则应先进行蒸馏。通常，加入总离子强度调节剂以保持溶液中总离子强度，并络合干扰离子，保持溶液适当的 pH，就可以直接进行测定。

方法二： 水质　无机阴离子（F^-、Cl^-、NO_2^-、Br^-、NO_3^-、PO_4^{3-}、SO_3^{2-}、SO_4^{2-}）的测定　离子色谱法　HJ 84 - 2016

适用范围、方法原理、干扰和消除　见 2.2.2　4. 氯化物、活性氯、氯离子　方法二。

检出限　当进样量为 25 μL 时，F^- 方法检出限为 0.006 mg/L，测定下限为 0.024 mg/L。

方法三： 水质　氟化物的测定　茜素黄酸锆目视比色法　HJ 487 - 2009

适用范围　本方法适用于饮用水、地表水、地下水和工业废水中氟化物的测定。

方法原理　在酸性溶液中，茜素磺酸钠和锆盐生成红色络合物，当样品中有氟离子存在时，能夺取络合物中锆离子，生成无色的氟化锆离子，释放出黄色的茜素磺酸钠，根据溶液由红色褪至黄色的色度不同与标准比色定量。

检出限　取 50 mL 试样，直接测定氟化物的浓度时，本方法检出限为 0.1 mg/L，测定下限为 0.4 mg/L，测定上限为 1.5 mg/L（高含量样品可经稀释后分析）。

干扰和消除　当样品中干扰离子超过下列浓度时，需要预先蒸馏：总碱度（$CaCO_3$）400 mg/L、氯化物 500 mg/L、硫酸根 200 mg/L、铝 0.1 mg/L、磷酸根 1.0 mg/L、铁 2.0 mg/L、浊度 25 度、色度 25 度。

方法四：水质　氟化物的测定　氟试剂分光光度法　HJ 488－2009

适用范围　本方法规定了地表水、地下水和工业废水中氟化物的氟试剂分光光度法。本方法适用于地表水、地下水和工业废水中氟化物的测定。

方法原理　氟离子在 pH 为 4.1 的乙酸盐缓冲介质中与氟试剂及硝酸镧反应生成蓝色三元络合物，络合物在 620 nm 波长处的吸光度与氟离子浓度成正比，定量测定氟化物（F^-）。

检出限　本方法的检出限为 0.02 mg/L，测定下限为 0.08 mg/L。

干扰和消除　在含 5 μg 氟化物的 25 mL 显色液中，存在下述离子超过下列含量，对测定有干扰，应先进行预蒸馏：Cl^- 30 mg；SO_4^{2-} 5.0 mg；NO_3^- 3.0 mg；$B_4O_7^{2-}$ 2.0 mg；Mg^{2+} 2.0 mg；NH_4^+ 1.0 mg；Ca^{2+} 0.5 mg。

方法五：水质　氰化物等的测定　真空检测管-电子比色法　HJ 659－2013

适用范围　见 2.2.2　1. 总氰化物　方法二。

方法原理　将封存有反应试剂的真空玻璃检测管在水样中折断，样品自动定量吸入管中，样品中的待测物与反应试剂快速定量反应生成有色化合物，其色度值与待测物含量成正比。将化学显色反应的色度信号与待测物浓度间对应的函数关系存储于电子比色计中，测定后直接读出水样中待测物的含量。

氟化物（F^-）与羟基蒽醌类测试液在镧存在下反应生成蓝至玫红色有色络合物，有色络合物的色度值与氟化物的浓度呈一定的线性关系。

检出限　0.5 mg/L。

干扰和消除

（1）水中悬浮物质或藻类等会对测定产生干扰，可以通过过滤或沉淀消除干扰；在测定范围允许的情况下，也可通过稀释的方法消除干扰。

（2）通过加标回收试验结果判断色度是否产生干扰。当水样的色度对测定产生干扰时，在测定范围允许的情况下，可通过稀释消除干扰。

（3）$Cl^- \leqslant 1\,000$ mg/L、$NO_2^- \leqslant 100$ mg/L、$Ca^{2+} \leqslant 80$ mg/L、$SO_4^{2-} \leqslant 300$ mg/L、$NO_3^- \leqslant 150$ mg/L 时不干扰测定。

（4）Cu^{2+}、Cr^{6+}、$Pb^{2+} > 3.0$ mg/L，$Mn^{2+} > 2.0$ mg/L，Ni^{2+}、$Hg^{2+} > 5.0$ mg/L，$PO_4^{3-} > 30$ mg/L 时有干扰，可通过蒸馏法除去干扰。

2.2.3 营养盐

1. 化学需氧量（Chemical Oxygen Demand，COD）

方法一：高氯高氨废水 化学需氧量的测定 氯离子校正法 GB/T 31195–2014

适用范围 本方法适用于炼油催化剂及相应催化材料生产过程中产生的高氯高氨废水中化学需氧量的测定。其中氯离子浓度不超过 2 000 mg/L，氨离子浓度不超过 1 000 mg/L，COD_{Cr} 大于 50 mg/L。

方法原理 在强碱性条件下通入氮气去除水样中的铵离子，加入一定量的浓硫酸，用重铬酸钾标准溶液滴定溶液氧化水样中还原性物质包括全部氯离子，过量的重铬酸钾标准滴定溶液以试亚铁灵作指示剂，用硫酸亚铁铵标准滴定溶液回滴，根据硫酸亚铁铵标准滴定溶液的用量计算出水样中还原性物质消耗氧的量，即为表观 COD。

通过硝酸银滴定法测定水样中氯离子浓度，再根据氯离子浓度从 Cl^-–COD_{Cl^-}校正曲线上查出氯离子产生的 COD，即氯离子校正值。表观 COD 与氯离子校正值之差，即为所测水样的真实 COD。

干扰和消除 炼油催化剂生产过程中产生的废水中含有较高浓度的氯离子和铵离子，废水中的 COD 主要表征水体的有机污染程度。当水样中含氯离子不含氨离子时，氯离子对 COD 的测定产生正干扰；当水样中不含氯离子，含有铵离子时，铵离子对 COD 的测定不产生干扰。当铵离子和氯离子共存于水样时，氨离子与氯离子一同对 COD 测定产生正干扰。本方法用加碱氮吹方法消除铵离子的干扰，用氯离子校正曲线法消除氯离子的干扰。

方法二：水质 氰化物等的测定 真空检测管-电子比色法 HJ 659–2013

适用范围 见 2.2.2 1. 总氰化物 方法二。

方法原理 将封存有反应试剂的真空玻璃检测管在水样中折断，样品自动定量吸入管中，样品中的待测物与反应试剂快速定量反应生成有色化合物，其色度值与待测物含量成正比。将化学显色反应的色度信号与待测物浓度间对应的函数关系存储于电子比色计中，测定后直接读出水样中待测物的含量。

重铬酸钾溶液在强酸性介质和催化剂存在下，经加热消解反应，水中化学需氧量将重铬酸钾的六价铬还原为三价铬，该氧化还原反应物的色度值与化学需氧量的浓度呈一定的线性关系。

检出限　10 mg/L。

干扰和消除

（1）水中悬浮物质或藻类等会对测定产生干扰，可以通过过滤或沉淀消除干扰；在测定范围允许的情况下，也可通过稀释的方法消除干扰。

（2）通过加标回收试验结果判断色度是否产生干扰。当水样的色度对测定产生干扰时，在测定范围允许的情况下，可通过稀释消除干扰。

（3）Cl^- ≤ 10 000 mg/L 时无干扰。

（4）NO_2^- 干扰一般采用氨基磺酸去除，10 mg 氨基磺酸可掩蔽 1 mg NO_2^-。

方法三：水质　化学需氧量的测定　重铬酸盐法　HJ 828 – 2017

　　适用范围　本标准规定了测定水中化学需氧量的重铬酸盐法。本方法适用于地表水、生活污水和工业废水中化学需氧量的测定，不适用于含氯化物浓度大于 1 000 mg/L（稀释后）的水中化学需氧量的测定。

　　方法原理　在水样中加入已知量的重铬酸钾溶液，并在强酸介质下以银盐作催化剂，经沸腾回流后，以试亚铁灵为指示剂，用硫酸亚铁铵滴定水样中未被还原的重铬酸钾，由消耗的硫酸亚铁铵的量计算出消耗氧的质量浓度。

　　注 1：在酸性重铬酸钾条件下，芳烃和吡啶难以被氧化，其氧化率较低。在硫酸银催化作用下，直链脂肪族化合物可有效地被氧化。

　　注 2：无机还原性物质如亚硝酸盐、硫化物和二价铁盐等将使测定结果增大，其需氧量也是 COD_{Cr} 的一部分。

　　检出限　当取样体积为 10.0 mL 时，本方法的检出限为 4 mg/L，测定下限为 16 mg/L。未经稀释的水样测定上限为 700 mg/L，超过此限时须稀释后测定。

　　干扰和消除　本方法的主要干扰物为氯化物，可加入硫酸汞溶液去除。经回流后，氯离子可与硫酸汞结合成可溶性的氯汞配合物。硫酸汞溶液的用量可根据水样中氯离子的含量，按质量比 m[$HgSO_4$]：m[Cl^-] ≥ 20：1 的比例加入，最大加入量为 2 mL（按照氯离子最大允许浓度 1 000 mg/L 计）。水样中氯离子的含量可采用 GB 11896 或本标准附录 A 进行测定或粗略判定，也可测定电导率后按照 HJ 506 附录 A 进行换算，或参照 GB 17378.4 测定盐度后进行换算。

方法四：高氯废水　化学需氧量的测定　氯气校正法　HJ/T 70 – 2001

　　适用范围　本方法适用于氯离子含量小于 20 000 mg/L 的高氯废水中化学需氧量的测定。适用于油田、沿海炼油厂、油库、氯碱厂、废水深海排放等废水中 COD 的测定。

方法原理　在水样中加入已知量的重铬酸钾溶液及硫酸汞溶液，并在强酸介质下以硫酸银作催化剂，经 2 h 沸腾回流后，以 1,10 - 邻菲罗啉为指示剂，用硫酸亚铁铵滴定水样中未被还原的重铬酸钾，由消耗的硫酸亚铁铵的量换算成消耗氧的质量浓度，即为表观 COD。将水样中未络合而被氧化的那部分氯离子所形成的氯气导出，再用氢氧化钠溶液吸收后，加入碘化钾，用硫酸调节 pH 为 2~3，以淀粉为指示剂，用硫代硫酸钠标准滴定溶液滴定，消耗的硫代硫酸钠的量换算成消耗氧的质量浓度，即为氯离子校正值。表观 COD 与氯离子校正值之差，即为所测水样真实的 COD。

检出限　30 mg/L。

方法五：高氯废水　化学需氧量的测定　碘化钾碱性高锰酸钾法　HJ/T 132 - 2003

适用范围　本标准规定了高氯废水化学需氧量的测定方法。本方法适用于油气田和炼化企业氯离子含量高达几万至十几万毫克每升高氯废水化学需氧量的测定。

方法原理　在碱性条件下，加一定量高锰酸钾溶液于水样中，并在沸水浴上加热反应一定时间，以氧化水中的还原性物质。加入过量的碘化钾还原剩余的高锰酸钾，以淀粉做指示剂，用硫代硫酸钠滴定释放出的碘，换算成氧的浓度，用 COD_{OH-KI} 表示。

检出限　本方法的最低检出限为 0.20 mg/L，测定上限为 62.5 mg/L。

干扰和消除　水样中含 Fe^{3+} 时，可加入 30%氟化钾溶液消除铁的干扰，1 mL 30%氟化钾溶液可掩蔽 90 mg Fe^{3+}。溶液中的亚硝酸根在碱性条件下不被高锰酸钾氧化，在酸性条件下可被氧化，加入叠氮化钠消除干扰。若水样中含有氧化性物质，应预先于水样中加入硫代硫酸钠去除。

方法六：水质　化学需氧量的测定　快速消解分光光度法　HJ/T 399 - 2007

适用范围　本标准规定了测定水质化学需氧量快速消解分光光度法测定方法。本方法适用于地表水、地下水、生活污水和工业废水中化学需氧量的测定。对于化学需氧量大于 1 000 mg/L 或氯离子大于 1 000 mg/L 的水样，可经适当稀释后进行测定。

方法原理　试样中加入已知量的重铬酸钾溶液，在强硫酸介质中，以硫酸银作为催化剂，经高温消解后，用分光光度法测定 COD。

当试样中 COD 为 100~1 000 mg/L，在（600±20）nm 波长处测定重铬酸钾

被还原产生的三价铬（Cr^{3+}）的吸光度，试样中 COD 与三价铬（Cr^{3+}）的吸光度的增加值成正比例关系，将三价铬（Cr^{3+}）的吸光度换算成试样的 COD。

当试样中 COD 为 15~250 mg/L，在（440±20）nm 波长处测定重铬酸钾未被还原的六价铬（Cr^{6+}）和被还原产生的三价铬（Cr^{3+}）的两种铬离子的总吸光度。试样中 COD 与六价铬（Cr^{6+}）的吸光度减少值成正比例，与三价铬（Cr^{3+}）的吸光度增加值成正比例，与总吸光度减少值成正比例，将总吸光度值换算成试样的 COD。

检出限　本方法对未经稀释的水样，COD 测定下限为 15 mg/L，测定上限为 1 000 mg/L，其氯离子质量浓度不应大于 1 000 mg/L。

干扰和消除

（1）氯离子是主要的干扰成分，水样中含有氯离子会使测定结果偏高，加入适量硫酸汞与氯离子形成可溶性氯化汞配合物，可减少氯离子的干扰，选用低量程方法测定 COD，也可减少氯离子对测定结果的影响。

（2）在（600±20）nm 处测试时，Mn(Ⅲ)、Mn(Ⅵ) 或 Mn(Ⅶ) 形成红色物质，会引起正偏差，其 500 mg/L 的锰溶液（硫酸盐形式）引起正偏差 COD 为 1 083 mg/L，其 50 mg/L 的锰溶液（硫酸盐形式）引起正偏差 COD 为 121 mg/L；而在（440±20）nm 处，则 500 mg/L 的锰溶液（硫酸盐形式）的影响比较小，引起的偏差 COD 为 -7.5 mg/L，50 mg/L 的锰溶液（硫酸盐形式）的影响可忽略不计。

（3）在酸性重铬酸钾条件下，一些芳香烃有机物、吡啶等化合物难以氧化，其氧化率较低。

（4）试样中的有机氮通常转化成铵离子，铵离子不被重铬酸钾氧化。

方法七：水质　化学需氧量的测定　分光光度法　DB 31/199-2018 附录 B

适用范围　本方法可以测定地表水、生活污水、工业废水（包括高盐废水）的化学需氧量。水样化学需氧量值有高有低，因此在消解时应选择不同浓度的重铬酸钾消解液。可根据市售试剂说明书确定消解液的测量范围。

方法原理　水样在强酸性介质中，被重铬酸钾于 150℃密闭回流进行氧化处理后，橙色的六价铬被还原成绿色的三价铬。当 $COD_{Cr} < 150$ mg/L 时，在 420 nm 处用分光光度法测定剩余六价铬的含量；当 $COD_{Cr} > 150$ mg/L 时，在 600 nm 处测定反应生成的三价铬含量。根据仪器内置工作曲线，直接读得 COD_{Cr} 值。

干扰和消除 当水样中氯离子含量在 2 000 mg/L 以上时，须稀释测定。

2. 五日生化需氧量（Biochemical Oxygen Demand，BOD_5）

方法一：水质 五日生化需氧量（BOD_5）的测定 稀释与接种法 HJ 505–2009

适用范围 本方法适用于地表水、工业废水和生活污水中五日生化需氧量（BOD_5）的测定。

方法原理 生化需氧量是指在规定的条件下，微生物分解水中的某些可氧化的物质，特别是分解有机物的生物化学过程消耗的溶解氧。通常情况下是指水样充满完全密闭的溶解氧瓶中，在（20±1）℃的暗处培养 5 d±4 h 或（2+5）d±4 h ［先在 0~4℃的暗处培养 2 d，接着在（20±1）℃的暗处培养 5 d，即培养（2+5）d］，分别测定培养前后水样中溶解氧的质量浓度，由培养前后溶解氧的质量浓度之差，计算每升样品消耗的溶解氧量，以 BOD_5 形式表示。

若样品中的有机物含量较多，BOD_5 的质量浓度大于 6 mg/L，样品须适当稀释后测定。对不含或含微生物少的工业废水，如酸性废水、碱性废水、高温废水、冷冻保存的废水或经过氯化处理等的废水，在测定 BOD_5 时应进行接种，以引进能分解废水中有机物的微生物。当废水中存在难以被一般生活污水中的微生物以正常的速度降解的有机物或含有剧毒物质时，应将驯化后的微生物引入水样中进行接种。

检出限 方法的检出限为 0.5 mg/L，方法的测定下限为 2 mg/L，非稀释法和非稀释接种法的测定上限为 6 mg/L，稀释与稀释接种法的测定上限为 6 000 mg/L。

干扰和消除 暂不明确。

方法二：水质 生化需氧量（BOD）的测定 微生物传感器快速测定法 HJ/T 86–2002

适用范围 本方法适用于地表水、生活污水和不含对微生物有明显毒害作用的工业废水中 BOD 的测定。

方法原理 测定水中 BOD 的微生物传感器是由氧电极和微生物菌膜构成，其原理是当含有饱和溶解氧的样品进入流通池中与微生物传感器接触，样品中溶解性可生化降解的有机物受到微生物菌膜中菌种的作用，而消耗一定量的氧，使扩散到氧电极表面上氧的质量减少。当样品中可生化降解的有机物向菌膜扩散速度（质量）达到恒定时，此时扩散到氧电极表面上氧的质量也达到恒定，因此产生一个恒定电流。由于恒定电流的差值与氧的减少量存在定量关系，据此可换算出样品中的生化需氧量。

检出限　无

干扰和消除　水中以下物质对本方法测定不产生明显干扰的最大允许量为：Co^{2+} 5 mg／L、Mn^{2+} 5 mg／L、Zn^{2+} 4 mg／L、Fe^{2+} 5 mg／L、Cu^{2+} 2 mg／L、Hg^{2+} 2 mg／L、Pb^{2+} 5 mg／L、Cd^{2+} 5 mg／L、Cr^{6+} 0.5 mg／L、CN^- 0.05 mg／L、悬浮物 250 mg／L。对含有游离氯或结合氯的样品可加入 1.575 g／L 的亚硫酸钠溶液使样品中游离氯或结合氯失效，应避免添加过量。对微生物膜内菌种有毒害作用的高浓度杀菌剂、农药类的污水不适用本测定方法。

3. 总有机碳

方法：水质　总有机碳的测定　燃烧氧化-非分散红外吸收法　HJ 501 – 2009

适用范围　本方法适用于地表水、地下水、生活污水和工业废水中总有机碳（TOC）的测定。

方法原理

（1）差减法测定总有机碳

将试样连同净化气体分别导入高温燃烧管和低温反应管中，经高温燃烧管的试样被高温催化氧化，其中的有机碳和无机碳均转化为二氧化碳。经低温反应管的试样被酸化后，其中的无机碳分解成二氧化碳，两种反应管中生成的二氧化碳分别被导入非分散红外检测器。在特定波长下，一定质量浓度范围内二氧化碳的红外线吸收强度与其质量浓度成正比，由此可对试样总碳（TC）和无机碳（IC）进行定量测定。

总碳与无机碳的差值，即为总有机碳。

（2）直接法测定总有机碳

试样经酸化曝气，其中的无机碳转化为二氧化碳被去除，再将试样注入高温燃烧管中，可直接测定总有机碳。由于酸化曝气会损失可吹扫有机碳（POC），故测得总有机碳值为不可吹扫有机碳（NPOC）。

检出限　检出限为 0.1 mg／L，测定下限为 0.5 mg／L。

干扰和消除　水中常见共存离子超过下列质量浓度时：SO_4^{2-} 400 mg／L、Cl^- 400 mg／L、NO_3^- 100 mg／L、PO_4^{3-} 100 mg／L、S^{2-} 100 mg／L，可用无二氧化碳水稀释水样，至上述共存离子质量浓度低于其干扰允许质量浓度后，再进行分析。

4. 总磷

方法一：水质　总磷的测定　钼酸铵分光光度法　GB／T 11893 – 89

适用范围 本方法适用于地面水、污水和工业废水。

方法原理 在中性条件下用过硫酸钾（或硝酸-高氯酸）使试样消解，将所含磷全部氧化为正磷酸盐。在酸性介质中，正磷酸盐与钼酸铵反应，在锑盐存在下生成磷钼杂多酸后，立即被抗坏血酸还原，生成蓝色的络合物。

检出限 取 25 mL 试料，本方法的最低检出浓度为 0.01 mg/L，测定上限为 0.6 mg/L。

干扰和消除 在酸性条件下，砷、铬、硫干扰测定。

方法二：水质 磷酸盐和总磷的测定 连续流动-钼酸铵分光光度法 HJ 670 - 2013

适用范围 本方法适用于地表水、地下水、生活污水和工业废水中磷酸盐和总磷的测定。

方法原理

（1）连续流动分析仪工作原理

试样与试剂在蠕动泵的推动下进入化学反应模块，在密闭的管路中连续流动，被气泡按一定间隔规律地隔开，并按特定的顺序和比例混合、反应，显色完全后进入流动检测池进行光度检测。

（2）化学反应原理

① 磷酸盐的测定

试样中的正磷酸盐在酸性介质中、锑盐存在下，与钼酸铵反应生成磷钼杂多酸，该化合物立即被抗坏血酸还原生成蓝色络合物，于波长 880 nm 处测量吸光度。

② 总磷的测定

试样中加入过硫酸钾溶液，经紫外消解和（107±1）℃酸性水解，各种形态的磷全部氧化成正磷酸盐。

检出限 当检测光程为 50 mm 时，磷酸盐（以 P 计）的检出限为 0.01 mg/L，测定范围为 0.04~1.00 mg/L；测定总磷（以 P 计）的检出限为 0.01 mg/L，测定范围为 0.04~5.00 mg/L。

干扰和消除

（1）样品中砷、铬、硫会对测定产生干扰，其消除方法见 GB 11893。

（2）样品的浊度或色度会对测定产生干扰，通过透析单元可消除。

（3）样品中高浓度的有机物会消耗过硫酸钾氧化剂，使总磷的测定结果偏低，可以通过稀释试样来消除影响。

（4）样品中含较多的固体颗粒或悬浮物时，须摇匀后取样、适当稀释，再通过匀质化预处理后进样。

方法三：水质　总磷的测定　流动注射-钼酸铵分光光度法　HJ 671－2013

适用范围　本方法规定了地表水、地下水、生活污水和工业废水中总磷的测定。

方法原理

（1）流动注射分析仪工作原理

在封闭的管路中，一定体积的试样注入连续流动的载液中，试样和试剂在化学反应模块中按特定的顺序和比例混合、反应，在非完全反应的条件下，进入流动检测池进行光度检测。

（2）化学反应原理

在酸性条件下，试样中各种形态的磷经 125℃高温高压水解，再与过硫酸钾溶液混合进行紫外消解，全部被氧化成正磷酸盐，在锑盐的催化下正磷酸盐与钼酸铵反应生成磷钼酸杂多酸。该化合物被抗坏血酸还原生成蓝色络合物，于波长 880 nm 处测量吸光度。

检出限　当检测池光程为 10 mm 时，本方法的检出限为 0.005 mg/L（以 P 计），测定范围为 0.020~1.00 mg/L。

干扰和消除

（1）样品中砷、铬、硫会对测定产生干扰，其消除方法见 GB 11893。

（2）样品的浊度或色度会对测定产生干扰，可通过补偿测量进行校正。具体消除方法：用色度-浊度补偿液替换钼酸盐显色剂，对试样进行分析，测得校正值。试样的测量值减去校正值，得到校正后的测量值。

（3）当样品的 pH<2 时，会出现折射直视现象（指在分析物峰的前面出现小的负峰）或双峰干扰；当样品的 pH>10 时，会对测定产生正干扰。因此，当样品 pH<2 或 pH>10 时，应在分析前将试样的 pH 调至中性。

5. 总氮

方法一：水质　总氮的测定　碱性过硫酸钾消解紫外分光光度法　HJ 636－2012

适用范围　本方法适用于地面水、地下水和生活污水中总氮的测定。

方法原理　在 120~124℃下，碱性过硫酸钾溶液使样品中含氮化合物的氮转化为硝酸盐，采用紫外分光光度法于波长 220 nm 和 275 nm 处，分别测定吸光度

A_{220} 和 A_{275}，按公式计算校正吸光度 A，总氮（以 N 计）含量与校正吸光度 A 成正比。$A = A_{220} - 2A_{275}$。

检出限 当样品量为 10 mL 时，本方法的检出限为 0.05 mg/L，测定范围为 0.20~7.00 mg/L。

干扰和消除

（1）当碘离子含量相当于总氮含量的 2.2 倍以上，溴离子含量相当于总氮含量 3.4 倍以上时，对测定产生干扰。

（2）水样中六价铬离子和三价铁离子对测定产生干扰，可加入 5% 盐酸羟胺溶液 1~2 mL 消除。

方法二：水质 总氮的测定 连续流动-盐酸萘乙二胺分光光度法 HJ 667—2013

适用范围 本方法适用于地表水、地下水、生活污水和工业废水中总氮的测定。

方法原理

（1）连续流动分析仪工作原理

试样与试剂在蠕动泵的推动下进入化学反应模块，在密闭的管路中连续流动，被气泡按一定间隔规律隔开，并按特定的顺序和比例混合、反应，显色完全后进入流动检测池进行光度检测。

（2）化学反应原理

在碱性介质中，试料中的含氮化合物在 107~110℃、紫外线照射下，被过硫酸盐氧化为硝酸盐后，经镉柱还原为亚硝酸盐。在酸性介质中，亚硝酸盐与磺胺进行重氮化反应然后与盐酸萘乙二胺偶联生成紫红色化合物，于波长 540 nm 处测量吸光度。

检出限 当检测光程为 30 mm 时，检出限为 0.04 mg/L（以 N 计），测定范围为 0.16~10 mg/L。

干扰和消除

（1）当样品中三价铁离子、六价铬离子和氯离子的浓度分别大于 180 mg/L、50 mg/L 和 5 000 mg/L 时，对总氮的测定产生负干扰；高浓度的有机物会消耗过硫酸钾氧化剂，水样铬法 COD 大于 400 mg/L 时，总氮的测定结果会偏低。上述干扰可通过稀释样品来消除，但须通过多个稀释比例测定结果的一致性或加标回收来确认。

（2）样品的浊度或色度对测定结果有干扰，通过透析单元可消除。

（3）样品中含有较多的固体颗粒物或悬浮物时，须摇匀后取样、适当稀释，再通过匀质化处理后进样。

方法三：水质　总氮的测定　流动注射-盐酸萘乙二胺分光光度法　HJ 668-2013

适用范围　本方法适用于地表水、地下水、生活污水和工业废水中总氮的测定。

方法原理

（1）流动注射分析仪工作原理

在封闭的管路中，将一定体积的试料注入连续流动的载液中，试料和试剂在化学反应模块中按规定的顺序和比例混合、反应，在非完全反应的条件下，进入流动检测池进行光度检测。

（2）方法化学反应原理

在碱性介质中，试料中的含氮化合物在（95±2）℃、紫外线照射下，被过硫酸盐氧化为硝酸盐后，经镉柱还原为亚硝酸盐；在酸性介质中，亚硝酸盐与磺胺进行重氮化反应，然后与盐酸萘乙二胺偶联生成紫红色化合物，于 540 nm 处测量吸光度。

检出限　当检测光程为 10 mm 时，本方法的检出限为 0.03 mg/L（以 N 计），测定范围为 0.12~10 mg/L。

干扰和消除

（1）样品中含有高浓度的有机物时，会消耗过硫酸钾氧化剂，使总氮的测定结果偏低，可通过稀释样品来消除影响，但须通过多个稀释比测定结果的一致性或加标回收实验来确认。

（2）当样品中铜离子、铁离子、六价铬离子和氯离子浓度分别不大于 100 mg/L、250 mg/L、100 mg/L 和 1 000 mg/L 时，对总氮的测定无影响。

方法四：水质　总氮的测定　气相分子吸收光谱法　HJ/T 199-2005

适用范围　本方法适用于地表水、水库、湖泊、江河水中总氮的测定。

方法原理　在碱性过硫酸钾溶液中，于 120~124℃温度下，将水样中氨、铵盐、亚硝酸盐以及大部分有机氮化合物氧化成硝酸盐后，以硝酸盐氮的形式采用气相分子吸收光谱法进行总氮的测定。

检出限　检出限 0.050 mg/L，测定下限 0.200 mg/L，测定上限 100 mg/L。

干扰和消除 消解后的样品，含大量高价铁离子等较多氧化性物质时，增加三氯化钛用量至溶液紫红色不褪进行测定，不影响测定结果。

6. 氨氮

方法一：水质 氨氮的测定 纳氏试剂分光光度法 HJ 535－2009

适用范围 本标准规定了测定水中氨氮的纳氏试剂分光光度法。本方法适用于地表水、地下水、生活污水和工业废水中氨氮的测定。

方法原理 以游离态的氨或铵离子等形式存在的氨氮与纳氏试剂反应生成淡红棕色络合物，该络合物的吸光度与氨氮含量成正比，于波长 420 nm 处测量吸光度。

检出限 当水样体积为 50 mL、使用 20 mm 比色皿时，本方法的检出限为 0.025 mg/L，测定下限为 0.10 mg/L，测定上限为 2.0 mg/L（均以 N 计）。

干扰和消除 水样中含有悬浮物、余氯、钙镁等金属离子、硫化物和有机物时会产生干扰，含有此类物质时要做适当处理，以消除对测定的影响。若样品中存在余氯，可加入适量的硫代硫酸钠溶液去除，用淀粉-碘化钾试纸检验余氯是否除尽。在显色时加入适量的酒石酸钾钠溶液，可消除钙镁等金属离子的干扰。若水样浑浊或有颜色时可用预蒸馏法或絮凝沉淀法处理。

方法二：水质 氨氮的测定 水杨酸分光光度法 HJ 536－2009

适用范围 本标准规定了测定水中氨氮的水杨酸分光光度法。本方法适用于地表水、地下水、生活污水和工业废水中氨氮的测定。

方法原理 在碱性介质（pH＝11.7）和亚硝基铁氰化钠存在下，水中的氨、铵离子与水杨酸盐和次氯酸离子反应生成蓝色化合物，在 697 nm 处用分光光度计测量吸光度。

检出限 当取样体积为 8.0 mL，使用 10 mm 比色皿时，检出限为 0.01 mg/L，测定下限为 0.04 mg/L，测定上限为 1.0 mg/L（均以 N 计）。

当取样体积为 8.0 mL、使用 30 mm 比色皿时，检出限为 0.004 mg/L，测定下限为 0.016 mg/L，测定上限为 0.25 mg/L（均以 N 计）。

干扰和消除

（1）本方法用于水样分析时可能遇到的干扰物质及限量，见表 2－3。经实验，酒石酸盐和柠檬酸盐均可作为掩蔽剂使用。该标准方法采用酒石酸盐作掩蔽剂。按实验方法测定 4 μg 氨氮时，表 2－3 中列出的离子量对实验无干扰。

表 2-3　干扰物质及限量

共存离子	允许量 /（μg）	共存离子	允许量 /（μg）	共存离子	允许量 /（μg）
钙（Ⅱ）	500	钼（Ⅵ）	100	硼（Ⅲ）	250
镁（Ⅱ）	500	钴（Ⅱ）	50	硫酸根	2×10^4
铝（Ⅲ）	50	镍（Ⅱ）	1 000	磷酸根	500
锰（Ⅱ）	20	铍（Ⅱ）	100	硝酸根	500
铜（Ⅱ）	250	钛（Ⅳ）	20	亚硝酸根	200
铅（Ⅱ）	50	钒（Ⅴ）	500	氟离子	500
锌（Ⅱ）	100	镧（Ⅲ）	500	氯离子	1×10^5
镉（Ⅱ）	50	铈（Ⅳ）	50	二苯胺	50
铁（Ⅲ）	250	钆（Ⅲ）	500	三乙醇胺	50
汞（Ⅱ）	10	银（Ⅰ）	50	苯胺	1
铬（Ⅵ）	200	锑（Ⅲ）	100	乙醇胺	1
钨（Ⅵ）	1 000	锡（Ⅳ）	50		
铀（Ⅵ）	100	砷（Ⅲ）	100		

（2）苯胺和乙醇胺产生的严重干扰不多见，干扰通常由伯胺产生。氯胺、过高的酸度、碱度以及含有使次氯酸根离子还原的物质时也会产生干扰。

（3）如果水样的颜色过深、含盐量过多，酒石酸钾盐对水样中的金属离子掩蔽能力不够，或水样中存在高浓度的钙、镁和氯化物时，须预蒸馏。

方法三：水质　氨氮的测定　蒸馏-中和滴定法　HJ 537-2009

适用范围　本标准规定了测定水中氨氮的蒸馏-中和滴定法。本方法适用于生活污水和工业废水中氨氮的测定。

方法原理　调节水样的 pH 至 6.0~7.4，加入轻质氧化镁使呈微碱性，蒸馏释出的氨用硼酸溶液吸收。以甲基红-亚甲蓝为指示剂，用盐酸标准溶液滴定馏出液中的氨氮（以 N 计）。

检出限　当试样体积为 250 mL 时，本方法的检出限为 0.05 mg/L（均以 N 计）。

干扰和消除　在本方法规定的条件下可以蒸馏出来的能够与酸反应的物质均干扰测定。例如，尿素、挥发性胺和氯化样品中的氯胺等。

方法四：水质　氰化物等的测定　真空检测管-电子比色法　HJ 659－2013

适用范围　见 2.2.2　1. 总氰化物　方法二。

方法原理　将封存有反应试剂的真空玻璃检测管在水样中折断，样品自动定量吸入管中，样品中的待测物与反应试剂快速定量反应生成有色化合物，其色度值与待测物含量成正比。将化学显色反应的色度信号与待测物浓度间对应的函数关系存储于电子比色计中，测定后直接读出水样中待测物的含量。

以游离态的氨或铵离子等形式存在的氨氮与纳氏试剂反应生成黄至黄棕色有色络合物，该络合物的色度值与氨氮的浓度呈一定的线性关系。

检出限　0.2 mg/L。

干扰和消除

（1）水中悬浮物质或藻类等会对测定产生干扰，可以通过过滤或沉淀消除干扰；在测定范围允许的情况下，也可通过稀释的方法消除干扰。

（2）通过加标回收试验结果判断色度是否产生干扰。当水样的色度对测定产生干扰时，在测定范围允许的情况下，可通过稀释消除干扰。

（3）Ca^{2+} 和 Mg^{2+} 总量 ≤ 100 mg/L，甲醇、乙醇、NO_3^- ≤ 100 mg/L，苯胺 ≤ 10 mg/L 时不干扰。

（4）S^{2-}、Pb^{2+}、甲醛对此反应有正干扰，丙酮有负干扰，须做适当的预处理以消除干扰，如蒸馏或加乙酸锌使硫化物沉淀等。

方法五：水质　氨氮的测定　连续流动-水杨酸分光光度法　HJ 665－2013

适用范围　本标准规定了测定水中氨氮的连续流动-水杨酸分光光度法。本方法适用于地表水、地下水、生活污水和工业废水中氨氮的测定。

方法原理

（1）连续流动分析仪工作原理

试样与试剂在蠕动泵的推动下进入化学反应模块，在密闭的管路中连续流动，被气泡按一定间隔规律地隔开，并按特定的顺序和比例混合、反应，显色完全后进入流动检测池进行光度检测。

（2）化学反应原理

在碱性介质中，试料中的氨、铵离子与二氯异氰脲酸钠溶液释放出来的次氯酸根反应生成氯胺。在 40℃ 和亚硝基铁氰化钾存在条件下，氯胺与水杨酸盐反应形成蓝绿色化合物，于 660 nm 波长处测量吸光度。

检出限　当采用直接比色模块，检测池光程为 30 mm 时，本方法的检出限为 0.01 mg/L（以 N 计），测定范围为 0.04~1.00 mg/L；当采用在线蒸馏模块，检测池光程为 10 mm 时，本方法的检出限为 0.04 mg/L（以 N 计），测定范围为 0.16~10.0 mg/L。

干扰和消除

（1）样品中的余氯会形成氯胺干扰测定，可加入适量的硫代硫酸钠溶液除去。

（2）当样品中钙离子、锰离子和氯离子浓度分别大于 150 mg/L、10 mg/L、10 000 mg/L 时，会对分析产生正干扰。可参照 HJ 536 对样品进行预蒸馏或直接采用带在线蒸馏的模块分析。样品中镁离子、铁离子浓度不高于 300 mg/L 时，对氨氮测定无影响。

（3）当样品 pH>10 或 pH<4 时，应在分析前将其 pH 调至中性再进行测定。加酸保存的样品易吸收空气中的氨，影响测定结果，须注意密闭保存。

（4）环境空气中的氨有可能使基线漂移，影响空白值。可在化学单元的进气口端连接一个装有 0.5 mol/L 的硫酸溶液的洗气瓶，并定期更换洗气溶液。

方法六：水质　氨氮的测定　流动注射-水杨酸分光光度法　HJ 666 - 2013

适用范围　本标准规定了测定水中氨氮的流动注射分析-分光光度法。本方法适用于地表水、地下水、生活污水和工业废水中氨氮的测定。

方法原理

（1）流动注射分析仪工作原理

在封闭的管路中，将一定体积的试样注入连续流动的载液中，试样与试剂在化学反应模块中按特定的顺序和比例混合、反应，在非完全反应的条件下，进入流动检测池进行光度检测。

（2）化学反应原理

在碱性介质中，试料中的氨、铵离子与次氯酸根反应生成氯胺。在 60℃ 和亚硝基铁氰化钾存在条件下，氯胺与水杨酸盐反应形成蓝绿色化合物，于 660 nm 波长处测量吸光度。

检出限　当检测池光程为 10 mm 时，本方法的检出限为 0.01 mg/L（以 N 计），测定范围为 0.04~5.00 mg/L。

干扰和消除　样品中的余氯会形成氯胺干扰测定，可加入适量的硫代硫酸钠溶液除去；当样品中铁离子、锰离子质量浓度分别大于 500 mg/L 和 35 mg/L 时，对分析产生正干扰。水样浑浊或有颜色也会干扰测定，可参照 HJ 536 对样品进行预蒸馏。样品中钙离子、镁离子和氯离子质量浓度分别不大于 900 mg/L、1 000 mg/L 和 100 000 mg/L 时，对氨氮测定无影响。当样品 pH>12 或 pH<1 时，应在分析前将其 pH 调至中性。加酸保存的样品易吸收空气中的氨，影响测定结果，须注意密闭保存。

方法七：水质　氨氮的测定　气相分子吸收光谱法 HJ/T 195－2005

适用范围　本方法适用于地表水、地下水、海水、饮用水、生活污水及工业污水中氨氮的测定。

方法原理　水样在 2%~3% 酸性介质中，加入无水乙醇煮沸除去亚硝酸盐等干扰，用次溴酸盐氧化剂将氨及铵盐（0~50 μg）氧化成等量亚硝酸盐，以亚硝酸盐氮的形式采用气相分子吸收光谱法测定氨氮的含量。

检出限　方法的最低检出限为 0.020 mg/L，测定下限为 0.080 mg/L，测定上限为 100 mg/L。

干扰和消除　水样加入 1 mL 盐酸及 0.2 mL 无水乙醇，加热煮沸 2~3 min，可消除 NO_2^-、SO_3^{2-}、硫化物以及减弱乃至消除 $S_2O_3^{2-}$ 的影响；个别水样含 I^-、SCN^- 或存在可被次溴酸盐氧化成亚硝酸盐的有机胺时，应按 GB 7479－1987 附录 4 蒸馏分离后进行测定。

7. 硫氰酸盐

方法：水质　硫氰酸盐的测定　异烟酸-吡唑啉酮分光光度法 GB/T13897－92

适用范围　本方法适用于火工品生产厂工厂排出口废水中硫氰酸盐含量的测定。

方法原理　在中性介质中，于 50℃ 条件下，样品中硫氰酸根与氯胺 T 反应生成氯化氰，再与异烟酸作用，经水解后生成戊烯二醛，最后与吡唑啉酮缩合成蓝色染料，在 638 nm 波长处进行分光光度测定。

检出限　当取样体积为 100 mL、比色皿厚度为 10 mm 时，硫氰酸根的最低检出浓度为 0.04 mg/L，测定范围为 0.15~1.5 mg/L。

干扰和消除　汞氰络合物的含量超过 1 mg/L 时，对测定有一定干扰。

8. 二氧化氯

方法：水质　二氧化氯和亚氯酸盐的测定　连续滴定碘量法 HJ 551－2016

适用范围　本标准规定了测定纺织染整工业废水中二氧化氯和亚氯酸盐的连续滴定碘量法。本方法适用于使用亚漂工艺的纺织染整工业排放废水中二氧化氯和亚氯酸盐的测定。

方法原理　二氧化氯和亚氯酸根在不同 pH 条件下，能氧化碘离子而析出碘。同一个样品，在中性条件下，用硫代硫酸钠溶液滴定二氧化氯与碘离子反应转化为亚氯酸盐时析出的碘，再调节样品 pH 为 1~3，用硫代硫酸钠溶液滴定亚氯酸盐与碘离子反应时析出的碘，通过连续滴定来测定二氧化氯和亚氯酸根含量。

检出限　当取样量为 150 mL 时，二氧化氯的方法检出限为 0.09 mg/L，测定下限为 0.36 mg/L；亚氯酸盐（以亚氯酸根计）的方法检出限为 0.08 mg/L，测定下限为 0.32 mg/L。

干扰和消除

（1）存在其他含氧氯化物，以及能与 I_2 和 I^- 发生氧化、还原反应的物质时，会产生干扰。

（2）色度对滴定终点会产生干扰。水样有色度时，应取相同水样作为滴定终点判断的参比样品。

2.2.4　金属及其化合物

1. 总钡

方法一：水质　钡的测定　电位滴定法　GB/T 14671-93

适用范围　本方法适用于化工、机械制造、颜料等行业工业废水中可溶性钡的测定。

方法原理　聚乙二醇及其衍生物与钡离子形成阳离子，该离子能与四苯硼钠定量反应。以四苯硼酸根离子电极指示终点，用四苯硼钠溶液作滴定剂进行电位测定，到达终点时电位产生突跃。

检出限　本方法的测量范围为 47.1~1 180 μg，最低检出限为 28 μg。

干扰和消除　锶离子含量超过钡含量 2 倍时，以及钙离子含量超过钡含量 150 倍时，对测定有干扰，且使终点电位突跃不明显。锂、钾、铵离子含量超过钡含量 50 倍时，产生干扰。

方法二：水质　钡的测定　石墨炉原子吸收分光光度法　HJ 602-2011

适用范围　本方法适用于地表水、地下水、工业废水和生活污水中可溶性钡和总钡的测定。

方法原理　样品经过滤或消解后注入石墨炉原子化器中，钡离子在石墨管内经高温原子化，其基态原子对钡空心阴极灯发射的特征谱线 553.6 nm 产生选择性吸收，其吸光度值与钡的质量浓度成正比。

检出限 当进样量为 20.0 μL 时，本方法的检出限为 2.5 μg/L，测定下限为 10.0 μg/L。

干扰和消除

（1）试样中钾、钠和镁的质量浓度为 500 mg/L、铬为 10 mg/L、锰为 25 mg/L、铁和锌为 2.5 mg/L、铝为 2 mg/L、硝酸为 5%（体积分数）以下时，对钡的测定无影响。当这些物质的质量浓度超过上述质量浓度时，可采用标准加入法消除其干扰。

（2）试样中钙的质量浓度大于 5 mg/L 时，对钡的测定产生正干扰。当注入原子化器中钙的质量浓度为 100~300 mg/L 时，钙对钡的干扰不随钙质量浓度变化而变化。根据钙的干扰特征，加入化学改进剂硝酸钙溶液既可以消除记忆效应又能提高测定的灵敏度。若试样中钙的质量浓度超过 300 mg/L，应将试样适当稀释后测定。

方法三：水质 钡的测定 火焰原子吸收分光光度法 HJ 603－2011

适用范围 本方法适用于高浓度废水中可溶性钡和总钡的测定。

方法原理 样品经过滤或消解后喷入富燃性空气-乙炔火焰，在高温火焰中形成的钡基态原子对钡空心阴极灯发射的 553.6 nm 特征谱线选择性吸收，其吸光度值与钡的质量浓度成正比。

检出限 本方法检出限为 1.7 mg/L，测定范围为 6.8~500 mg/L。

干扰和消除

（1）试样中钾、钠、镁、锶、铁、锡和镍的质量浓度为 5 000 mg/L、铬为 500 mg/L、锂为 100 mg/L、硝酸为 10%（体积分数）、高氯酸为 4%（体积分数）、盐酸为 2%（体积分数）以下时，对钡的测定无影响。当这些物质的质量浓度超过上述质量浓度时，可采用标准加入法消除其干扰。

（2）在空气-乙炔火焰中，样品中的钙生成氢氧化钙分子，在 530.0~560.0 nm 处有一吸收带，当其质量浓度大于 100 mg/L 时，干扰钡的测定。可配制与样品质量浓度相同的钙标准溶液，在与样品测定相同条件下测定其吸光度，通过扣除该背景吸光值，消除钙的干扰。

2. 总钡、总钒、总镉、总铬、总钴、总锰、总钼、总镍、总硼、总铍、总铅、总砷、总锶、总铊、总锑、总铁、总铜、总硒、总锡、总锌、总银

方法：水质 65 种元素的测定 电感耦合等离子体质谱法 HJ 700－2014

适用范围　本方法适用于地表水、地下水、生活污水、低浓度工业废水中 65 种元素的测定，具体包括银、铝、砷、金、硼、钡、铍、铋、钙、镉、铈、钴、铬、铯、铜、镝、铒、铕、铁、镓、钆、锗、铪、钬、铟、铱、钾、镧、锂、镥、镁、锰、钼、钠、铌、钕、镍、磷、铅、钯、镨、铂、铷、铼、铑、钌、锑、钪、硒、钐、锡、锶、铽、碲、钍、钛、铊、铥、铀、钒、钨、钇、镱、锌、锆。

方法原理　水样经预处理后，采用电感耦合等离子体质谱进行检测，根据元素的质谱图或特征离子进行定性，内标法定量。样品由载气带入雾化系统进行雾化后，以气溶胶形式进入等离子体的轴向通道，在高温和惰性气体中被充分蒸发、解离、原子化和电离，转化成的带电荷的正离子经离子采集系统进入质谱仪，质谱仪根据离子的质荷比即元素的质量数进行分离并定性、定量的分析。在一定浓度范围内，元素质量数处所对应的信号响应值与其浓度成正比。

检出限　本方法各元素的方法检出限为 0.02 ~ 19.6 μg/L，测定下限为 0.08 ~ 78.4 μg/L。详见表 2 - 4。

表 2 - 4　各元素的方法检出限和测定下限

元　素	检出限/（μg/L）	测定下限/（μg/L）	元　素	检出限/（μg/L）	测定下限/（μg/L）	元　素	检出限/（μg/L）	测定下限/（μg/L）
银 Ag	0.04	0.16	铬 Cr	0.11	0.44	铟 In	0.03	0.12
铝 Al	1.15	4.60	铯 Cs	0.03	0.12	铱 Ir	0.04	0.16
砷 As	0.12	0.48	铜 Cu	0.08	0.32	钾 K	4.50	18.0
金 Au	0.02	0.08	镝 Dy	0.03	0.12	镧 La	0.02	0.08
硼 B	1.25	5.00	铒 Er	0.02	0.08	锂 Li	0.33	1.32
钡 Ba	0.20	0.80	铕 Eu	0.04	0.16	镥 Lu	0.04	0.16
铍 Be	0.04	0.16	铁 Fe	0.82	3.28	镁 Mg	1.94	7.76
铋 Bi	0.03	0.12	镓 Ga	0.02	0.08	锰 Mn	0.12	0.48
钙 Ca	6.61	26.4	钆 Gd	0.03	0.12	钼 Mo	0.06	0.24
镉 Cd	0.05	0.20	锗 Ge	0.02	0.08	钠 Na	6.36	25.4
铈 Ce	0.03	0.12	铪 Hf	0.03	0.12	铌 Nb	0.02	0.08
钴 Co	0.03	0.12	钬 Ho	0.03	0.12	钕 Nd	0.04	0.16

元　素	检出限/ （μg/L）	测定 下限/ （μg/L）	元　素	检出限/ （μg/L）	测定 下限/ （μg/L）	元　素	检出限/ （μg/L）	测定 下限/ （μg/L）
镍 Ni	0.06	0.24	锑 Sb	0.15	0.60	铊 Tl	0.02	0.08
磷 P	19.6	78.4	钪 Sc	0.20	0.80	铥 Tm	0.04	0.16
铅 Pb	0.09	0.36	硒 Se	0.41	1.64	铀 U	0.04	0.16
钯 Pd	0.02	0.08	钐 Sm	0.04	0.16	钒 V	0.08	0.32
镨 Pr	0.04	0.16	锡 Sn	0.08	0.32	钨 W	0.43	1.72
铂 Pt	0.03	0.12	锶 Sr	0.29	1.16	钇 Y	0.04	0.16
铷 Rb	0.04	0.16	铽 Tb	0.05	0.20	镱 Yb	0.05	0.20
铼 Re	0.04	0.16	碲 Te	0.05	0.20	锌 Zn	0.67	2.68
铑 Rh	0.03	0.12	钍 Th	0.05	0.20	锆 Zr	0.04	0.16
钌 Ru	0.05	0.20	钛 Ti	0.46	1.84			

干扰和消除

（1）质谱型干扰

质谱型干扰主要包括多原子离子干扰、同量异位素干扰、氧化物干扰和双电荷干扰等。多原子离子干扰是 ICP-MS 最主要的干扰来源，可以利用干扰校正方程、仪器优化及碰撞反应池技术加以解决。同量异位素干扰可以使用干扰校正方程进行校正，或在分析前对样品进行化学分离等方法进行消除。氧化物干扰和双电荷干扰可通过调节仪器参数降低影响。

（2）非质谱型干扰

非质谱型干扰主要包括基体抑制干扰、空间电荷效应干扰、物理效应干扰等。非质谱型干扰程度与样品基体性质有关，可以通过内标法、仪器条件最佳化或标准加入法等措施消除。

3. 总钡、总钒、总镉、总铬、总钴、总锰、总镍、总硼、总铅、总砷、总锑、总铁、总铜、总锡、总锌、总银、总硒

方法　水质　32 种元素的测定　电感耦合等离子体发射光谱法 HJ 776-2015

适用范围　本方法适用于地表水、地下水、生活污水及工业废水中银、铝、砷、硼、钡、铍、铋、钙、镉、钴、铬、铜、铁、钾、锂、镁、锰、钼、钠、

镍、磷、铅、硫、锑、硒、硅、锡、锶、钛、钒、锌及锆等 32 种元素可溶性元素及元素总量的测定。

方法原理　经过滤或消解的水样注入电感耦合等离子体发射光谱仪后，目标元素在等离子体火炬中被气化、电离、激发并辐射出特征谱线，在一定浓度范围内，其特征谱线的强度与元素的浓度成正比。

检出限　本方法中各元素的方法检出限为 0.009～0.1 mg/L，测定下限为 0.036～0.39 mg/L。各元素的方法检测限详见 HJ 776 - 2015 附录 A。

干扰和消除

电感耦合等离子体发射光谱法通常存在的干扰可分为两类：一类是光谱干扰，另一类是非光谱干扰。

（1）光谱干扰

光谱干扰主要包括了连续背景和谱线重叠干扰。目前常用的校正方法是背景扣除法（根据单元素和混合元素试验确定扣除背景的位置及方式）和干扰系数法。也可以在混合标准溶液中采用基体匹配的方法消除其影响。

当存在单元素干扰时，可按如下公式求得干扰系数。

$$K_t = (Q' - Q)/Q_t$$

通过配制一系列已知干扰元素含量的溶液，在分析元素波长的位置测定其 Q'，根据上述公式求出 K_t，然后进行人工扣除或计算机自动扣除。

一般情况下，地表水、地下水样品中由于元素浓度较低，光谱和基体元素间干扰一般情况下可以忽略。工业废水等常见目标元素测定波长光谱干扰见 HJ 776 - 2015 附录 B。注意不同仪器测定的干扰系数会有区别。

（2）非光谱干扰

非光谱干扰主要包括化学干扰、电离干扰、物理干扰以及去溶剂干扰等，在实际分析过程中各类干扰很难截然分开。是否予以补偿和校正，与样品中干扰元素的浓度有关。此外，物理干扰一般由样品的黏滞程度及表面张力变化引起，尤其是当样品中含有大量可溶盐或样品酸度过高，都会对测定产生干扰。消除此类干扰的最简单方法是将样品稀释。但应保证待测元素的含量高于测定下限。

4. 总钒

方法： 水质　钒的测定　钽试剂（BPHA）萃取分光光度法　GB/T 15503 - 1995

适用范围 本方法适用于水和废水中钒的测定。

方法原理 钽试剂（N-苯酰-N-苯胲，BPHA）为弱酸，在强酸性介质中可与五价钒形成一种微溶于水的桃红色螯合物。该螯合物能定量地被三氯甲烷和乙醇混合液搅拌萃取，在 440 nm 处进行分光光度测定。

检出限 使用 1 cm 吸收池，本方法检测限为 0.018 mg／L，测定上限为 10.0 mg／L。若测定浓度大于上限，分析前可将样品适当稀释。

干扰和消除 暂不明确。

5. 总镉

方法： 水质 镉的测定 双硫腙分光光度法 GB 7471－87

适用范围 本方法适用于测定天然水和废水中微量镉。适用于测定镉的浓度为 1~50 μg／L 的水样。当镉的浓度高于 50 μg／L 时，可对水样作适当稀释后再进行测定。

方法原理 在强碱性溶液中，镉离子与双硫腙生成红色络合物，用氯仿萃取后，于 518 nm 波长处进行分光光度测定，从而求出镉的含量。

检出限 当使用光程长为 20 mm 比色皿，试份体积为 100 mL 时，检出限为 1 μg／L。

干扰和消除

（1）此方法规定的条件下，天然水正常存在的金属浓度不干扰测定。

（2）分析水样中存在下列金属离子不产生干扰（以 mg／L）：铅 20、锌 30、铜 40、锰 4、铁 4。镁离子浓度达 20 mg／L 时，需要多加酒石酸钾钠掩蔽。

（3）一般的室内光线不影响双硫腙镉的颜色。

6. 总镉、总铬、总镍、总铅、总砷、总铜、总银

方法： 等离子发射光谱法 《水和废水监测分析方法》（第四版）

适用范围 本方法适用于地表水和污水中 20 种元素溶解态及元素总量的测定。

方法原理 等离子体发射光谱法可以同时测定样品中多元素的含量。当氩气通过等离子体火炬时，经射频发生器所产生的交变电磁场使其电离、加速并与其氩原子碰撞。这种连锁反应使更多的氩原子电离，形成原子、离子、电子的粒子混合气体即等离子体。等离子体火炬可达 6 000~8 000 K 的高温。过滤或消解处理过的样品经进样器中的雾化器被雾化并由氩载气带入等离子体火炬中，气化的样品分子在等离子体火炬的高温下被原子化、电离、激发。不同元素的原子在激

发或电离时可发射出特征光谱，所以等离子体发射光谱可用来定性测定样品中存在的元素。特征光谱的强弱与样品中原子浓度有关，与标准溶液进行比较，即可定量测定样品中各元素的含量。

干扰和消除　ICP – AES 法通常存在的干扰大致可分为两类：一类是光谱干扰，主要包括了连续背景和谱线重叠干扰；另一类是非光谱干扰，主要包括了化学干扰、电离干扰、物理干扰以及去溶剂干扰等，在实际分析过程中各类干扰很难截然分开。一般情况下，必须予以补偿和校正。

此外，物理干扰一般由样品的黏滞程度及表面张力变化而致；尤其是当样品中含有大量可溶盐或样品酸度过高，都会对测定产生干扰。消除此类干扰的最简单方法是将样品稀释。

7. 总镉、总铅、总铜、总锌

方法：水质　铜、锌、铅、镉的测定　原子吸收分光光度法　GB 7475 – 87

适用范围　本方法分为两部分。第一部分为直接法，适用于地下水、地面水和废水中的铜、锌、铅、镉；第二部分为螯合萃取法，适用于测定地下水和清洁地面水中低浓度的铜、铅、镉。

方法原理

(1) 直接法：将样品或消解处理过的样品直接吸入火焰，在火焰中形成的原子对特征电磁辐射产生吸收，将测得的样品吸光度和标准溶液的吸光度进行比较，确定样品中被测元素的浓度。

(2) 螯合萃取法：吡咯烷二硫代氨基甲酸铵在 pH = 3.0 时与被测金属离子螯合后萃入甲基异丁基甲酮中，然后吸入火焰进行原子吸收光谱测定。

检出限　测定浓度范围与仪器的特性有关。

干扰和消除

(1) 直接法　地下水和地面水中的共存离子和化合物在常见浓度下不干扰测定。但当钙的浓度高于 1 000 mg/L 时，抑制镉的吸收，浓度为 2 000 mg/L 时，信号抑制达 19%。铁的含量超过 100 mg/L 时，抑制锌的吸收。当样品中含盐量很高，特征谱线波长又低于 350 nm 时，可能出现非特征吸收。如高浓度的钙，因产生背景吸收，使铅的测定结果偏高。

(2) 螯合萃取法　当样品的化学需氧量超过 500 mg/L 时，可能影响萃取效率。铁的含量不超过 5 mg/L，不干扰测定。如果样品中存在的某类络合剂，与被测金属形成的络合物比吡咯烷二硫代氨基甲酸铵的络合物更稳定，则应在测定前去除样品中的这类络合剂。

8. 总铬

方法一: 水质　总铬的测定　GB 7466-87

A: 高锰酸钾氧化-二苯碳酰二肼分光光度法

适用范围　本方法适用于地面水和工业废水中总铬的测定。

方法原理　在酸性溶液中,试样的三价铬被高锰酸钾氧化成六价铬。六价铬与二苯碳酰二肼反应生成紫红色化合物,于波长 540 nm 处进行分光光度测定。

过量的高锰酸钾用亚硝酸钠分解,而过量的亚硝酸钠又被尿素分解。

检出限　试份体积为 50 mL,使用光程长为 30 mm 的比色皿,本方法的最小检出量为 0.2 μg 铬,最低检出浓度为 0.004 mg/L,使用光程为 10 mm 的比色皿,测定上限浓度为 1.0 mg/L。

干扰和消除　铁含量大于 1 mg/L 显黄色,六价钼和汞也和显色剂反应,生成有色化合物,但在本方法的显色酸度下,反应不灵敏,钼和汞的浓度达 200 mg/L 不干扰测定。钒有干扰,其含量高于 4 mg/L 时即干扰显色。但钒与显色剂反应后 10 min,可自行褪色。

B: 硫酸亚铁铵滴定法

适用范围　本方法适用于水和废水中高浓度(大于 1 mg/L)总铬的测定。

方法原理　在酸性溶液中,以银盐作催化剂,用过硫酸铵将三价铬氧化成六价铬。加入少量氯化钠并煮沸,除去过量的过硫酸铵及反应中产生的氯气。以苯基代邻氨基苯甲酸做指示剂,用硫酸亚铁铵溶液滴定,使六价铬还原为三价铬,溶液呈绿色为终点。根据硫酸亚铁溶液的用量,计算出样品中总铬的含量。

干扰和消除　钒对测定有干扰,但在一般含铬废水中钒的含量在允许限以下。

方法二: 水质　铬的测定　火焰原子吸收分光光度法　HJ 757-2015

适用范围　本方法适用于水和废水中高浓度可溶性铬和总铬的测定。

方法原理　试样经过滤或消解后喷入富燃性空气-乙炔火焰,在高温火焰中形成的铬基态原子对铬空心阴极灯或连续光源发射的 357.9 nm 特征谱线产生选择性吸收,在一定条件下,其吸光度值与铬的质量浓度成正比。

检出限　当取样体积与试样制备后定容体积相同时,本方法测定铬的检出限为 0.03 mg/L,测定下限为 0.12 mg/L。

干扰和消除

(1) 1 mg/L 的 Fe^{3+} 和 Ni^{2+}、2 mg/L 的 Co^{2+}、5 mg/L 的 Mg^{2+}、20 mg/L 的

Al^{3+}、100 mg/L 的 Ca^{2+} 对铬的测定有负干扰，加入氯化铵可以消除上述金属离子的干扰；20 mg/L 的 Cu^{2+} 和 Zn^{2+}、500 mg/L 的 Na^+ 和 K^+ 对铬的测定没有干扰，加入氯化铵对上述金属离子的测定无影响。

（2）当存在的基体干扰不能用上述方法消除时，可采用标准加入法消除其干扰。

9. 总汞

方法一：水质　总汞的测定　高锰酸钾-过硫酸钾消解法双硫腙分光光度法 GB 7469-87

适用范围　本方法适用于生活污水、工业废水和受汞污染的地面水。

方法原理　在 95℃ 用高锰酸钾和过硫酸钾将试样消解，把所含汞全部转化为二价汞。用盐酸羟胺将过剩的氧化剂还原，在酸性条件下，汞离子与双硫腙生成橙色螯合物，用有机溶剂萃取，再用碱溶液洗去过剩的双硫腙。

检出限　取 250 mL 水样测定，汞的最低检出浓度为 2 µg/L，测定上限为 40 µg/L。

干扰和消除　在酸性条件下，干扰物主要是铜离子。在双硫腙（二苯硫代偕肼腙）洗脱液中加入 1%（m/V）EDTA 二钠（乙二胺四乙酸二钠），至少可掩蔽 300 µg 铜离子的干扰。

方法二：水质　总汞的测定　冷原子吸收分光光度法 HJ 597-2011

适用范围　本方法适用于地表水、地下水、工业废水和生活污水中总汞的测定。若有机物含量较高，本方法规定的消解试剂最大用量不足以氧化样品中有机物时，则本方法不适用。

方法原理　在加热条件下，用高锰酸钾和过硫酸钾在硫酸-硝酸介质中消解样品；或用溴酸钾-溴化钾混合剂在硫酸介质中消解样品；或在硝酸-盐酸介质中用微波消解仪消解样品。

消解后的样品中所含汞全部转化为二价汞，用盐酸羟胺将过剩的氧化剂还原，再用氯化亚锡将二价汞还原成金属汞。在室温下通入空气或氮气，将金属汞气化，载入冷原子吸收汞分析仪，于 253.7 nm 波长处测定响应值，汞的含量与响应值成正比。

检出限　采用高锰酸钾-过硫酸钾消解法，当取样量为 100 mL 时，检出限为 0.02 µg/L；当取样量为 200 mL 时，检出限为 0.01 µg/L，测定下限为 0.04 µg/L。采用微波消解法，当取样量为 25 mL 时，检出限为 0.06 µg/L，测定下限为

$0.24\ \mu g/L$。

干扰和消除

（1）采用高锰酸钾-过硫酸钾消解法消解样品，在 $0.5\ mol/L$ 的盐酸介质中，样品离子超过下列质量浓度时，即 Cu^{2+} 500 mg/L、Ni^{2+} 500 mg/L、Ag^+ 1 mg/L、Bi^{3+} 0.5 mg/L、Sb^{3+} 0.5 mg/L、Se^{4+} 0.05 mg/L、As^{5+} 0.5 mg/L、I^- 0.1 mg/L，对测定产生干扰。可通过水适当稀释样品来消除这些离子的干扰。

（2）采用溴酸钾-溴化钾法消解样品，当洗净剂质量浓度大于或等于 0.1 mg/L 时，汞的回收率小于 67.7%。

方法三：水质　汞的测定　冷原子荧光法（试行）HJ/T 341－2007

适用范围　本方法适用于地表水、地下水及氯离子含量较低的水样中汞的测定。

方法原理　水样中的汞离子被还原剂还原为单质汞，形成汞蒸气。其基态汞原子受到波长 253.7 nm 的紫外光激发，当激发态汞原子去激发时便辐射出相同波长的荧光。在给定的条件下和较低的质量浓度范围内，荧光强度与汞的质量浓度成正比。

检出限　方法最低检出浓度为 $0.001\ 5\ \mu g/L$，测定下限为 $0.006\ 0\ \mu g/L$，测定上限为 $1.0\ \mu g/L$。

干扰和消除　本方法采用高纯氩气或氮气作为载气。为避免在测量过程中进入空气，采用密封形还原瓶进样技术。激发态汞原子与无关质点，如 O_2、CO_2、CO 等碰撞而发生能量传递，造成荧光淬灭，从而降低汞的测定灵敏度。

10. 总汞、总砷、总锑、总硒

方法：水质　汞、砷、硒、铋和锑的测定　原子荧光法 HJ 694－2014

适用范围　本方法适用于地表水、地下水、生活污水和工业废水中汞、砷、硒、铋和锑的溶解态和总量的测定。

方法原理　经预处理后的试液进入原子荧光仪，在酸性条件的硼氢化钾（或硼氢化钠）还原作用下，生成砷化氢、铋化氢、锑化氢、硒化氢气体和汞原子，氢化物在氩氢火焰中形成基态原子，其基态原子和汞原子受元素（汞、砷、硒、铋和锑）灯发射光的激发产生原子荧光，原子荧光强度与试液中待测元素含量在一定范围内成正比。

检出限　本标准方法汞的检出限为 $0.04\ \mu g/L$，测定下限为 $0.16\ \mu g/L$；砷的检出限为 $0.3\ \mu g/L$，测定下限为 $1.2\ \mu g/L$；硒的检出限为 $0.4\ \mu g/L$，测定下

限为 1.6 μg/L；铋和锑的检出限为 0.2 μg/L，测定下限为 0.8 μg/L。

干扰和消除

（1）酸性介质中能与硼氢化钾反应生成氢化物的元素会相互影响产生干扰，加入硫脲+抗坏血酸溶液可以基本消除干扰。

（2）高于一定浓度的铜等过渡金属元素可能对测定有干扰，加入硫脲+抗坏血酸溶液，可以消除绝大部分的干扰。在本方法的实验条件下，样品中含 100 mg/L 以下的 Cu^{2+}、50 mg/L 以下的 Fe^{3+}、1 mg/L 以下的 Co^{2+}、10 mg/L 以下的 Pb^{2+}（对硒是 5 mg/L）和 150 mg/L 以下的 Mn^{2+}（对硒是 2 mg/L）不影响测定。

（3）常见阴离子不干扰测定。

（4）物理干扰消除。选用双层结构石英管原子化器，内外两层均通氩气，外面形成保护层隔绝空气，使待测元素的基态原子不与空气中的氧和氮碰撞，降低荧光猝灭对测定的影响。

11. 总钴

方法一：水质　钴的测定　5-氯-2-（吡啶偶氮）-1,3-二氨基苯分光光度法 HJ 550－2015

适用范围　本方法适用于地表水、工业废水和生活污水中钴的测定。

方法原理　钴与 5-氯-2-（吡啶偶氮）-1,3-二氨基苯（简称 5-Cl-PADAB）反应生成紫红色络合物，在 570 nm 波长处测定其吸光度，吸光值与钴浓度符合朗伯比尔定律。

检出限　当取样体积为 20.0 mL 时，方法检出限为 0.009 mg/L，测定下限为 0.036 mg/L，测定上限为 0.5 mg/L。

干扰和消除　在 25 mL 显色体系中，当单一离子干扰存在时，Fe^{2+} 含量大于 0.1 mg 时有负干扰、Cr^{3+} 含量大于 0.5 μg 时有正干扰、Cr^{6+} 含量大于 2 μg 时有负干扰、Cu^{2+} 含量大于 0.5 μg 时有负干扰。样品消解后，加入 0.5 mL 焦磷酸钠，可去除 0.3 mg Fe^{2+} 的干扰、1.5 μg Cr^{3+} 的干扰、4 μg Cr^{6+} 的干扰、1.5 μg Cu^{2+} 的干扰。

在 25 mL 显色体系中，Fe^{3+} 含量大于 4 μg 以上有正干扰。在 pH 为 5~6 条件下，加入适量焦磷酸钠溶液至铁棕色消失后，再加入 2.5 mL 焦磷酸钠，可除去 6 μg Fe^{3+} 的干扰。

Al^{3+}、Cd^{2+}、Zn^{2+}、Mg^{2+}、Ca^{2+}、Ni^{2+}、SO_4^{2-}、Cl^-、PO_4^{3-}、NO_3^-、Br^-、ClO_4^-

等不干扰测定。

方法二：水质　钴的测定　火焰原子吸收分光光度法　HJ 957 – 2018

适用范围　本方法适用于地表水、地下水和废水中可溶性钴和总钴的测定。

方法原理　样品经过滤或消解后喷入贫燃性空气-乙炔火焰，在高温火焰中形成的钴基态原子对钴空心阴极灯或连续光源发射的 240.7 nm 特征谱线产生选择性吸收。在一定范围内其吸光度与钴的质量浓度成正比。

检出限　本方法测定可溶性钴的方法检出限为 0.05 mg／L，测定下限为 0.20 mg／L；总钴的方法检出限为 0.06 mg／L，测定下限为 0.24 mg／L。

干扰和消除

（1）钴在灵敏线 240.7 nm 附近存在光谱干扰，选择窄的光谱通带进行测定可减少干扰。

（2）浓度大于或等于 5% 的盐酸、磷酸、高氯酸对钴的测定产生正干扰；浓度大于或等于 5% 的硫酸产生负干扰。消解后试样中高氯酸浓度控制在 2% 以下不影响钴的测定。

（3）当 Ca 浓度大于 200 mg／L、Ni 浓度大于 40 mg／L、Si 浓度大于 100 mg／L 时对钴的测定产生负干扰。基体干扰的检查见标准附录 A；采用标准加入法可抵消基体干扰，见附录标准 B；标准加入法的适用性判断见标准附录 C。

方法三：水质　钴的测定　石墨炉原子吸收分光光度法　HJ 958 – 2018

适用范围　本方法适用于地表水、地下水和废水中可溶性钴和总钴的测定。

方法原理　样品经过滤或消解后注入石墨炉原子化器中，经干燥、灰化和原子化形成的钴基态原子蒸气，对钴空心阴极灯或连续光源发射的 240.7 nm 特征谱线产生选择性吸收。在一定范围内其吸光度与钴的质量浓度成正比。

检出限　当进样体积为 20 μL 时，本方法测定可溶性钴和总钴的方法检出限均为 2 μg／L，测定下限均为 8 μg／L。

干扰和消除

（1）钴在灵敏线 240.7 nm 附近存在光谱干扰，选择窄的光谱通带进行测定可减少干扰。

（2）浓度大于或等于 1% 的磷酸和高氯酸、3% 的硝酸和过氧化氢、0.4% 的硫酸对钴的测定产生负干扰；浓度大于或等于 3% 的盐酸产生正干扰。消解后试样中过氧化氢浓度控制在 3% 以下不影响钴的测定。

（3）500 mg／L 以下的 Ca；200 mg／L 以下的 Mg、K、Na；4.00 mg／L 以下

的 Ni、Mn、Al、Cu、Pb、Zn、Cr；10.0 mg/L 以下的 Fe；100 mg/L 以下的 Cl^-、F^-、SO_4^{2-} 均不干扰钴的测定。

（4）当样品基体复杂，存在基体干扰时，基体干扰的检查见标准附录 A；采用标准加入法可抵消基体干扰，见标准附录 B；标准加入法的适用性判断见标准附录 C。

12. 总铝

方法一：水质　铝的测定　间接火焰原子吸收法 GB 21900 - 2008 附录 A

适用范围　可用于地表水、地下水、饮用水及污染较轻的废水中铝的测定。

方法原理　在 pH 为 4.0~5.0 的乙酸-乙酸钠缓冲介质中及在 1 -（2 -吡啶偶氮）- 2 -萘酚（PAN）存在的条件下，Al^{3+} 与 Cu（Ⅱ）- EDTA 发生定量交换，反应式如下：

$$Cu（Ⅱ）- EDTA + PAN + Al^{3+} \longrightarrow Cu（Ⅱ）- PAN + Al（Ⅲ）- EDTA$$

生成物 Cu（Ⅱ）- PAN 可被氯仿萃取，用空气-乙炔火焰测定水相中剩余的铜，从而间接测定铝的含量。

检出限　本方法测定范围为 0.1~0.8 mg/L。

干扰和消除　K^+、Na^+（各 10 mg），Ca^{2+}、Mg^{2+}、Fe^{2+}（各 200 μg），Cr^{3+}（125 μg），Zn^{2+}、Mn^{2+}、Mo^{6+}（各 50 μg），PO_4^{3-}、Cl^-、NO_3^-、SO_4^{2-}（各 1 mg）不干扰 20 μg Al^{3+} 的测定。

Cr^{6+} 超过 125 μg 稍有干扰，Cu^{2+}、Ni^{2+} 干扰严重，但在加入 Cu（Ⅱ）- EDTA 前，先加入 PAN，则 50 μg Cu^{2+} 及 5 μg Ni^{2+} 无干扰。Fe^{3+} 干扰严重，加入抗坏血酸可使 Fe^{3+} 还原为 Fe^{2+}，从而消除干扰。F^- 与 Al^{3+} 形成很稳定的络合物，加入硼酸可消除其干扰。

方法二：水质　铝的测定　电感耦合等离子发射光谱法（ICP - AES）GB 21900 - 2008 附录 B

适用范围　本方法适用于地表水和污水中 Al 元素溶解态及元素总量的测定。

方法原理　等离子体发射光谱法可以同时测定样品中多元素的含量。当氩气通过等离子体火炬时，经射频发生器所产生的交变电磁场使其电离、加速并与其他氩原子碰撞。这种连锁反应使更多的氩原子电离，形成原子、离子、电子的粒子混合气体，即等离子体。等离子体火炬可达 6 000~8 000 K 的高温。过滤或消解处理过的样品经进样器中的雾化器被雾化并由氩载气带入等离子体火炬中，气化的样品分子在等离子体火炬的高温下被原子化、电离、激发。不同元素的原子在激发或电离时可发射出特征光谱，所以等离子体发射光谱可用来定性测定样品中存在的元素。特征光谱的强弱与样品中原子浓度有关，与标准溶液进行比较，即可定量测定样品中各元素的含量。

干扰和消除 ICP－AES 法通常存在的干扰大致可分为两类：一类是光谱干扰，主要包括了连续背景和谱线重叠干扰，另一类是非光谱干扰，主要包括了化学干扰、电离干扰、物理干扰以及去溶剂干扰等，在实际分析过程中各类干扰很难截然分开。在一般情况下，必须予以补偿和校正。

此外，物理干扰一般由样品的黏滞程度及表面张力变化产生；尤其是当样品中含有大量可溶盐或样品酸度过高，都会对测定产生干扰。消除此类干扰的最简单方法是将样品稀释。

（1）基体元素的干扰：优化实验条件选择出最佳工作参数，无疑可减少ICP－AES 法的干扰效应，但由于废水成分复杂，大量元素与微量元素间含量差别很大，因而来自大量元素的干扰不容忽视。

（2）干扰的校正：校正元素间干扰的方法很多，化学富集分离的方法效果明显并可提高元素的检出能力，但操作手续烦冗且易引入试剂空白；基体匹配法（配制与待测样品基体成分相似的标准溶液）效果十分令人满意。此种方法对于测定基体成分固定的样品，是理想的消除干扰的方法，但存在高纯试剂难于解决的问题，而且废水的基体成分变化莫测，在实际分析中，标准溶液的配制工作将是十分麻烦的；比较简单并且目前经常采用的方法是背景扣除法（凭实验，确定扣除背景的位置及方式）及干扰系数法。当存在单元素干扰时，可按公式 $k = (Q' - Q)/Q_1$ 求得干扰系数。式中，k 是干扰系数；Q' 是干扰元素加分析元素的含量；Q 是分析元素的含量；Q_1 是干扰元素的含量。通过配制一系列已知干扰元素含量的溶液在分析元素波长的位置测定其 Q'，根据公式求出 k，然后进行人工扣除或计算机自动扣除。鉴于水的主要成分为 K、Na、Ca、Mg、Fe 等元素。因此，可依据所用仪器的性能及待测废水的成分选择适当的元素谱线和适当的修正干扰的方法予以消除。

13. 总锰

方法一：水质 锰的测定 高碘酸钾分光光度法 GB 11906－89

适用范围 本方法适用于饮用水、地面水、地下水和工业废水中可滤态锰和总锰的测定。

方法原理　在中性的焦磷酸钾介质中，室温条件下高碘酸钾可在瞬间将低价锰氧化到紫红色的七价锰，用分光光度法在 525 nm 处进行测定。

检出限　使用光程长为 50 mm 的比色皿，试料体积为 25 mL 时，方法的最低检出量为 0.02 mg/L，测定上限浓度为 3 mg/L。含锰量高的水样，可适当减少试料量或使用 10 mm 光程的比色皿，测定上限可达 9 mg/L。

方法二：水质　铁、锰的测定　火焰原子吸收分光光度法　GB 11911 – 89

适用范围　本方法适用于地面水、地下水及工业废水中铁、锰的测定。

方法原理　将样品或消解处理过的样品直接吸入火焰中，铁、锰的化合物易于原子化，可分别于 248.3 nm 和 279.5 nm 处测量铁、锰基态原子对其空心阴极灯特征辐射的吸收。在一定条件下，吸光度与待测样品中金属浓度成正比。

检出限　铁、锰的检出限分别是 0.03 mg/L 和 0.01 mg/L，校准曲线的浓度范围分别为 0.1~0.5 mg/L 和 0.05~3 mg/L。

干扰和消除

（1）影响铁、锰原子吸收法准确度的主要干扰是化学干扰，当硅的浓度大于 20 mg/L 时，对铁的测定产生负干扰；当硅的浓度大于 50 mg/L 时，对锰的测定也出现负干扰，这些干扰的程度随着硅的浓度增加而增加。如试样中存在 200 mg/L 氯化钙时，上述干扰可以消除。一般来说，铁、锰的火焰原子吸收法的基体干扰不严重，由分子吸收或光散射造成的背景吸收也可忽略，但遇到高矿化度水样，有背景吸收时，应采用背景校正措施，或将水样适当稀释后再测定。

（2）铁、锰的光谱线较复杂，为克服光谱干扰，应选择小的光谱通带。

方法三：水质　氰化物等的测定　真空检测管-电子比色法　HJ 659 – 2013（二价锰）

适用范围　见 2.2.2　1. 总氰化物　方法二。

方法原理　将封存有反应试剂的真空玻璃检测管在水样中折断，样品自动定量吸入管中，样品中的待测物与反应试剂快速定量反应生成有色化合物，其色度值与待测物含量成正比。将化学显色反应的色度信号与待测物浓度间对应的函数关系存储于电子比色计中，测定后直接读出水样中待测物的含量。

二价锰在酸性条件和焦磷酸盐存在下，被高碘酸盐氧化为红色的高锰酸盐，该红色化合物的色度值与二价锰的浓度呈一定的线性关系。

检出限　0.5 mg/L。

干扰和消除

（1）水中悬浮物质或藻类等会对测定产生干扰，可以通过过滤或沉淀消除干扰；在测定范围允许的情况下，也可通过稀释的方法消除干扰。

（2）通过加标回收试验结果判断色度是否产生干扰。当水样的色度对测定产生干扰时，在测定范围允许的情况下，可通过稀释消除干扰。

（3）NO_2^-、SO_4^{2-}、$Cl^- \leqslant 300$ mg/L，PO_4^{3-}、$NO_3^- \leqslant 100$ mg/L 时不干扰。

（4）Fe^{3+}、$Cu^{2+} \leqslant 10$ mg/L，$Ni^{2+} \leqslant 50$ mg/L，$Cr^{6+} \leqslant 6.0$ mg/L 时不干扰。

（5）SO_3^{2-} 等还原剂对此反应有干扰，可预先加入硝酸和硫酸加热消解后除去。

方法四：水质　锰的测定　甲醛肟分光光度法（试行）HJ/T 344－2007

适用范围　本方法适用于饮用水及未受严重污染的地表水的水样中总锰的测定，不适用于高度污染的工业废水的测定。

方法原理　在 pH 为 9.0～10.0 的碱性溶液中，锰（Ⅱ）被溶解氧氧化为锰（Ⅳ），与甲醛肟生成棕色络合物。

该络合物的最大吸收波长为 450 nm，其摩尔吸光系数为 $1.1×10^4$ L/（mol·cm）。锰质量浓度在 4.0 mg/L 以内时，其质量浓度和吸光度呈线性关系。

检出限　方法最低检出质量浓度为 0.01 mg/L，测定质量浓度范围为 0.05～4.0 mg/L，校准曲线范围为 2～40 μg/50 mL。

干扰和消除　铁、铜、钴、镍、钒、铈均与甲醛肟形成络合物，干扰锰的测定，加入盐酸羟胺和 EDTA 可减少其干扰。在本工作条件下，测定 20 μg 锰时，铁 200 μg，铜、钴、镍、铀、钍、铬、钼、钨各 50 μg，钙 20 mg，镁 10 mg，铝 1 mg，氯根、硝酸根、硫酸根、磷酸根、碳酸根各 50 mg，氟 2 mg 均不干扰测定。10 μg 钒产生 7.5% 正干扰，20 μg 铈产生 4.0% 负干扰。

14. 总镍

方法一：水质　镍的测定　丁二酮肟分光光度法　GB 11910－89

适用范围　本方法规定了用丁二酮肟（二甲基乙二醛肟）分光光度法测定工业废水及受到镍污染的环境水。

方法原理　在氨溶液中，碘存在下，镍与丁二酮肟作用，形成组成比为 1∶4 的酒红色可溶性络合物。于波长 530 nm 处进行分光光度测定。

检出限　当取试样体积为 10 mL 时，本方法可测定上限为 10 mg/L，最低检出浓度为 0.25 mg/L。适当多取样品或稀释，可测浓度范围还能扩展。

干扰和消除

（1）在测定条件下，干扰物主要是铁、钴、铜离子，加入 Na_2-EDTA 溶液，可消除 300 mg/L 铁、100 mg/L 钴和 50 mg/L 铜对 5 mg/L 镍测定的干扰。若铁、钴、铜的含量超过上述浓度，则可采用丁二酮肟-正丁醇萃取分离除去。

（2）氰化物亦干扰测定，样品经前处理即可消除。若直接制备试料，则可在样品中加 2 mL 次氯酸钠溶液和 0.5 mL 硝酸加热分解镍氰络合物。

方法二：水质　镍的测定　火焰原子分光光度法　GB/T 11912-89

适用范围　本方法适用于工业废水及受到污染的环境水样。

方法原理　将试液喷入空气-乙炔贫燃火焰中。在高温下，镍化合物离解为基态原子，其原子蒸气对锐线光源（镍空心阴极灯）发射的特征谱线 232.0 nm 产生选择性吸收。在一定条件下，吸光度与试液中镍的浓度成正比。

检出限　最低检出浓度为 0.05 mg/L，校准曲线的浓度范围为 0.2～5.0 mg/L。

干扰和消除

（1）本方法测镍基体干扰不显著，但当无机盐浓度较高时则产生背景干扰，采用背景校正器校正；在测量浓度许可时，也可采用稀释法。

（2）使用 232.0 nm 做吸收线，存在波长相距很近的镍三线，选用较窄的光谱通带可以克服邻近谱线的光谱干扰。

方法三：水质　氰化物等的测定　真空检测管-电子比色法　HJ 659-2013

适用范围　见 2.2.2　1. 总氰化物　方法二。

方法原理　将封存有反应试剂的真空玻璃检测管在水样中折断，样品自动定量吸入管中，样品中的待测物与反应试剂快速定量反应生成有色化合物，其色度值与待测物含量成正比。将化学显色反应的色度信号与待测物浓度间对应的函数关系存储于电子比色计中，测定后直接读出水样中待测物的含量。

在有碘存在的氨性溶液中，镍与丁二酮肟作用生成红色化合物，该红色化合物的色度值与镍离子的浓度呈一定的线性关系。

检出限　0.2 mg/L。

干扰和消除

（1）水中悬浮物质或藻类等会对测定产生干扰，可以通过过滤或沉淀消除干扰；在测定范围允许的情况下，也可通过稀释的方法消除干扰。

（2）通过加标回收试验结果判断色度是否产生干扰。当水样的色度对测定产生干扰时，在测定范围允许的情况下，可通过稀释消除干扰。

（3）$Hg^{2+} \leqslant 5.0$ mg/L，$Co^{2+} \leqslant 3.0$ mg/L 时不干扰；Cu^{2+}、Fe^{3+}、Pb^{2+}、Cr^{6+}、Al^{3+}、$CN^- \leqslant 8.0$ mg/L 时不干扰。

（4）$Mn^{2+} \geqslant 1.0$ mg/L 对此反应有干扰，应预先除去。

15. 总铍

方法一：水质　铍的测定　铬菁 R 分光光度法　HJ/T 58－2000

适用范围　本方法适用于地表水和污水中铍的分析。

方法原理　在 pH 为 5 的缓冲介质中，铍离子与铬菁 R（ECR）、氯代十六烷基吡啶（CPC）生成稳定的紫色胶束络合物。络合物的最大吸收波长为 582 nm。在一定浓度范围内，吸光度与铍的浓度成正比。

检出限　本方法的检出限为 0.02 μg/L；在本方法规定的条件下，测定范围为 0.7~40.0 μg/L。

干扰和消除　下述阳离子和阴离子对本方法有不同程度的干扰。在 10 mL 体积中，其允许存在的量（mg）分别为：Ca^{2+}、Mg^{2+}、Mn^{2+}、Cd^{2+} 各 1.5，Fe^{3+}、Ni^{2+} 各 1.0，Cu^{2+}、Zn^{2+} 各 0.8，Pb^{2+}、Al^{3+} 各 0.4，Ti^{4+} 0.3，NO_3^-、SO_4^{2-} 各 2.5，PO_4^{3-} 0.45。

方法二：水质　铍的测定　石墨炉原子吸收分光光度法　HJ/T 59－2000

适用范围　适用于地表水和污水中铍的测定。

方法原理　铍在热解石墨炉中被加热原子化，成为基态原子蒸汽，对空心阴极灯发射的特征辐射进行选择性吸收。在一定浓度范围内，其吸收强度与试液中铍的含量成正比。

检出限　本方法的检出限为 0.02 μg/L，在本方法规定的条件下，测定范围为 0.2~0.5 μg/L。

干扰和消除　下述阳离子对本方法有不同程度的干扰，其允许存在的浓度（mg/L）分别为：K^+ 700、Na^+ 1 600、Mg^{2+} 700、Ca^{2+} 80、Mn^{2+} 100、Cr^{6+} 50、Fe^{3+} 5。

16. 总铅

方法一：水质　铅的测定　双硫腙分光光度法　GB 7470－87

适用范围　本方法适用于测定天然水和废水中微量铅。测定铅浓度在 0.01~0.30 mg/L 之间。铅浓度高于 0.30 mg/L，可对样品作适当稀释后再进行测定。

方法原理　在 pH 为 8.5~9.5 的氨性柠檬酸盐-氰化物的还原性介质中，铅与双硫腙形成可被氯仿萃取的淡红色双硫腙铅螯合物，萃取的氯仿混合液，于 510 nm 波长下进行光度测量，从而求出铅的含量。

检出限　当使用光程长为 10 mm 的比色皿，试份体积为 100 mL，用 10 mL 双硫腙萃取时，最低检出浓度可达 0.010 mg/L。

干扰和消除　过量干扰物的消除：铋、锡和铊的双硫腙与双硫腙铅的最大吸收波长不同，在 510 nm 和 465 nm 分别测量试份的吸光度，可以检查上述干扰是否存在。从每个波长位置的试份吸光度中扣除同一波长位置空白试验的吸光度，计算出试份吸光度的校正值。计算 510 nm 处吸光度校正值与 465 nm 处吸光度校正值的比值。吸光度校正值的比值对双硫腙铅盐为 2.08，而对双硫腙铋为 1.07。如果分析试份时求得的比值，明显小于 2.08，即表明存在干扰，这时须另取 100 mL 试样并按一下步骤处理：对未经硝化的试样，加入 5 mL 亚硫酸钠溶液以还原残留的碘，根据需要，在 pH 计上，用硝酸或氨水将试样的 pH 调为 2.5，将试样转入 250 mL 分液漏斗中，用双硫腙专用溶液至少萃取三次，每次用 10 mL，或者萃取到氯仿层呈明显的绿色。然后用氯仿萃取，每次用 20 mL，以除去双硫腙（绿色消失）。

方法二：水质　铅的测定　示波极谱法　GB/T 13896 - 92

适用范围　本方法适用于硝化甘油系列火炸药工业废水中铅含量的测定。

方法原理　在盐酸-乙酸钠缓冲溶液（pH = 0.65）-抗坏血酸（10 g/L）中，通过线性变化的电压，铅可在滴汞电极（DME）上还原或氧化，在示波极谱图上产生特征还原峰（电流）或氧化峰（电流），在相应的电流-电压曲线图上求出试液中铅的含量。

检出限　本方法测定范围为 0.10~10.0 mg/L；最低检测浓度为 0.02 mg/L。

干扰和消除　硝化甘油系列火炸药工业废水中含有的二硝基甲苯影响铅还原峰的测定。

17. 总砷

方法一：水质　总砷的测定　二乙基二硫代氨基甲酸银分光光度法　GB 7485 - 87

适用范围　本方法规定二乙基二硫代氨基甲酸银分光光度法测定水和废水中的砷。

方法原理　锌与酸作用，产生新生态氢；在碘化钾和氯化亚锡的存在下，使五价砷还原为三价砷；三价砷被初生态氢还原成砷化氢（胂）；用二乙基二硫代氨基甲酸银-三乙醇胺的氯仿液吸收胂，生成红色胶体银，在波长 530 nm 处，测量吸收液的吸光度。

检出限　试样为 50 mL，用 10 mm 比色皿，可检测含砷最低检出浓度为 0.007 mg/L，可测上限浓度为 0.50 mg/L。

干扰和消除　锑、铋干扰测定。铬、钴、铜、镍、汞、银以及铂的浓度高达 5 mg/L 时也不干扰测定。

方法二：水质　痕量砷的测定　硼氢化钾-硝酸银分光光度法　GB 11900－89

适用范围　本方法规定了用新银盐分光光度法测定地面水、地下水和饮用水中痕量砷。

方法原理　硼氢化钾（或硼氢化钠）在酸性溶液中产生新生态的氢，将试料中砷转变为砷代氢，用硝酸-硝酸银-聚乙烯醇-乙醇溶液为吸收液，将其中银离子还原成单质银，使溶液呈黄色，在 400 nm 处测量吸光度。

检出限　取 250 mL 试料 3.00 mL 吸收液，用 10 mm 比色皿，本方法最低检出浓度为 0.4 μg/L，测定上限为 12 μg/L。

干扰和消除　暂不明确。

18. 总铊

方法：水质　铊的测定　石墨炉原子吸收分光光度法　HJ 748－2015

适用范围　本方法适用于地表水、地下水、生活污水和工业废水中铊的测定。

方法原理

（1）沉淀富集法：在酸性条件下，用溴水作氧化剂，使水中铊呈三价态，用氨水调节 pH，使铊在碱性条件下与铁溶液产生共沉淀。离心分离沉淀，再用硝酸溶液溶解沉淀，处理后的试样注入石墨炉原子化器中，铊离子在石墨管内高温原子化，基态铊原子对 276.8 nm 的特征谱线选择性吸收，其吸光度值和铊的浓度成正比。

（2）直接法：经消解预处理的试样注入石墨炉原子化器中，铊离子在石墨管内高温原子化，基态铊原子对 276.8 nm 的特征谱线选择性吸收，其吸光度值和铊的浓度成正比。

检出限　当采用沉淀富集法，样品富集 50 倍时，方法检出限为 0.03 μg/L，测定下限为 0.14 μg/L；当用直接法测定时，方法检出限为 0.83 μg/L，测定下限为 3.3 μg/L。

干扰和消除　氯离子对铊有负干扰，加硝酸铵可有效地消除浓度低于 1.2 g／L 的氯离子干扰。样品保存、制备和标准溶液的配制过程中应避免使用盐酸。

19. 总铁

方法一：水质　铁的测定　火焰原子吸收分光光度法　GB 11911 – 89

见 2.2.4　13. 总锰　方法一。

方法二：水质　总铁的测定　邻菲啰啉分光光度法（试行）HJ／T 345 – 2007

适用范围　本方法适用于地表水、地下水及废水中铁的测定。

方法原理　亚铁离子在 pH 为 3~9 的溶液中与邻菲啰啉生成稳定的橙红色络合物，此络合物在避光时可稳定保存半年。测量波长为 510 nm，其摩尔吸光系数为 $1.1×10^4$ L／（mol·cm）。若用还原剂（如盐酸羟胺）将高铁离子还原，则本方法可测高铁离子及总铁含量。

检出限　本方法最低检出浓度为 0.03 mg／L，测定下限为 0.12 mg／L，测定上限为 5.0 mg／L。

干扰和消除

（1）强氧化剂、氰化物、亚硝酸盐、焦磷酸盐、偏聚磷酸盐及某些重金属离子会干扰测定。经过加酸煮沸可将氰化物及亚硝酸盐除去，并使焦磷酸盐、偏聚磷酸盐转化为正磷酸盐以减轻干扰。加入盐酸羟胺则可消除强氧化剂的影响。

（2）邻菲啰啉能与某些金属离子形成有色络合物而干扰测定。但在乙酸-乙酸铵的缓冲液中，不大于铁浓度 10 倍的铜、锌、钴、铬及小于 2 mg／L 的镍，不干扰测定，当浓度再高时，可加入过量显色剂予以消除。汞、镉、银等能与邻菲啰啉形成沉淀，浓度低时，可加过量邻菲啰啉来消除；浓度高时，可将沉淀过滤除去。水样有底色，可用不加邻菲啰啉的试液作参比，对水样的底色进行校正。

20. 总铜

方法一：水质　铜的测定　二乙基二硫代氨基甲酸钠分光光度法　HJ 485 – 2009

适用范围　本方法适用于地表水、地下水、生活污水和工业废水中总铜和可溶性铜的测定。

方法原理　在氨性溶液中（pH＝8~10），铜与二乙基二硫代氨基甲酸钠作用生成黄棕色络合物，此络合物可用四氯化碳或三氯甲烷萃取，在 440 nm 波长处测量吸光度。颜色可稳定 1 h。

检出限　当使用 20 mm 比色皿，萃取用试样体积为 50 mL 时，方法检出限为 0.010 mg／L，测定下限为 0.040 mg／L；当使用 10 mm 比色皿，萃取用试样体积为 10 mL 时，方法测定上限为 6.00 mg/L。

干扰和消除　铁、锰、镍、钴等与二乙基二硫代氨基甲酸钠生成有色络合物，干扰铜的测定，可用 EDTA - 柠檬酸铵溶液掩蔽消除。

方法二：水质　铜的测定 2,9 - 二甲基- 1,10 菲啰啉分光光度法　HJ 486 - 2009

适用范围　直接光度法适用于较清洁的地表水和地下水中可溶性铜和总铜的测定；萃取光度法适用于地表水、地下水、生活污水和工业废水中可溶性铜和总铜的测定。

方法原理　用盐酸羟胺将二价铜离子还原为亚铜离子，在中性或微酸性溶液中，亚铜离子和 2,9 - 二甲基- 1,10 -菲啰啉反应生成黄色络合物，于波长 457 nm 处测量吸光度（直接光度法）；也可用三氯甲烷萃取，萃取液保存在三氯甲烷-甲醇混合溶液中，于波长 457 nm 处测量吸光度（萃取光度法）。

检出限

直接光度法：当使用 50 mm 比色皿、试样体积为 15 mL 时，水中铜的检出限为 0.03 mg/L，测定下限为 0.12 mg/L，测定上限为 1.3 mg/L。

萃取光度法：当使用 50 mm 比色皿、试样体积为 50 mL 时，铜的检出限为 0.02 mg/L，测定下限为 0.08 mg/L。当使用 10 mm 比色皿、试样体积为 50 mL 时，测定上限为 3.2 mg/L。

干扰和消除　水样中如含有大量的铬和锡、其他氧化性离子以及氰化物、硫化物和有机物等对测定铜有干扰。加入亚硫酸使铬酸盐和络合的铬离子还原，可以避免铬的干扰。加入盐酸羟胺溶液，可以消除锡和其他氧化性离子的干扰。通过消解过程，可以除去氰化物、硫化物和有机物的干扰。

21. 总硒

方法一：水质　硒的测定 2,3 -二氨基萘荧光法　GB 11902 - 89

适用范围　本方法适用于各种清洁水、生活污水及某些工业废水。

方法原理　2,3 -二氨基萘在 pH 为 1.5~2.0 溶液中，选择性地与四价硒离子反应生成 4,5 -苯并苯硒脑绿色荧光物质，被环己烷萃取。所产生的荧光强度与四价硒含量成正比。水样经硝酸-高氯酸混合酸液消解，将四价以下的无机和有机硒氧化为四价硒，再经盐酸消解将六价硒还原为四价硒，然后测定总硒含量。

检出限　本方法最低检出限为 0.005 μg，取 20 mL 水样测定，硒的最低检出浓度为 0.25 μg/L。

干扰和消除　水中一般常见的阴、阳离子不干扰硒的测定。铜、铁、钼等重金属离子及大量氧化物对测定硒有干扰，可用 EDTA 及盐酸羟胺消除。

方法二： 水质　硒的测定　石墨炉原子吸收分光光度法 GB/T 15505 - 1995

适用范围　本方法适用于水与废水中硒的测定。

方法原理　将试样或消解处理过试样直接注入石墨炉，在石墨炉中形成的基态原子对特征电磁辐射产生吸收，将测定的试样吸光度与标准溶液的吸光度进行比较，确定试样中被测元素的浓度。

检出限　本方法检出限为 0.003 mg/L，测定范围为 0.015~0.2 mg/L。

干扰和消除　废水中的共存离子和化合物在常见浓度下不干扰测定。当硒的浓度为 0.08 mg/L 时，锌（或镉、铋）、钙（或银）、镧、铁、钾、铜、钼、硅、钡、铝（或锑）、钠、镁、砷、铅、锰的浓度达 7 500 mg/L、6 000 mg/L、5 000 mg/L、2 750 mg/L、2 500 mg/L、2 000 mg/L、1 000 mg/L、750 mg/L、450 mg/L、350 mg/L、300 mg/L、150 mg/L、100 mg/L、75 mg/L、20 mg/L，以及磷酸根、氟离子、硫酸根、氯离子的浓度达 550 mg/L、225 mg/L、150 mg/L、125 mg/L 时，对测定无干扰。

方法三： 水质　总硒的测定　3,3′-二氨基联苯胺分光光度法 HJ 811 - 2016

适用范围　本方法规定了测定地表水、地下水、生活污水和工业废水中总硒的 3,3′-二氨基联苯胺分光光度法。

方法原理　经混合酸消解后，样品中的总硒被盐酸羟胺全部还原至四价，在酸性条件下与显色剂 3,3′-二氨基联苯胺（3,3′- Diaminobenzidine）产生络合反应生成黄色化合物，经甲苯萃取后在 420 nm 波长处测量吸光度。在一定浓度范围内，总硒的含量与吸光度值符合朗伯比尔定律。

检出限　当取样体积为 200 mL，使用 30 mm 比色皿时，本标准的方法检出限为 2.0 μg/L，测定下限为 8.0 μg/L。

干扰和消除　水中常见离子一般不会干扰本方法总硒的测定。铁离子浓度大于 50 mg/L 时会产生干扰，可用乙二胺四乙酸二钠（EDTA - 2Na）混合试剂掩蔽或消除干扰。

22. 总锡

方法： 水质　总锡的测定　石墨炉原子吸收分光光度法 DB 31/199 - 2018 附录 A

适用范围　本方法适用于废水中总锡的测定。

方法原理　将消解处理过的试样直接加入石墨炉，在石墨炉中形成的基态原子对特征电磁辐时产生吸收，将测定的试样吸光度和标准溶液的吸光度进行比较，确定试样中被测元素的浓度。

检出限 测量范围与能用仪器的特性有关。通常情况下方法最低检出限为 0.02 mg/L，仪器的测量范围为 0.02~0.30 mg/L。

干扰和消除 废水中的共存离子和化合物在常见浓度下不干扰测定，但如锡的浓度为 0.05 mg/L，而砷、钙、镍和磷酸根的浓度超过 800 mg/L，锌的浓度超过 700 mg/L，铵的浓度超过 520 mg/L，碳酸根的浓度超过 250 mg/L，氟离子浓度超过 200 mg/L，镉和锰的浓度超过 150 mg/L，铅的浓度超过 125 mg/L，铜和锑的浓度超过 100 mg/L，镁的浓度超过 50 mg/L，铝的浓度超过 25 mg/L，硫酸根的浓度超过 2 mg/L，硒的浓度超过 1 mg/L，以及硝酸根浓度超过 3%（体积分数）时，将会明显干扰锡的测定。

23. 总锌

方法：水质 锌的测定 双硫腙分光光度法 GB 7472-87

适用范围 本方法适用于测定天然水和某些废水中微量锌。

方法原理 在 pH 为 4.0~5.5 的乙酸盐缓冲介质中，锌离子与双硫腙形成红色螯合物，用四氯化碳萃取后进行分光光度测定。水样中存在少量铅、铜、汞、镉、钴、铋、镍、金、钯、银、亚锡等金属离子时，对锌的测定有干扰，但可用硫代硫酸钠作为掩蔽剂和控制 pH 而予以消除。

检出限 当使用光程长为 20 mm 比色皿、试份体积为 100 mL 时，检出限为 5 μg/L。

干扰和消除 水中存在少量铋、镉、钴、铜、金、铅、汞、镍、钯、银和亚锡等金属离子时，对本方法均有干扰，但可用硫代硫酸钠掩蔽剂和控制溶液的 pH 来消除这些干扰。三价铁、余氯和其他氧化剂会使双硫腙变成棕黄色，由于锌普遍存在于环境中，而锌与双硫腙反应又非常灵敏，因此需要采取特殊措施防止污染。实验中如出现高而无规律的空白值，这种现象往往是起源于含氧化锌的玻璃、表面被污染的玻璃器皿、橡胶制品、活塞润滑剂、试剂级化学药品或蒸馏水，因此需要保留一套专供测定锌用的玻璃器皿，单独放置。

24. 总银

方法一：水质 银的测定 火焰原子吸收分光光度法 GB 11907-89

适用范围 本方法适用于感光材料生产、胶片洗印、镀银、冶炼等行业排放废水及受银污染的地面水中银的测定。

方法原理 将消解处理后的试液吸入火焰，火焰类型为空气-乙炔，氧化型

（蓝色）。在火焰中，银离子形成基态原子，对波长 328.1 nm 的特征电磁辐射产生吸收。将测得试样的吸光度和标准溶液的吸光度相比较，确定试样中银的浓度。

检出限　本方法的最低检出浓度为 0.03 mg/L，测定上限为 5.0 mg/L。

干扰和消除　大量氯化物、溴化物、碘化物、硫代硫酸盐对银的测定有干扰，但试样经消解处理后，干扰可被消除。

方法二：水质　银的测定　$3,5-Br_2-PADAP$ 分光光度法　HJ 489—2009

适用范围　本方法适用于受银污染的地表水及感光材料生产、胶片洗印、镀银、冶炼等行业的工业废水中银的测定。

方法原理　在 1% 十二烷基硫酸钠存在下，于 pH 为 4.5~8.5 的乙酸盐缓冲介质中，银与 $3,5-Br_2-PADAP$ 生成稳定的 1:2 紫红色络合物，其吸光度与银的浓度成正比。络合物的最大吸收波长为 570 nm；试剂的最大吸收波长为 470 nm；摩尔吸光系数为 $7.6×10^4$ L/(mol·cm)。

检出限　当试份体积为 25 mL、使用光程为 10 mm 比色皿时，本方法检出限为 0.02 mg/L，测定下限为 0.08 mg/L，测定上限为 1.0 mg/L。

干扰和消除　加入掩蔽剂 0.1 mol/L EDTA-2Na 溶液 2 mL，可掩蔽 Co^{2+}、Bi^{3+} 各 50 µg，Cr^{3+}、Ba^{2+}、Sr^{2+} 各 100 µg，Cd^{2+}、Cu^{2+}、Pb^{2+}、Ni^{2+}、Mn^{2+}、VO_3^-、Hg^{2+} 各 200 µg，Fe^{2+} 400 µg，Fe^{3+} 500 µg，Al^{3+}、Mg^{2+}、K^+、Na^+、Ca^{2+} 各 1 000 µg，对测定 5.0 µg Ag^+ 的影响 Cl^-、Br^-、I^-、$S_2O_3^{2-}$、SCN^- 和 S^{2-} 产生负干扰，易在用强酸消解水样时被分解除去。

方法三：水质　银的测定　镉试剂 2B 分光光度法　HJ 490—2009

适用范围　本方法适用于受银污染的地表水及感光材料生产、胶片洗印、镀银、冶炼等行业的工业废水中银的测定。

方法原理　在曲力通 X-100（Triton X-100）存在下的四硼酸钠缓冲介质中，镉试剂 2B 与银离子生成络合比为 4:1 的稳定的紫红色络合物，该络合物至少可以稳定 24 h，且颜色强度与银的浓度成正比，该络合物的最大吸收波长为 554 nm；镉试剂 2B 是棕褐色的固体粉末，在弱酸或碱性介质中以分子形式存在，试剂为黄色，最大吸收波长为 445 nm。

检出限　当试份体积为 25 mL、使用光程为 10 mm 比色皿时，本方法检出限为 0.01 mg/L，测定下限为 0.04 mg/L，测定上限为 0.8 mg/L。

干扰和消除　不加掩蔽剂 EDTA 时，在此条件下，Na^+、$B_4O_7^{2-}$、PO_3^- 各 100 mg，K^+、Ca^{2+}、Mg^{2+}、NH_4^+、NO_3^-、SO_4^{2-}、PO_4^{3-}、柠檬酸根各 10 mg，As^{3+}、

WO_4^{2-}、MoO_4^{2-}、ClO_4^-、BrO_3^-、IO_3^-、$S_2O_8^{2-}$ 各 1.0 mg 以及 Be^{2+}、Cr^{6+}、SeO_3^{2-}、TeO_3^{2-}、VO_3^- 各 0.1 mg 不干扰 10 μg Ag^+ 的测定，少量的 Cd^{2+}、Hg^{2+}、Zn^{2+}、Ni^{2+}、Cu^{2+} 等有正干扰，但加入 0.05 mol/L EDTA – 2Na 溶液 0.5 mL，至少可掩蔽 Cd^{2+}、Cu^{2+}、Ni^{2+}、Zn^{2+}、Pb^{2+}、Mn^{2+}、Fe^{3+}、Fe^{2+}、La^{3+} 各 1.0 mg 和 Co^{2+}、Hg^{2+}、Al^{3+}、Cr^{3+}、Pd^{2+}、Y^{3+} 各 100 μg 对测定 10 μg Ag^+ 的影响。

25. 总锑

方法一：水质 65 种元素的测定 电感耦合等离子体质谱法 HJ 700 – 2014

见 2.2.4 2. 总钡、总钒、总镉等方法。

方法二：水质 32 种元素的测定 电感耦合等离子体发射光谱法 HJ 776 – 2015

见 2.2.4 3. 总钡、总钒、总镉等方法。

方法三：水质 锑的测定火焰原子吸收分光光度法 HJ 1046 – 2019

适用范围 本方法适用于高浓度生活污水、工业废水和受较严重污染的地表水中锑的测定。

方法原理 样品经过滤或消解后喷入贫燃性空气–乙炔火焰，在高温火焰中形成的锑基态原子对光源（空心阴极灯或其他光源）发射的 217.6 nm 特征谱线产生选择性吸收，在一定范围内其吸光度值与锑的质量浓度成正比。

检出限 本方法测定可溶性锑的方法检出限为 0.2 mg/L，测定下限为 0.8 mg/L；总锑的方法检出限为 0.3 mg/L，测定下限为 1.2 mg/L。

干扰和消除

（1）浓度低于 20% 的盐酸、硝酸和 2% 的硫酸，对锑的测定不产生干扰。

（2）当铜、铁、镉、镍、铅的质量浓度分别低于 3 500 mg/L、4 000 mg/L、1 000 mg/L、4 000 mg/L、6 000 mg/L 时，对锑的测定不产生干扰。基体干扰的检查见标准附录 A；采用标准加入法可抵消干扰。

方法四：水质 锑的测定 石墨炉原子吸收分光光度法 HJ 1047 – 2019

适用范围 本方法适用于生活污水、工业废水、受一定污染的地表水和地下水中锑的测定。

方法原理 样品经过滤或消解后注入石墨炉原子化器中，所含锑元素经干燥、灰化和原子化，形成的锑基态原子蒸气对光源（空心阴极灯或其他光源）发射的 217.6 nm 特征谱线产生选择性吸收，在一定范围内其吸光度值与锑的质量浓度成正比。

检出限 当进样体积为 20 μL 时，本标准测定可溶性锑和总锑的方法检出限均为 2 μg/L，测定下限均为 8 μg/L。

干扰和消除

（1）当铅、锌、镉、钙、铝的质量浓度分别低于 200 mg/L、200 mg/L、250 mg/L、1 000 mg/L、1 000 mg/L 时，对锑的测定不产生干扰。

（2）当镍、铁的质量浓度分别大于 60 mg/L、800 mg/L 和 SO_4^{2-}、Cl^- 的质量浓度分别大于 160 mg/L、250 mg/L 时，对锑的测定产生负干扰。基体干扰的检查见标准附录 A；采用标准加入法可抵消干扰。

26. 六价铬

方法一：水质　六价铬的测定　二苯碳酰二肼分光光度法 GB 7467 - 87

适用范围　本方法适用于地面水和工业废水中六价铬的测定。

方法原理　在酸性溶液中，六价铬与二苯碳酰二肼反应生成紫红色化合物，于波长 540 nm 处进行分光光度测定。

检出限　试份体积为 50 mL，使用光程长为 30 mm 的比色皿，本方法的最小检出量为 0.2 μg 六价铬，最低检出浓度为 0.004 mg/L，使用光程为 10 mm 的比色皿，测定上限浓度为 1.0 mg/L。

干扰和消除　当铁量大于 1 mg/L 时，显色后呈黄色。六价钼和汞也和显色剂反应，生成有色化合物，但在本方法的显色酸度下，反应不灵敏，钼和汞的浓度达 200 mg/L 不干扰测定。钒有干扰，但含量高于 4 mg/L 即干扰显色。但钒与显色剂反应后 10 min，可自行褪色。

方法二：水质　氰化物等的测定　真空检测管-电子比色法 HJ 659 - 2013

适用范围　见 2.2.2　1. 总氰化物　方法二。

方法原理　将封存有反应试剂的真空玻璃检测管在水样中折断，样品自动定量吸入管中，样品中的待测物与反应试剂快速定量反应生成有色化合物，其色度值与待测物含量成正比。将化学显色反应的色度信号与待测物浓度间对应的函数关系存储于电子比色计中，测定后直接读出水样中待测物的含量。

六价铬与二苯碳酰二肼测试液在适当的 pH 条件下同时发生氧化还原和络合反应，生成红紫色络合物，该有色络合物的色度值与六价铬的浓度呈一定的线性关系。

检出限　0.1 mg/L。

干扰和消除

（1）水中悬浮物质或藻类等会对测定产生干扰，可以通过过滤或沉淀消除干扰；在测定范围允许的情况下，也可通过稀释的方法消除干扰。

（2）通过加标回收试验结果判断色度是否产生干扰。当水样的色度对测定产生干扰时，在测定范围允许的情况下，可通过稀释消除干扰。

（3）$Hg^{2+} \leqslant 20$ mg/L，$Cu^{2+} \leqslant 25$ mg/L 时不干扰。

（4）水样中六价铬含量 $\geqslant 20$ mg/L 时显示颜色会降低，应稀释适当倍数后再测。

方法三：水质　六价铬的测定　流动注射-二苯碳酰二肼光度法　HJ 908 - 2017

适用范围　本方法适用于地表水、地下水和生活污水中六价铬的测定。

方法原理　在封闭的管路中，将一定体积的试样注入连续流动的酸性载液中，试样与试剂在化学反应模块中按特定的顺序和比例混合，在非完全反应的条件下，试样中的六价铬与二苯碳酰二肼生成紫红色化合物，进入流动检测池，于 540 nm 波长处测量吸光度。在一定的范围内，试样中六价铬的浓度与其对应的吸光度呈线性关系。

检出限　当检测光程为 10 mm 时，本标准的方法检出限为 0.001 mg/L，测定下限为 0.004 mg/L。未经稀释的样品测定上限为 0.600 mg/L，超出测定上限应稀释后测定。

干扰和消除

（1）样品存在浊度或色度时，干扰六价铬测定，可采用锌盐沉淀分离法预处理后测定。如锌盐沉淀分离后仍有色度，须进行色度校正。

（2）部分金属离子干扰六价铬测定。当六价铬含量为 0.1 mg/L 时，采用锌盐沉淀分离预处理后样品中金属离子 $Ni^{2+} \leqslant 200$ mg/L、$Mo^{6+} \leqslant 160$ mg/L、$Hg^{2+} \leqslant 160$ mg/L、$V^{5+} \leqslant 2.0$ mg/L、$Fe^{3+} \leqslant 200$ mg/L、$Cu^{2+} \leqslant 100$ mg/L、$Co^{2+} \leqslant 60$ mg/L 不干扰测定。

（3）水中还原性物质和氧化性物质干扰六价铬测定。当六价铬含量为 0.1 mg/L 时，样品中还原性物质 $S_2O_3^{2-} \leqslant 5.0$ mg/L、$Fe^{2+} \leqslant 0.20$ mg/L、$S^{2-} \leqslant 2.0$ mg/L、$SO_3^{2-} \leqslant 2.0$ mg/L 不干扰测定，氧化性物质活性氯 $\leqslant 0.7$ mg/L 不干扰测定。

（4）当样品中金属离子、还原性物质和氧化性物质等干扰物质浓度超过上述的范围时，应采用其他方法分析。

2.2.5　有机污染物

1. 石油类、动植物油

方法一：水质　石油类和动植物油的测定　红外分光光度法　HJ 637 - 2018

适用范围　本方法适用于工业废水和生活污水中的石油类和动植物油类的测定。

方法原理　水样在 pH≤2 的条件下用四氯乙烯萃取后，测定油类；将萃取液用硅酸镁吸附去除动植物油类等极性物质后，测定石油类。油类和石油类的含量均由波数分别为 2 930 cm^{-1}（CH$_2$ 基团中 C—H 键的伸缩振动）、2 960 cm^{-1}（CH$_3$ 基团中 C—H 键的伸缩振动）和 3 030 cm^{-1}（芳香环中 C—H 键的伸缩振动）处的吸光度 $A_{2\,930}$、$A_{2\,960}$ 和 $A_{3\,030}$，根据校正系数进行计算；动植物油类的含量为油类与石油类含量之差。

检出限　当取样体积为 500 mL，萃取液体积为 50 mL，使用 4 cm 石英比色皿时，本方法检出限为 0.06 mg/L，测定下限为 0.24 mg/L。

干扰和消除　暂不明确。

方法二：水质　石油类的测定　紫外分光光度法（试行）HJ 970-2018

适用范围　本方法适用于地表水、地下水和海水中石油类的测定。

方法原理　在 pH≤2 的条件下，样品中的油类物质被正己烷萃取，萃取液经无水硫酸钠脱水，再经硅酸镁吸附除去动植物油类等极性物质后，于 225 nm 波长处测定吸光度，石油类含量与吸光度值符合朗伯比尔定律。

检出限　当取样体积为 500 mL，萃取液体积为 25 mL，使用 2 cm 石英比色皿时，本方法检出限为 0.01 mg/L，测定下限为 0.04 mg/L。

干扰和消除　萃取液经硅酸镁吸附处理后，可消除极性物质的干扰。

2. 挥发酚

方法一：水质　挥发酚的测定　溴化容量法 HJ 502-2009

适用范围　本标准规定了测定工业废水中挥发酚的溴化容量法。本方法适用于高浓度挥发酚工业废水中挥发酚的测定。

方法原理　用蒸馏法使挥发性酚类化合物蒸馏出，并与干扰物质和固定剂分离。由于酚类化合物的挥发速度是随馏出液体积而变化，因此，馏出液体积必须与试样体积相等。

在含过量溴（由溴酸钾和溴化钾所产生）的溶液中，被蒸馏出的酚类化合物与溴生成三溴酚，并进一步生成溴代三溴酚。在剩余的溴与碘化钾作用、释放出游离碘的同时，溴代三溴酚与碘化钾反应生成三溴酚和游离碘，用硫代硫酸钠溶液滴定释出的游离碘，并根据其消耗量，计算出挥发酚的含量。

检出限　本方法检出限为 0.1 mg/L，测定下限为 0.4 mg/L，测定上限为 45.0 mg/L。对于质量浓度高于标准测定上限的样品，可适当稀释后进行测定。

干扰和消除 氧化剂、油类、硫化物、有机或无机还原性物质和苯胺类干扰酚的测定。

（1）氧化剂（如游离氯）的消除

样品滴于淀粉-碘化钾试纸上出现蓝色，说明存在氧化剂，可加入过量的硫酸亚铁去除。

（2）硫化物的消除

当样品中有黑色沉淀时，可取一滴样品放在乙酸铅试纸上，如试纸变黑色，说明有硫化物存在。此时样品继续加磷酸酸化，置通风柜内进行搅拌曝气，直至生成的硫化氢完全逸出来。

（3）甲醛、亚硫酸盐等有机或无机还原性物质的消除

可分取适量样品于分液漏斗中，加硫酸溶液使呈酸性，分次加入 50 mL、30 mL、30 mL 乙醚以萃取酚，合并乙醚层于另一分液漏斗中，分次加入 4 mL、3 mL、3 mL 氢氧化钠溶液进行反萃取，使酚类转入氢氧化钠溶液中。合并碱萃取液，移入烧杯中，置水浴上加温，以除去残余乙醚，然后用水将碱萃取液稀释到原分取样品的体积。同时应以水做空白试验。

（4）油类的消除

将样品静置分离出浮油后，按照上述萃取操作步骤进行。

（5）苯胺类的消除

苯胺类可与 4-氨基安替比林发生显色反应而干扰酚的测定，一般在酸性（pH<0.5）条件下，可以通过预蒸馏分离。

方法二：水质 挥发酚的测定 4-氨基安替比林分光光度法 HJ 503-2009

适用范围 本标准规定了测定地表水、地下水、饮用水、工业废水和生活污水中挥发酚的 4-氨基安替比林分光光度法。地表水、地下水和饮用水宜用萃取分光光度法测定；工业废水和生活污水宜用直接分光光度法测定。

方法原理 用蒸馏法使挥发性酚类化合物蒸馏出，并与干扰物质和固定剂分离。由于酚类化合物的挥发速度是随馏出液体积而变化，因此，馏出液体积必须与试样体积相等。被蒸馏出的酚类化合物，于 pH 为 10.0 ± 0.2 的介质中，在铁氰化钾存在下，与 4-氨基安替比林反应生成橙红色的安替比林染料，用三氯甲烷萃取后，在 460 nm 波长下测定吸光度。

检出限

（1）地表水、地下水和饮用水宜用萃取分光光度法测定，检出限为

0.000 3 mg/L，测定下限为 0.001 mg/L，测定上限为 0.04 mg/L。

（2）工业废水和生活污水宜用直接分光光度法测定，检出限为 0.01 mg/L，测定下限为 0.04 mg/L，测定上限为 2.50 mg/L。

干扰和消除　同方法一。

方法三：水质　挥发酚的测定　流动注射－4 氨基安替比林分光光度法 HJ 825－2017

适用范围　本方法适用于地表水、地下水、生活污水和工业废水中挥发酚的测定。

方法原理

（1）流动注射仪工作原理

在封闭的管路中，将一定体积的试样注入连续流动的载液中，试样与试剂在化学反应模块中按特定的顺序和比例混合、反应，在非完全反应的条件下，进入流动检测池进行光度检测。

（2）化学反应原理

在酸性条件下，样品通过（160±2）℃在线蒸馏释放出酚。被蒸馏出的酚类化合物，于弱碱性介质中，在铁氰化钾存在下，与 4－氨基安替比林反应生成橙黄色的安替比林染料，于 500 nm 波长处测定吸光度。

检出限　当检测光程为 10 mm 时，本标准的方法检出限为 0.002 mg/L，测定范围为 0.008~0.200 mg/L。

干扰和消除　同方法一。

3. 1,1,1－三氯乙烷

方法：水质　挥发性有机物的测定　吹扫捕集/气相色谱-质谱法 HJ 639－2012

适用范围　本方法规定了测定水中挥发性有机物的吹扫捕集/气相色谱-质谱法。本方法适用于海水、地下水、地表水、生活污水和工业废水中 57 种挥发性有机物的测定。若通过验证，本方法也可适用于其他挥发性有机物的测定。

方法原理　样品中的挥发性有机物经高纯氦气（或氮气）吹扫后吸附于捕集管中，将捕集管加热并以高纯氦气反吹，被热脱附出来的组分经气相色谱分离后，用质谱仪进行检测。通过与待测目标化合物保留时间和标准质谱图或特征离子相比较进行定性，内标法定量。

检出限　当样品量为 5 mL 时，用全扫描方式测定，目标化合物的方法检出限为 0.6~5.0 μg/L，测定下限为 2.4~20.0 μg/L；用选择离子方式测定，目标化合物的方法检出限为 0.2~2.3 μg/L，测定下限为 0.8~9.2 μg/L。详见表 2－5。

表 2 - 5 目标化合物的方法检出限和测定下限

出峰顺序	目标化合物中文名称	目标化合物英文名称	类型	定量内标	定量离子/(m/z)	辅助离子/(m/z)	全扫描方式 检出限/(μg/L)	全扫描方式 测定下限/(μg/L)	SIM 方式 检出限/(μg/L)	SIM 方式 测定下限/(μg/L)
1	氯乙烯	Vinyl chloride	目标化合物	1	62	64	1.5	6.0	0.5	2.0
2	1,1-二氯乙烯	1,1-Dichloroethene	目标化合物	1	96	61,63	1.2	4.8	0.4	1.6
3	二氯甲烷	Methylene chloride	目标化合物	1	84	86,49	1.0	4.0	0.5	2.0
4	反式-1,2-二氯乙烯	Trans-1,2-dichloroethene	目标化合物	1	96	61,98	1.1	4.4	0.3	1.2
5	1,1-二氯乙烷	1,1-Dichloroethane	目标化合物	1	63	65,83	1.2	4.8	0.4	1.6
6	氯丁二烯	2-Chloro-1,3-butadiene	目标化合物	1	53	88	1.5	6.0	0.5	2.0
7	顺式-1,2-二氯乙烯	cis-1,2-Dichloroethene	目标化合物	1	96	61,98	1.2	4.8	0.4	1.6
8	2,2-二氯丙烷	2,2-Dichloropropane	目标化合物	1	77	41,97	1.5	6.0	0.5	2.0
9	溴氯甲烷	Bromochloromethane	目标化合物	1	128	49,130	1.4	5.6	0.5	2.0
10	氯仿	Chloroform	目标化合物	1	83	85,47	1.4	5.6	0.4	1.6
11	二溴氟甲烷	Dibromofluoromethane	替代物	1	113	111,192	—	—	—	—
12	1,1,1-三氯乙烷	1,1,1-Trichloroethane	目标化合物	1	97	99,61	1.4	5.6	0.4	1.6

续　表

出峰顺序	目标化合物中文名称	目标化合物英文名称	类型	定量内标	定量离子/(m/z)	辅助离子/(m/z)	全扫描方式		SIM方式	
							检出限/(μg/L)	测定下限/(μg/L)	检出限/(μg/L)	测定下限/(μg/L)
13	1,1-二氯丙烯	1,1-Dichloropropene	目标化合物	1	75	110, 77	1.2	4.8	0.3	1.2
14	四氯化碳	Carbon tetrachloride	目标化合物	1	117	119, 121	1.5	6.0	0.4	1.6
15	苯	Benzene	目标化合物	1	78	77, 51	1.4	5.6	0.4	1.6
16	1,2-二氯乙烷	1,2-Dichloroethane	目标化合物	1	62	64, 98	1.4	5.6	0.4	1.6
17	氟苯	Fluorobenzene	内标1	—	96	77	—	—	—	—
18	三氯乙烯	Trichloroethylene	目标化合物	1	95	130, 132	1.2	4.8	0.4	1.6
19	环氧氯丙烷	1-Chloro-2,3-epoxypropane	目标化合物	1	57	49	5.0	20.0	2.3	9.2
20	1,2-二氯丙烷	1,2-Dichloropropane	目标化合物	1	63	41, 112	1.2	4.8	0.4	1.6
21	二溴甲烷	Dibromomethane	目标化合物	1	93	95, 174	1.5	6.0	0.3	1.2
22	一溴二氯甲烷	Bromodichloromethane	目标化合物	1	83	85, 127	1.3	5.2	0.4	1.6
23	顺-1,3-二氯丙烯	cis-1,3-Dichloropropene	目标化合物	1	75	39, 77	1.4	5.6	0.3	1.2
24	甲苯-d8	Toluene-d8	替代物	1	98	100	—	—	—	—
25	甲苯	Toluene	目标化合物	1	91	92	1.4	5.6	0.3	1.2

续　表

出峰顺序	目标化合物中文名称	目标化合物英文名称	类型	定量内标	定量离子/(m/z)	辅助离子/(m/z)	全扫描方式		SIM方式	
							检出限/(μg/L)	测定下限/(μg/L)	检出限/(μg/L)	测定下限/(μg/L)
26	反-1,3-二氯丙烯	trans-1,3-Dichloropropene	目标化合物	1	75	39,77	1.4	5.6	0.3	1.2
27	1,1,2-三氯乙烷	1,1,2-Trichloroethane	目标化合物	1	83	97,85	1.5	6.0	0.4	1.6
28	四氯乙烯	Tetrachloroethylene	目标化合物	1	166	168,129	1.2	4.8	0.2	0.8
29	1,3-二氯丙烷	1,3-Dichloropropane	目标化合物	1	76	41,78	1.4	5.6	0.4	1.6
30	二溴氯甲烷	Dibromochloromethane	目标化合物	1	129	127,131	1.2	4.8	0.4	1.6
31	1,2-二溴乙烷	1,2-Dibromoethane	目标化合物	1	107	109,188	1.2	4.8	0.4	1.6
32	氯苯	Chlorobenzene	目标化合物	2	112	77,114	1.0	4.0	0.2	0.8
33	1,1,1,2-四氯乙烷	1,1,1,2-Tetrachloroethane	目标化合物	2	131	133,119	1.5	6.0	0.3	1.2
34	乙苯	Ethylbenzene	目标化合物	2	91	106	0.8	3.2	0.3	1.2
35 36	间,对-二甲苯	m,p-Xylene	目标化合物	2	106	91	2.2	8.8	0.5	2.0
37	邻-二甲苯	o-Xylene	目标化合物	2	106	91	1.4	5.6	0.2	0.8
38	苯乙烯	Styrene	目标化合物	2	104	78,103	0.6	2.4	0.2	0.8

续表

出峰顺序	目标化合物中文名称	目标化合物英文名称	类型	定量内标	定量离子/(m/z)	辅助离子/(m/z)	全扫描方式		SIM 方式	
							检出限/(μg/L)	测定下限/(μg/L)	检出限/(μg/L)	测定下限/(μg/L)
39	溴仿	Bromoform	目标化合物	2	173	175,254	0.6	2.4	0.5	2.0
40	异丙苯	Isopropylbenzene	目标化合物	2	105	120	0.7	2.8	0.3	1.2
41	4-溴氟苯	4-Bromofluorobenzene	替代物	2	95	174,176	—	—	—	—
42	1,1,2,2-四氯乙烷	1,1,2,2-Tetrachloroethane	目标化合物	2	83	131,85	1.1	4.4	0.4	1.6
43	溴苯	Bromobenzene	目标化合物	2	156	77,158	0.8	3.2	0.4	1.6
44	1,2,3-三氯丙烷	1,2,3-Trichloropropane	目标化合物	2	75	110,77	1.2	4.8	0.2	0.8
45	正丙苯	n-Propylbenzene	目标化合物	2	91	120	0.8	3.2	0.2	0.8
46	2-氯甲苯	2-Chlorotoluene	目标化合物	2	91	126	1.0	4.0	0.4	1.6
47	1,3,5-三甲基苯	1,3,5-Trimethylbenzene	目标化合物	2	105	120	0.7	2.8	0.3	1.2
48	4-氯甲苯	4-Chlorotoluene	目标化合物	2	91	126	0.9	3.6	0.3	1.2
49	叔丁基苯	tert-Butylbenzene	目标化合物	2	119	91,134	1.2	4.8	0.4	1.6
50	1,2,4-三甲基苯	1,2,4-trimethylbenzene	目标化合物	2	105	120	0.8	3.2	0.3	1.2

续 表

出峰顺序	目标化合物中文名称	目标化合物英文名称	类型	定量内标	定量离子/(m/z)	辅助离子/(m/z)	全扫描方式		SIM方式	
							检出限/(μg/L)	测定下限/(μg/L)	检出限/(μg/L)	测定下限/(μg/L)
51	仲丁基苯	sec-Butylbenzene	目标化合物	2	105	134	1.0	4.0	0.3	1.2
52	1,3-二氯苯	1,3-Dichlorobenzene	目标化合物	2	146	111,148	1.2	4.8	0.3	1.2
53	4-异丙基甲苯	p-Isopropyltoluene	目标化合物	2	119	134,91	0.8	3.2	0.3	1.2
54	1,4-二氯苯-d4	1,4-Dichlorobenzene-d4	内标2	—	152	115,150	—	—	—	—
55	1,4-二氯苯	1,4-Dichlorobenzene	目标化合物	2	146	111,148	0.8	3.2	0.4	1.6
56	正丁基苯	n-Butylbenzene	目标化合物	2	91	92,134	1.0	4.0	0.3	1.2
57	1,2-二氯苯	1,2-Dichlorobenzene	目标化合物	2	146	111,148	0.8	3.2	0.4	1.6
58	1,2-二溴-3-氯丙烷	1,2-Dibromo-3-chloropropane	目标化合物	2	157	75,155	1.0	4.0	0.3	1.2
59	1,2,4-三氯苯	1,2,4-Trichlorobenzene	目标化合物	2	180	182,145	1.1	4.4	0.3	1.2
60	六氯丁二烯	Hexachlorobutadiene	目标化合物	2	225	223,227	0.6	2.4	0.4	1.6
61	萘	Naphthalene	目标化合物	2	128	—	1.0	4.0	0.4	1.6
62	1,2,3-三氯苯	1,2,3-Trichlorobenzene	目标化合物	2	180	182,145	1.0	4.0	0.5	2.0

干扰和消除 暂不明确。

4. 1,1-二氯乙烯、1,2-二氯乙烯、二氯一溴甲烷、三溴甲烷、一氯二溴甲烷

方法一：水质 挥发性卤代烃的测定 顶空气相色谱法 HJ 620-2011

适用范围 本标准规定了测定水中挥发性卤代烃的顶空气相色谱法。本方法适用于地表水、地下水、饮用水、海水、工业废水和生活污水中挥发性卤代烃的测定。具体组分包括 1,1-二氯乙烯、二氯甲烷、反式-1,2-二氯乙烯、氯丁二烯、顺式-1,2-二氯乙烯、三氯甲烷、四氯化碳、1,2-二氯乙烷、三氯乙烯、一溴二氯甲烷、四氯乙烯、二溴一氯甲烷、三溴甲烷、六氯丁二烯 14 种。其他挥发性卤代烃通过验证后，也可以使用本方法进行测定。

方法原理 将水样置于密封的顶空瓶中，在一定的温度下经一定时间的平衡，水中的挥发性卤代烃逸至上部空间，并在气液两相中达到动态的平衡。此时，挥发性卤代烃在气相中的浓度与它在液相中的浓度成正比。用带有电子捕获检测器（Electron Capture Detector，ECD）的气相色谱仪对气相中挥发性卤代烃的浓度进行测定，可计算出水样中挥发性卤代烃的浓度。

检出限 当顶空瓶为 22 mL，取样体积为 10.0 mL 时，上述目标化合物的方法检出限为 0.02~6.13 μg/L，测定下限为 0.08~24.5 μg/L。详见表 2-6。

表 2-6 目标化合物的方法检出限

序号	化合物名称	英 文 名 称	CAS 号	检出限 /(μg/L)	测定下限 /(μg/L)
1	1,1-二氯乙烯	1,1-dichloroethene	75-35-4	2.38	9.52
2	二氯甲烷	methylene chloride	75-09-2	6.13	24.5
3	反式-1,2-二氯乙烯	Trans-1,2-dichloroethene	156-60-5	2.52	10.1
4	氯丁二烯	chlorobutadiene	126-99-8	0.36	1.44
5	顺式-1,2-二氯乙烯	cis-1,2-dichloroethene	156-59-2	1.38	5.52
6	三氯甲烷	chloroform	67-66-3	0.02	0.08
7	四氯化碳	carbon tetrachloride	56-23-5	0.03	0.12
8	1,2-二氯乙烷	1,2-dichloroethane	107-06-2	2.35	9.40

序号	化合物名称	英　文　名　称	CAS 号	检出限 /（μg/L）	测定下限 /（μg/L）
9	三氯乙烯	trichloroethylene	79 – 01 – 6	0.02	0.08
10	一溴二氯甲烷	bromodichloromethane	75 – 27 – 4	0.02	0.08
11	四氯乙烯	tetrachloroethylene	127 – 18 – 4	0.03	0.12
12	二溴一氯甲烷	dibromochloromethane	124 – 48 – 1	0.02	0.08
13	三溴甲烷	bromoform	75 – 25 – 2	0.04	0.16
14	六氯丁二烯	hexachlorobutadiene	87 – 68 – 3	0.02	0.08

干扰和消除　环境水体中常见的碳氢化合物对测定不干扰。

方法二：水质　挥发性有机物的测定　吹扫捕集/气相色谱-质谱法　HJ 639 – 2012

见 2.2.5　3. 1,1,1 –三氯乙烷方法。

5. 1,2 –二甲苯（邻二甲苯）、1,3 –二甲苯（间二甲苯）、1,4 –二甲苯（对二甲苯）、苯、苯乙烯、甲苯、乙苯、异丙苯

方法一：水质　挥发性有机物的测定　吹扫捕集/气相色谱-质谱法　HJ 639 –2012

见 2.2.5　3. 1,1,1 –三氯乙烷方法。

方法二：水质　挥发性有机物的测定　吹扫捕集/气相色谱法　HJ 686 – 2014

适用范围　本标准规定了测定水中 21 种挥发性有机物的吹扫捕集/气相色谱法。本方法适用于地表水、地下水、生活污水和工业废水中挥发性有机物的测定。其他挥发性有机物经适用性验证后，也可采用本方法分析。

方法原理　样品中的挥发性有机物经高纯氮气吹扫后吸附于捕集管中，将捕集管加热并以高纯氮气反吹，被热脱附出来的组分经气相色谱分离后，用电子捕获检测器（ECD）或氢火焰离子化检测器（FID）进行检测，根据保留时间定性，外标法定量。

检出限　当取样量为 5 mL 时，目标化合物的方法检出限为 0.1~0.5 μg/L，测定下限为 0.4~2.0 μg/L，具体见表 2 –7。

表 2 - 7　目标化合物的方法检出限和测定下限

序号	组 分 名 称	目标化合物英文名称	CAS 号	检测器	检出限/（μg/L）	测定下限/（μg/L）
1	苯	Benzene	107 - 06 - 2	FID	0.5	2.0
2	甲苯	Toluene	108 - 88 - 3	FID	0.5	2.0
3	乙苯	Ethylbenzene	100 - 41 - 4	FID	0.5	2.0
4	对二甲苯	p - Xylene	106 - 42 - 3	FID	0.5	2.0
5	间二甲苯	m - Xylene	108 - 38 - 3	FID	0.5	2.0
6	邻二甲苯	o - Xylene	95 - 47 - 6	FID	0.5	2.0
7	苯乙烯	Styrene	100 - 42 - 5	FID	0.5	2.0
8	异丙苯	Isopropylbenzene	98 - 82 - 8	FID	0.5	2.0
9	1,1-二氯乙烯	1,1,- Dichloroethene	75 - 35 - 4	ECD	0.1	0.4
10	1,2-二氯乙烷	1,2 - Dichloroethane	107 - 06 - 2	ECD	0.1	0.4
11	二氯甲烷	Dichloromethane	75 - 09 - 2	ECD	0.5	2.0
12	反式 - 1,2 - 二氯乙烯	Trans - 1,2 - dichloroethene	594 - 20 - 7	ECD	0.1	0.4
13	六氯丁二烯	Hexachlorobutadiene	87 - 68 - 3	ECD	0.1	0.4
14	氯丁二烯	2 - Chloro - 1,3 - butadiene	126 - 99 - 8	ECD	0.1	0.4
15	三氯甲烷	Chloroform	67 - 66 - 3	ECD	0.1	0.4
16	三氯乙烯	Trichloroethylene	79 - 01 - 6	ECD	0.1	0.4
17	三溴甲烷	Bromoform	75 - 25 - 2	ECD	0.1	0.4
18	顺式 - 1,2 - 二氯乙烯	Cis - 1,2 - dichloroethene	156 - 59 - 2	ECD	0.1	0.4
19	四氯化碳	Carbon tetrachloride	56 - 23 - 5	ECD	0.1	0.4
20	四氯乙烯	Tetrachloroethylene	127 - 18 - 4	ECD	0.1	0.4
21	环氧氯丙烷	Epichlorohydrin	106 - 89 - 8	ECD	0.5	2.0

干扰和消除

（1）实验室溶剂、试剂、玻璃器具和其他用于前处理的部件对挥发性有机物分析产生的干扰物，可以通过实验室空白进行检验。当发现实验室分析过程确实对样品产生干扰，应仔细查找干扰源，及时消除，至实验室空包检验分析合格后，才能继续进行样品分析。

（2）采样、装运和储存的过程中，空气中的挥发性有机物会通过采样瓶的密封垫扩散造成污染，可以通过全程序空白进行检验。当发现采样、装运和储存过程确实对样品产生干扰时，应仔细查找干扰源，如果确实存在影响分析结果的干扰，须重新进行采样分析。

（3）高浓度样品和低浓度样品交替分析可能会造成干扰，当分析一个高浓度样品后应分析一个空白样品以检验是否出现交叉污染。

方法三：水质　挥发性有机物的测定　顶空/气相色谱-质谱法　HJ 810-2016

适用范围　本方法适用于地表水、地下水、生活污水、工业废水和海水中57种挥发性有机物的测定。

方法原理　在一定的温度条件下，顶空瓶内样品中挥发性组分向液上空间挥发，产生蒸气压，在气液两相达到热力学动态平衡后，气相中的挥发性有机物经气相色谱分离，用质谱仪进行检测。通过与标准物质保留时间和质谱图相比较进行定性，内标法定量。

检出限　当取样体积为 10.0 mL 时，用全扫描（Scan）模式测定，目标化合物的方法检出限为 2~10 μg/L，测定下限为 8~40 μg/L；用选择离子（SIM）模式测定，目标化合物的方法检出限为 0.4~1.7 μg/L，测定下限为 1.6~6.8 μg/L。详见表 2-8。

干扰和消除　暂不明确。

方法四：水质　苯系物的测定　顶空/气相色谱法　HJ 1067-2019

适用范围　本方法适用于地表水、地下水、生活污水和工业废水中苯、甲苯、乙苯、对二甲苯、间二甲苯、邻二甲苯、异丙苯、苯乙烯 8 种苯系物的测定。

检出限　当取样体积为 10.0 mL 时，本方法测定水中苯系物的方法检出限为 2~3 μg/L，测定下限为 8~12 μg/L。

干扰和消除　当不能确认时，可用第二种色谱柱进行辅助定性。

表 2 - 8 目标化合物的方法检出限和测定下限

出峰顺序	目标化合物中文名称	目标化合物英文名称	类型	定量内标	定量离子/(m/z)	辅助离子/(m/z)	全扫描方式		SIM 模式	
							检出限/(μg/L)	测定下限/(μg/L)	检出限/(μg/L)	测定下限/(μg/L)
1	氯乙烯	Vinyl chloride	目标化合物	1	62	64	5	20	0.7	2.8
2	1,1-二氯乙烯	1,1 - Dichloroethene	目标化合物	1	96	61, 63	6	24	1.3	5.2
3	二氯甲烷	Methylene chloride	目标化合物	1	84	86, 49	7	28	0.6	2.4
4	反式-1,2-二氯乙烯	trans - 1,2 - dichloroethene	目标化合物	1	96	61, 98	4	16	0.6	2.4
5	1,1-二氯乙烷	1,1 - Dichloroethane	目标化合物	1	63	65, 83	5	20	0.7	2.8
6	顺式-1,2-二氯乙烯	cis - 1,2 - Dichloroethene	目标化合物	1	96	61, 98	3	12	0.5	2.0
7	2,2-二氯丙烷	2,2 - Dichloropropane	目标化合物	1	77	41, 97	7	28	0.5	2.0
8	溴氯甲烷	Bromochloromethane	目标化合物	1	128	49, 130	6	24	0.4	1.6
9	氯仿	Chloroform	目标化合物	1	83	85, 47	3	12	1.1	4.4
10	1,1,1-三氯乙烷	1,1,1 - Trichloroethane	目标化合物	1	97	99, 61	3	12	0.8	3.2
11	1,1-二氯丙烯	1,1 - Dichloropropene	目标化合物	1	75	110, 77	4	16	1.0	4.0
12	四氯化碳	Carbon tetrachloride	目标化合物	1	117	119, 121	3	12	0.8	3.2
13	1,2-二氯乙烷	1,2 - Dichloroethane	目标化合物	1	62	64, 98	4	16	0.8	3.2
14	苯	Benzene	目标化合物	1	78	77, 51	3	12	0.8	3.2

续表

出峰顺序	目标化合物中文名称	目标化合物英文名称	类型	定量内标	定量离子/(m/z)	辅助离子/(m/z)	全扫描方式		SIM模式	
							检出限/(μg/L)	测定下限/(μg/L)	检出限/(μg/L)	测定下限/(μg/L)
15	氟苯	Fluorobenzene	内标1	—	96	77	—	—	—	—
16	三氯乙烯	Trichloroethylene	目标化合物	1	95	130,132	6	24	0.8	3.2
17	1,2-二氯丙烷	1,2-Dichloropropane	目标化合物	1	63	41,112	5	20	0.8	3.2
18	二溴甲烷	Dibromomethane	目标化合物	1	93	95,174	4	16	0.7	2.8
19	一溴二氯甲烷	Bromodichloromethane	目标化合物	1	83	85,127	3	12	0.6	2.4
20	顺-1,3-二氯丙烯	cis-1,3-Dichloropropene	目标化合物	1	75	39,77	7	28	1.2	4.8
21	甲苯	Toluene	目标化合物	1	91	92	3	12	1.0	4.0
22	反-1,3-二氯丙烯	trans-1,3-Dichloropropene	目标化合物	1	75	39,77	8	32	1.1	4.4
23	1,1,2-三氯乙烷	1,1,2-Trichloroethane	目标化合物	1	83	97,85	5	20	0.9	3.6
24	四氯乙烯	Tetrachloroethylene	目标化合物	1	166	168,129	3	12	0.8	3.2
25	1,3-二氯丙烷	1,3-Dichloropropane	目标化合物	1	76	41,78	5	20	0.9	3.6
26	二溴一氯甲烷	Dibromochloromethane	目标化合物	1	129	127,131	4	16	0.9	3.6
27	1,2-二溴乙烷	1,2-Dibromoethane	目标化合物	1	107	109,188	5	20	0.6	2.4
28	氯苯	Chlorobenzene	目标化合物	2	112	77,114	4	16	1.0	4.0
29	1,1,1,2-四氯乙烷	1,1,1,2-Tetrachloroethane	目标化合物	2	131	133,119	6	24	0.6	2.4

续表

出峰顺序	目标化合物中文名称	目标化合物英文名称	类型	定量内标	定量离子/(m/z)	辅助离子/(m/z)	全扫描方式 检出限/(μg/L)	全扫描方式 测定下限/(μg/L)	SIM模式 检出限/(μg/L)	SIM模式 测定下限/(μg/L)
30	乙苯	Ethylbenzene	目标化合物	2	91	106	4	16	1.0	4.0
31/32	对/间-二甲苯	m,p-Xylene	目标化合物	2	106	91	8	32	0.7	2.8
33	邻-二甲苯	o-Xylene	目标化合物	2	106	91	4	16	0.8	3.2
34	苯乙烯	Styrene	目标化合物	2	104	78, 103	5	20	0.8	3.2
35	三溴甲烷	Bromoform	目标化合物	2	173	175, 254	6	24	0.9	3.6
36	异丙苯	Isopropylbenzene	目标化合物	2	105	120	3	12	0.9	3.6
37	1,1,2,2-四氯乙烷	1,1,2,2-Tetrachloroethane	目标化合物	2	83	131, 85	7	28	0.9	3.6
38	溴苯	Bromobenzene	目标化合物	2	156	77, 158	4	16	1.0	4.0
39	1,2,3-三氯丙烷	1,2,3-Trichloropropane	目标化合物	2	75	110, 77	8	32	0.6	2.4
40	正丙苯	n-Propylbenzene	目标化合物	2	91	120	4	16	0.7	2.8
41	2-氯甲苯	2-Chlorotoluene	目标化合物	2	91	126	3	12	0.5	2.0
42	1,3,5-三甲基苯	1,3,5-Trimethylbenzene	目标化合物	2	105	120	4	16	0.5	2.0
43	4-氯甲苯	4-Chlorotoluene	目标化合物	2	91	126	5	20	1.7	6.8

续表

出峰顺序	目标化合物中文名称	目标化合物英文名称	类型	定量内标	定量离子/(m/z)	辅助离子/(m/z)	全扫描方式		SIM模式	
							检出限/(μg/L)	测定下限/(μg/L)	检出限/(μg/L)	测定下限/(μg/L)
44	叔丁基苯	tert-Butylbenzene	目标化合物	2	119	91,134	3	12	0.8	3.2
45	1,2,4-三甲基苯	1,2,4-trimethylbenzene	目标化合物	2	105	120	3	12	0.5	2.0
46	仲丁基苯	sec-Butylbenzene	目标化合物	2	105	134	4	16	0.6	2.4
47	1,3-二氯苯	1,3-Dichlorobenzene	目标化合物	2	146	111,148	3	12	1.0	4.0
48	4-异丙基甲苯	p-Isopropyltoluene	目标化合物	2	119	134,91	3	12	0.6	2.4
49	1,4-二氯苯	1,4-Dichlorobenzene	目标化合物	2	146	111,148	5	20	0.8	3.2
50	正丁基苯	n-Butylbenzene	目标化合物	2	91	92,134	3	12	0.6	2.4
51	1,2-二氯苯-d4	1,2-Dichlorobenzene-d4	内标2	—	150	115,152	—	—	—	—
52	1,2-二氯苯	1,2-Dichlorobenzene	目标化合物	2	146	111,148	3	12	0.9	3.6
53	1,2-二溴-3-氯丙烷	1,2-Dibromo-3-chloropropane	目标化合物	2	157	75,155	10	40	0.8	3.2
54	1,2,4-三氯苯	1,2,4-Trichlorobenzene	目标化合物	2	180	182,145	6	24	0.7	2.8
55	六氯丁二烯	Hexachlorobutadiene	目标化合物	2	225	223,227	7	28	0.6	2.4
56	萘	Naphthalene	目标化合物	2	128	—	8	32	0.6	2.4
57	1,2,3-三氯苯	1,2,3-Trichlorobenzene	目标化合物	2	180	182,145	8	32	0.5	2.0

6. 1,2－二氯苯、1,4－二氯苯

方法一：水质　氯苯类化合物的测定　气相色谱法　HJ 621－2011

适用范围　本标准规定了测定水中氯苯类化合物的气相色谱法。本方法适用于地表水、地下水、饮用水、海水、工业废水和生活污水中氯苯类化合物的测定。具体组分包括：氯苯、1,4－二氯苯、1,3－二氯苯、1,2－二氯苯、1,3,5－三氯苯、1,2,4－三氯苯、1,2,3－三氯苯、1,2,4,5－四氯苯、1,2,3,5－四氯苯、1,2,3,4－四氯苯、五氯苯和六氯苯 12 种。

方法原理　用二硫化碳萃取水样中的氯苯类化合物，萃取液经净化、浓缩、定容后用带有电子捕获检测器（ECD）的气相色谱仪进行分析，以保留时间定性，外标法定量。

检出限　当水样为 1 L、定容至 1.0 mL 时，方法检出限、测定下限见表 2－9。

表 2－9　氯苯类化合物的方法检出限和测定下限

序号	化合物名称	CAS 号	检出限/(μg/L)	测定下限/(μg/L)
1	氯苯	108－90－7	12	48
2	1,4－二氯苯	106－46－7	0.23	0.92
3	1,3－二氯苯	541－73－1	0.35	1.4
4	1,2－二氯苯	95－50－1	0.29	1.2
5	1,3,5－三氯苯	108－70－3	0.11	0.44
6	1,2,4－三氯苯	120－82－1	0.08	0.32
7	1,2,3－三氯苯	87－61－6	0.08	0.32
8	1,2,4,5－四氯苯	95－94－3	0.01	0.05
9	1,2,3,5－四氯苯	634－90－2	0.02	0.06
10	1,2,3,4－四氯苯	634－66－2	0.02	0.07
11	五氯苯	608－93－5	0.003	0.012
12	六氯苯	118－74－1	0.003	0.012

干扰和消除　在分析条件下，环境水体中常见的有机氯农药可与氯苯类化合物分离，不干扰测定。六氯丁二烯干扰 1,2－二氯苯的测定，可选择非极性色谱柱分离以排除干扰。当可能存在有机卤化物或有机硝基化合物干扰时，可采用气相色谱-质谱法确认，或用不同极性色谱柱分离以排除干扰。

方法二：水质　挥发性有机物的测定　吹扫捕集/气相色谱-质谱法　HJ 639 - 2012

见 2.2.5　3.1,1,1-三氯乙烷方法。

方法三：水质　挥发性有机物的测定　顶空/气相色谱-质谱法　HJ 810 - 2016

见 2.2.5　5.1,2-二甲苯（邻二甲苯）、1,3-二甲苯（间二甲苯）、1,4-二甲苯（对二甲苯）方法三。

7.1,2-二氯乙烷、二氯甲烷、三氯甲烷、四氯化碳、三氯乙烯、四氯乙烯

方法一：水质　挥发性卤代烃的测定　顶空气相色谱法　HJ 620 - 2011

见 2.2.5　4.1,1-二氯乙烯、1,2-二氯乙烯、二氯一溴甲烷、三溴甲烷、一氯二溴甲烷　方法一。

方法二：水质　挥发性有机物的测定　吹扫捕集/气相色谱-质谱法　HJ 639 - 2012

见 2.2.5　3.1,1,1-三氯乙烷方法。

方法三：水质　挥发性有机物的测定　吹扫捕集/气相色谱法　HJ 686 - 2014

见 2.2.5　5.1,2-二甲苯（邻二甲苯）、1,3-二甲苯（间二甲苯）、1,4-二甲苯（对二甲苯）方法二。

方法四：水质　挥发性有机物的测定　顶空/气相色谱-质谱法　HJ 810 - 2016

见 2.2.5　5.1,2-二甲苯（邻二甲苯）、1,3-二甲苯（间二甲苯）、1,4-二甲苯（对二甲苯）方法三。

8.2,2′:6′,2″-三联吡啶

方法：废水中 2,2′:6′,2″-三联吡啶的测定　气相色谱-质谱法　GB 21523 - 2008 附录 F

适用范围　本方法适用于工业废水和地面水中 2,2′:6′,2″-三联吡啶的测定。

方法原理　2,2′:6′,2″-三联吡啶的测定采用气相色谱-质谱分析法。气相色谱分析法是以惰性气体作为流动相，利用试样中各组分在色谱柱中的气相和固定相间的分配系数不同进行分离。汽化后的试样被载气带入色谱柱中运行时，组分就在其中的两相间进行反复多次的分配（吸附-脱附-放出），由于固定相对各种组分的吸附能力不同（即保留作用不同），各组分在色谱柱中的运行速度就不同，经过一定的柱长后，便彼此分离，顺序进入检测器，产生的离子流信号经放大后，在记录器上形成各组分的色谱峰，根据色谱峰进行定性定量测定。

质谱法是通过将所研究的混合物或者单体裂解成离子，然后使形成的离子按质荷比（m/e）进行分离，经检测和记录系统得到离子的质荷比和相对强度的谱

图（质谱图），根据质谱图进行定性定量分析。质谱法的特点是分析快速、灵敏、分辨率高、样品用量少且分析对象范围广。气相色谱－质谱联用，使复杂有机混合的分离与鉴定能快速同步地一次完成。

含有 2,2′:6′,2″－三联吡啶的水样经过氢氧化钠、乙酸乙酯处理后，采用 GC－MS 进行定性与定量测定。

检出限　仪器最小检出量（以 S／N＝3 计）为 8×10^{-11} g，方法的检出限为 0.08 mg／L。

干扰和消除　暂不明确。

9. 2,4,6－三氯酚、2,4－二氯酚、苯酚、间－甲酚、硝基酚

方法一：水质　酚类化合物的测定　液液萃取／气相色谱法　HJ 676－2013

适用范围　本标准规定了测定水中酚类化合物的液液萃取／气相色谱法。本方法适用于地表水、地下水、生活污水和工业废水中苯酚、3－甲酚、2,4－二甲酚、2－氯酚、4－氯酚、4－氯－3－甲酚、2,4－二氯酚、2,4,6－三氯酚、五氯酚、2－硝基酚、4－硝基酚、2,4－二硝基酚和 2－甲基－4,6－二硝基酚等 13 种酚类化合物的测定。

方法原理　在酸性条件下（pH<2），用二氯甲烷／乙酸乙酯混合溶剂萃取水样中的酚类化合物，浓缩后的萃取液采用气相色谱毛细管色谱柱分离，氢火焰检测器检测，以色谱保留时间定性，外标法定量。

检出限　当取样体积为 500 mL 时，13 种酚类化合物的方法检出限和测定下限见表 2－10。

表 2－10　酚类化合物的方法检出限和测定下限

化合物名称	检出限/（μg/L）	测定下限/（μg/L）	化合物名称	检出限/（μg/L）	测定下限/（μg/L）
苯酚	0.5	2.0	2,4,6－三氯酚	1.2	4.8
3－甲酚	0.5	2.0	五氯酚	1.1	4.4
2,4－二甲酚	0.7	2.8	2－硝基酚	1.1	4.4
2－氯酚	1.1	4.4	4－硝基酚	1.2	4.8
4－氯酚	1.4	5.6	2,4－二硝基酚	3.4	13.6
4－氯－3－甲酚	0.7	2.8	2－甲基－4,6－二硝基酚	3.1	12.4
2,4－二氯酚	1.1	4.4			

干扰和消除

（1）水样中可能有其他有机物干扰测定，可通过碱性水溶液反萃取净化，也可通过改变色谱条件，双柱定性或质谱进一步确认。

（2）测定高浓度样品后可能会存在记忆效应，可通过分析空白样品，直至空白样品中目标化合物的浓度低于测定下限时，方可分析下一个样品。

方法二：水质 酚类化合物的测定 气相色谱-质谱法 HJ 744 - 2015

适用范围 本标准规定了测定水中酚类化合物的气相色谱-质谱法。本方法适用于地表水、地下水、生活污水和工业废水中苯酚、2-氯苯酚、4-氯苯酚、五氯酚、2,4-二氯苯酚、2,6-二氯苯酚、2,4,6-三氯苯酚、2,4,5-三氯苯酚、2,3,4,6-四氯苯酚、4-硝基酚、2-甲酚、3-甲酚、4-甲酚、2,4-二甲酚等 14 种酚类化合物的测定。其他酚类化合物经过方法验证，也可采用本方法测定。

方法原理 在酸性条件下（pH≤1），用液液萃取或固相萃取法提取水样中的酚类化合物，经五氟下基溴衍生化后用气相色谱-质谱法（GC－MS）分离检测，以色谱保留时间和质谱特征离子定性，外标法或内标法定量。

检出限 当取样体积为 250 mL，采用选择离子扫描模式时，14 种酚类化合物的方法检出限为 0.1~0.2 μg/L，测定下限为 0.4~0.8 μg/L，详见表 2-11。

表 2-11　酚类化合物的方法检出限和测定下限

组 分 名 称	液液萃取法		固相萃取法	
	检出限 /(μg/L)	测定下限 /(μg/L)	检出限 /(μg/L)	测定下限 /(μg/L)
苯酚	0.1	0.4	0.1	0.4
3-甲酚	0.2	0.8	0.2	0.8
2-甲酚	0.2	0.8	0.2	0.8
4-甲酚	0.2	0.8	0.2	0.8
2-氯苯酚	0.1	0.4	0.1	0.4
2,4-二甲酚	0.2	0.8	0.2	0.8
4-氯苯酚	0.1	0.4	0.1	0.4
2,6-二氯苯酚	0.2	0.8	0.1	0.4
2,4-二氯苯酚	0.2	0.8	0.1	0.4
2,4,6-三氯苯酚	0.1	0.4	0.1	0.4

续　表

组 分 名 称	液液萃取法		固相萃取法	
	检出限 /(μg/L)	测定下限 /(μg/L)	检出限 /(μg/L)	测定下限 /(μg/L)
2,4,5-三氯苯酚	0.2	0.8	0.2	0.8
4-硝基酚	0.2	0.8	0.2	0.8
2,3,4,6-四氯苯酚	0.2	0.8	0.1	0.4
五氯酚	0.1	0.4	0.1	0.4

干扰和消除　暂不明确。

方法三：水质　4 种硝基酚类化合物的测定　液相色谱-三重四极杆质谱法 HJ 1049－2019

适用范围　本方法适用于地表水、地下水、生活污水和工业废水中 2,6-二硝基酚、2,4-二硝基酚、4-硝基酚和 2,4,6-三硝基酚等 4 种硝基酚类化合物的测定。

方法原理　样品经过滤或净化后直接进样，用液相色谱-三重四极杆质谱分离检测硝基酚类化合物。根据保留时间和特征离子定性，内标法定量。

检出限　当进样体积为 10 μL 时，4 种硝基酚类化合物的方法检出限为 0.4~0.6 μg/L，测定下限为 1.6~2.4 μg/L。详见表 2-12。

表 2-12　4 种硝基酚类化合物的方法检出限和测定下限

序号	化合物名称	英 文 名 称	CAS 号	检出限 /(μg/L)	测定下限 /(μg/L)
1	2,6-二硝基酚	2,6-Dinitrophenol	573-56-8	0.6	2.4
2	2,4-二硝基酚	2,4-Dinitrophenol	51-28-5	0.4	1.6
3	4-硝基酚	4-Nitrophenol	100-02-7	0.4	1.6
4	2,4,6-三硝基酚	2,4,6-Trinitrophenol	88-89-1	0.5	2.0

干扰和消除

（1）当样品中存在基质干扰时，可通过优化色谱条件、稀释样品减少进体积以及对样品进行预处理等方式降低或消除。

（2）当样品中存在同分异构体干扰测定时，可通过改变色谱条件提高分离度或选择不同的二级质谱子离子消除干扰。

（3）当样品中共存有机物干扰测定时，可用正己烷-二氯甲烷混合溶液萃取去除部分干扰，取水相进行分析。

10. 2-氯-5-氯甲基吡啶、吡啶

方法一：水质　吡啶的测定　气相色谱法 GB/T 14672-93

适用范围　本标准规定了测定废水中吡啶的气相色谱法。本方法适用于工业废水中吡啶的测定，采用顶空注射气相色谱分析法。

方法原理　本方法采用顶空注射气相色谱分析方法。将一定体积含有吡啶的工业废水放置在具有一定容量的密闭容器中，液面留有适当空间。将此容器恒温加热 30 min 后，使水中的吡啶进入空间，待气液两相达到平衡，取液上空间气体注入附有氢火焰离子化检测器的气相色谱仪测定。

检出限　本方法的检测范围为 0.49~4.9 mg/L。最低检出浓度为 0.031 mg/L，最小检测量为 $6.2×10^{-8}$ g。

干扰和消除　暂不明确。

方法二：水质　吡啶的测定　顶空　气相色谱法 HJ 1072-2019

适用范围　本方法适用于地表水、地下水、生活污水和工业废水中吡啶的测定。

方法原理　将样品置于密封的顶空瓶中，在一定条件下，顶空瓶内样品中的吡啶向液上空间挥发，产生蒸气压，在气液两相中达到热力学动态平衡。取部分气相样品用气相色谱分离，氢火焰离子化检测器检测。根据保留时间定性，标准曲线外标法定量。

检出限　当取样体积为 10.0 mL 时，方法检出限为 0.03 mg/L，测定下限为 0.12 mg/L。

干扰和消除　暂不明确。

11. 二甲基甲酰胺（DMF）

方法：工作场所空气有毒物质测定　酰胺类化合物 GBZ/T 160.62-2004

适用范围　本方法适用于工作场所空气中酰胺类化合物浓度的测定。

方法原理　空气中的二甲基甲酰胺和二甲基乙酰胺用多孔玻板吸收管采集，直接进样；丙烯酰胺用冲击式吸收管采集，经溴化反应生成 α,β-二溴丙酰胺，用乙酸乙酯提取后进样，经色谱柱分离，检测器检测，以保留时间定性，峰高或峰面积定量。

检出限　本方法的检出限：二甲基甲酰胺为 5 μg／mL，二甲基乙酰胺为 10 μg／mL，丙烯酰胺为 7.5×10^{-3} μg／mL；最低检出浓度：二甲基甲酰胺为 3.3 mg／m³，二甲基乙酰胺为 6.6 mg／m³（以采集 15 L 空气样品计），丙烯酰胺为 8.3×10^{-4} mg／m³（以采集 45 L 空气样品计）。测定范围：二甲基甲酰胺为 5～100 μg／mL，二甲基乙酰胺为 10～100 μg／mL，丙烯酰胺为 7.5×10^{-3}～2 μg／mL。相对标准偏差为 3.4%～4.7%。

干扰和消除　暂不明确。

12. 苯胺类

方法一：水质　苯胺类的测定　N－（1－萘基）乙二胺偶氮分光光度法　GB 11889－89

适用范围　本标准规定了测定水中苯胺类化合物的 N－（1－萘基）乙二胺重氮偶合比色法。本方法适用于地面水、染料、制药等废水中芳香族伯胺类化合物的测定。

方法原理　苯胺类化合物在酸性条件下（pH 为 1.5～2.0）与亚硝酸盐重氮化，再与 N－（1－萘基）乙二胺盐酸盐偶合，生成紫红色染料，进行分光光度法测定，测量波长为 545 nm。

检出限　试料体积为 25 mL，使用光程为 10 mm 的比色皿，本方法的最低检出浓度为含苯胺 0.03 mg／L，测定上限浓度为 1.6 mg／L。

干扰和消除　在酸性条件下测定，苯酚含量高于 200 mg／L 时，对本方法有正干扰。可用脱色或颜色补偿法去除样品色度干扰。

（1）脱色

污染严重或颜色深的水样，可取水样于比色管中，用硫酸氢钾或无水碳酸钠调节 pH 为 1.5～2.0，加水样体积一半的聚己内酰胺粉末，加塞摇 1～2 min，放置后再摇几次，用中速滤纸过滤，取滤液进行测定。

（2）颜色补偿法

对于颜色较浅（或深色时取少量）的水样采用过滤后不加 N－（1－萘基）乙二胺溶液，其余则加入与测定时间相同体积的试剂，以此溶液作参比，消除试料原有色度的影响。

方法二：水质　氰化物等的测定　真空检测管-电子比色法　HJ 659－2013

适用范围　见 2.2.2　1. 总氰化物　方法二。

方法原理　将封存有反应试剂的真空玻璃检测管在水样中折断，样品自动定量吸入管中，样品中的待测物与反应试剂快速定量反应生成有色化合物，其色度值与待测物含量成正比。将化学显色反应的色度信号与待测物浓度间对应的函数关系存储于电子比色计中，测定后直接读出水样中待测物的含量。

苯胺在酸性条件与亚硝酸盐反应生成重氮盐，重氮盐又与苯胺作用发生耦合反应生成红色染料，该红色染料的色度值与苯胺的浓度呈一定的线性关系。

检出限 0.1 mg/L。

干扰和消除

（1）水中悬浮物质或藻类等会对测定产生干扰，可以通过过滤或沉淀消除干扰；在测定范围允许的情况下，也可通过稀释的方法消除干扰。

（2）通过加标回收试验结果判断色度是否产生干扰。当水样的色度对测定产生干扰时，在测定范围允许的情况下，可通过稀释消除干扰。

（3）酚含量≤100 mg/L，甲醇、乙醇、丙酮≤5 000 mg/L 时，对此反应无干扰。

方法三：水质 苯胺类化合物的测定 气相色谱-质谱法 HJ 822 - 2017

适用范围 本标准规定了 19 种苯胺类化合物的气相色谱-质谱测定方法。本方法适用于地表水、地下水、海水、生活污水和工业废水中苯胺类化合物的测定。19 种苯胺类化合物包括苯胺、2－氯苯胺、3－氯苯胺、4－氯苯胺、4－溴苯胺、2－硝基苯胺、2,4,6－三氯苯胺、3,4－二氯苯胺、3－硝基苯胺、2,4,5－三氯苯胺、4－氯－2－硝基苯胺、4－硝基苯胺、2－氯－4－硝基苯胺、2,6－二氯－4－硝基苯胺、2－溴－6－氯－4－硝基苯胺、2－氯－4,6－二硝基苯胺、2,6－二溴－4－硝基苯胺、2,4－二硝基苯胺、2－溴－4,6－二硝基苯胺。经验证后，其他苯胺类化合物也可用本方法。

方法原理 水样中苯胺类化合物在 pH≥11 条件下以二氯甲烷萃取，萃取液经脱水、浓缩、净化后，用气相色谱/质谱仪测定。依据目标化合物的保留时间和标准质谱图或特征离子定性，用内标法定量。

检出限 当取样量为 1 000 mL、浓缩体积为 1.0 mL 时，方法检出限为 0.05~0.09 μg/L，测定下限为 0.20~0.36 μg/L，详见表 2－13。

表 2－13 苯胺类方法检出限和测定下限

序号	化 合 物	检出限/（μg/L）	测定下限/（μg/L）
1	苯胺－d₅	替代物	替代物
2	苯胺	0.057	0.23

序 号	化 合 物	检出限/(μg/L)	测定下限/(μg/L)
3	1,2-二氯苯-d₄	内标 1	内标 1
4	2-氯苯胺	0.065	0.26
5	3-氯苯胺	0.057	0.23
6	4-氯苯胺	0.057	0.23
7	4-溴苯胺	0.056	0.22
8	2-硝基苯胺	0.056	0.22
9	2,4,6-三氯苯胺	0.066	0.26
10	3,4-二氯苯胺	0.062	0.25
11	3-硝基苯胺	0.046	0.18
12	2,4,5-三氯苯胺	0.063	0.25
13	4-氯-2-硝基苯胺	0.067	0.27
14	4-硝基苯胺	0.075	0.30
15	2-氯-4-硝基苯胺	0.052	0.21
16	2,6-二氯-4-硝基苯胺	0.054	0.22
17	菲-d₁₀	内标 2	内标 2
18	2-溴-6-氯-4-硝基苯胺	0.047	0.19
19	2-氯-4,6-二硝基苯胺	0.083	0.33
20	2,6-二溴-4-硝基苯胺	0.061	0.24
21	2,4-二硝基苯胺	0.045	0.18
22	2-溴-4,6-二硝基苯胺	0.054	0.22

方法四：水质 17 种苯胺类化合物的测定 液相色谱-三重四极杆质谱法 HJ 1048-2019

适用范围 本方法适用于地表水、地下水、生活污水和工业废水中邻苯二胺、苯胺、联苯胺、对甲苯胺、邻甲氧基苯胺、邻甲苯胺、4-硝基苯胺、2,4-二甲基苯胺、3-硝基苯胺、4-氯苯胺、2-硝基苯胺、3-氯苯胺、2-萘胺、2,6-二甲基苯胺、2-甲基-6-乙基苯胺、3,3′-二氯联苯胺和2,6-二乙基苯胺等17

种苯胺类化合物的测定。

方法原理 样品经过滤后直接进样或经阳离子交换固相萃取柱富集和净化后进样，用液相色谱−三重四极杆质谱分离检测苯胺类化合物。根据保留时间和特征离子定性，内标法定量。

检出限 当采用直接进样法，进样体积为 10 μL 时，17 种苯胺类化合物的方法检出限为 0.1~3 μg/L，测定下限为 0.4~12 μg/L；当采用固相萃取法，取样体积为 100 mL（富集 50 倍），进样体积为 10 μL 时，16 种苯胺类化合物的方法检出限为 0.007~0.1 μg/L，测定下限为 0.028~0.4 μg/L，详见表 2−14。

表 2−14 苯胺类化合物方法检出限和测定下限

| 序号 | 化合物名称 | 英文名称 | CAS 号 | 直接进样法 | | 固相萃取法 | |
				检出限/(μg/L)	测定下限/(μg/L)	检出限/(μg/L)	测定下限/(μg/L)
1	邻苯二胺	o-Phenylenediamine	95−54−5	0.2	0.8	—	—
2	苯胺	Aniline	62−53−3	0.2	0.8	0.02	0.08
3	联苯胺	Benzidine	92−87−5	0.2	0.8	0.007	0.028
4	对甲苯胺	p-Toluidine	106−49−0	0.2	0.8	0.01	0.04
5	邻甲氧基苯胺	o-Anisidine	90−04−0	0.2	0.8	0.007	0.028
6	邻甲苯胺	o-Toluidine	95−53−4	0.1	0.4	0.007	0.028
7	4−硝基苯胺	4-Nitroaniline	100−01−6	0.2	0.8	0.007	0.028
8	2,4−二甲基苯胺	2,4-Dimethylaniline	95−68−1	0.2	0.8	0.007	0.028
9	3−硝基苯胺	3-Nitroaniline	1999/9/2	2	8	0.1	0.4
10	4−氯苯胺	4-Chloroaniline	106−47−8	0.2	0.8	0.01	0.04
11	2−硝基苯胺	2-Nitroaniline	88−74−4	3	12	0.1	0.4
12	3−氯苯胺	3-Chloroaniline	108−42−9	0.2	0.8	0.01	0.04
13	2−萘胺	2-Aminonaphthalene	91−59−8	0.1	0.4	0.007	0.028
14	2,6−二甲基苯胺	2,6-Dimethylaniline	87−62−7	0.2	0.8	0.01	0.04

续　表

序号	化合物名称	英 文 名 称	CAS 号	直接进样法		固相萃取法	
				检出限/(μg/L)	测定下限/(μg/L)	检出限/(μg/L)	测定下限/(μg/L)
15	2-甲基-6-乙基苯胺	2-Methyl-6-ethylaniline	24549-06-2	0.2	0.8	0.008	0.032
16	3,3'-二氯联苯胺	3,3'-Dichlorobenzidine	91-94-1	0.3	1.2	0.007	0.028
17	2,6-二乙基苯胺	2,6-Diethylaniline	579-66-8	0.1	0.4	0.01	0.04

干扰和消除

（1）当样品中存在基质干扰时，可通过优化色谱条件、稀释样品、减少进样体积以及对样品进行预处理等方式降低或消除。采用固相萃取法时，还可以通过减少取样体积或增加试样的稀释倍数降低基质干扰。

（2）当样品中存在同分异构体干扰测定时，可通过改变色谱条件提高分离度或选择不同的二级质谱子离子消除干扰。

（3）当样品中存在余氯等氧化性物质时，可在样品采集和保存时加入硫代硫酸钠消除干扰。

13. 苯并[a]芘、多环芳烃

方法一：水质　苯并[a]芘的测定　乙酰化滤纸层析荧光分光光度法　GB 11895-89

适用范围　本标准规定了测定水质中苯并[a]芘的方法。本方法适用于饮用水、地面水、生活污水、工业废水。

方法原理　水中多环芳烃及环己烷可溶物经环己烷萃取（水样必须充分摇匀），萃取液用无水硫酸钠脱水、浓缩，而后经乙酰化滤纸分离。分离后的B(a)P用荧光分光光度计测定。

检出限　最低检出浓度为 0.004 μg/L。

干扰和消除　暂不明确。

方法二：水质　多环芳烃的测定　液液萃取和固相萃取高效液相色谱法　HJ 478-2009

适用范围 本标准规定了测定水中十六种多环芳烃的液液萃取和固相萃取高效液相色谱法。本方法适用于饮用水、地下水、地表水、海水、工业废水及生活污水中 16 种多环芳烃的测定。16 种多环芳烃（PAHs）包括：萘、苊、二氢苊、芴、菲、蒽、荧蒽、芘、苯并[a]蒽、䓛、苯并[a]荧蒽、苯并[k]荧蒽、苯并[a]芘、茚并[1,2,3-cd]芘、二苯并[a,h]蒽、苯并[ghi]苝。液液萃取法适用于饮用水、地下水、地表水、工业废水和生活污水中多环芳烃的测定。固相萃取法适用于清洁水样中多环芳烃的测定。

方法原理

（1）液液萃取法

用正己烷或二氯甲烷萃取水中多环芳烃（PAHs），萃取液经硅胶或弗罗里硅土柱净化，用二氯甲烷和正己烷的混合溶剂洗脱，洗脱液浓缩后，用具有荧光/紫外检测器的高效液相色谱仪分离检测。

（2）固相萃取法

采用固相萃取技术富集水中多环芳烃（PAHs），用二氯甲烷洗脱，洗脱液浓缩后，用具有荧光/紫外检测器的高效液相色谱仪分离检测。

检出限

（1）液液萃取法：当萃取样品体积为 1 L 时，方法的检出限为 0.002～0.016 μg/L，测定下限为 0.008～0.064 μg/L。萃取样品体积为 2 L，浓缩样品至 0.1 mL，苯并[a]芘的检出限为 0.0004 μg/L，测定下限为 0.0016 μg/L。

（2）固相萃取法：当富集样品的体积为 10 L 时，方法的检出限为 0.0004～0.0016 μg/L，测定下限为 0.0016～0.0064 μg/L，详见表 2-15 和表 2-16。

表 2-15 液液萃取法的检出限和测定下限

序号	组 分 名 称	检出限/（μg/L）		测定下限/（μg/L）	
		荧光检测器	紫外检测器	荧光检测器	紫外检测器
1	萘	0.011	0.012	0.044	0.048
2	苊	—	0.005	—	0.020
3	芴	0.004	0.013	0.016	0.052
4	二氢苊	0.006	0.008	0.024	0.032
5	菲	0.012	0.012	0.048	0.048

序号	组 分 名 称	检出限/（μg/L）		测定下限/（μg/L）	
		荧光检测器	紫外检测器	荧光检测器	紫外检测器
6	蒽	0.005	0.004	0.020	0.016
7	荧蒽	0.002	0.005	0.008	0.020
8	芘	0.003	0.016	0.012	0.064
9	䓛	0.008	0.005	0.032	0.020
10	苯并[a]蒽	0.007	0.012	0.028	0.048
11	苯并[b]荧蒽	0.003	0.004	0.012	0.016
12	苯并[k]荧蒽	0.004	0.004	0.016	0.016
13	苯并[a]芘	0.004	0.004	0.016	0.016
14	二苯并[a,h]蒽	0.003	0.003	0.012	0.012
15	苯并[ghi]苝	0.004	0.005	0.016	0.020
16	茚并[1,2,3-cd]芘	0.003	0.005	0.012	0.020

注："—"表示荧光检测器不适用于苝的测定。

表 2-16　固相萃取法的检出限和测定下限

序号	组 分 名 称	检出限/（μg/L）		测定下限/（μg/L）	
		荧光检测器	紫外检测器	荧光检测器	紫外检测器
1	萘	0.001 5	0.001 6	0.006	0.006 4
2	二氢苊	—	0.000 8	—	0.003 2
3	苊	0.001 1	0.000 5	0.004 4	0.002 0
4	芴	0.000 5	0.000 9	0.002	0.003 6
5	菲	0.000 8	0.000 7	0.003 2	0.002 8
6	蒽	0.001 3	0.001 4	0.005 2	0.005 6
7	荧蒽	0.001 1	0.001 0	0.004 4	0.004 0
8	芘	0.000 7	0.001 3	0.002 8	0.005 2
9	䓛	0.001 0	0.000 6	0.004 0	0.002 4
10	苯并[a]蒽	0.000 8	0.001 6	0.003 2	0.006 4

续　表

序号	组 分 名 称	检出限/（μg/L）		测定下限/（μg/L）	
		荧光检测器	紫外检测器	荧光检测器	紫外检测器
11	苯并[b]荧蒽	0.000 8	0.000 8	0.003 2	0.003 2
12	苯并[k]荧蒽	0.001 3	0.001 4	0.005 2	0.006 4
13	苯并[a]芘	0.000 4	0.000 4	0.001 6	0.001 6
14	二苯并[a,h]蒽	0.000 4	0.000 5	0.001 6	0.002 0
15	苯并[ghi]芘	0.000 8	0.001 1	0.003 2	0.004 4
16	茚并[1,2,3-cd]芘	0.000 5	0.001 1	0.002 0	0.004 4

注："—"表示荧光检测器不适用于二氢苊的测定。

干扰和消除　暂不明确。

14. 吡虫啉

方法：废水中吡虫啉农药的测定　液相色谱法 GB 21523－2008 附录 A

适用范围　本方法适用于工业废水中吡虫啉的测定。

方法原理　吡虫啉的测定采用液相色谱分析法。液相色谱分离系统由两相——固定相和流动相组成。固定相可以是吸附剂、化学键合固定相（或在惰性载体表面涂上一层液膜）、离子交换树脂或多孔性凝胶；流动相是各种溶剂。被分离混合物由流动相液体推动进入色谱柱，根据各组分在固定相及流动相中的吸附能力、分配系数、离子交换作用或分子尺寸大小的差异进行分离。分离后的组分依次流入检测器的流通池，检测器把各组分浓度转变成电信号，经过放大，用记录器记录下来就得到色谱图。色谱图是定性、定量分析的依据。

取一定体积含吡虫啉的废水，用微孔过滤器过滤，以甲醇-水溶液为流动相，以 5 μm C_{18} 填料为固定相的色谱柱和紫外检测器，对废水中的吡虫啉进行液相色谱分离和测定。

检出限　仪器最小检出量（以 S/N=3 计）为 $5.0×10^{-10}$ g，方法最低测定质量浓度为 0.1 mg/L。

干扰和消除　暂不明确。

15. 百草枯离子

方法：废水中百草枯离子的测定　液相色谱法 GB 21523－2008 附录 E

适用范围　本方法适用于工业废水和地面水中百草枯离子的测定。

方法原理　百草枯离子的测定采用液相色谱分析法。液相色谱分离系统由两相——固定相和流动相组成。固定相可以是吸附剂、化学键合固定相（或在惰性载体表面涂上一层液膜）、离子交换树脂或多孔性凝胶；流动相是各种溶剂。被分离混合物由流动相液体推动进入色谱柱，根据各组分在固定相及流动相中的吸附能力、分配系数、离子交换作用或分子尺寸大小的差异进行分离。分离后的组分依次流入检测器的流通池，检测器把各组分浓度转变成电信号，经过放大，用记录器记录下来就得到色谱图。色谱图是定性、定量分析的依据。

取一定体积含有百草枯离子的废水，用针头过滤器过滤，以辛磺酸钠-乙腈-缓冲溶液为流动相，在以 Spherisorb Pheny、5 μm 为填料的色谱柱和紫外可变波长检测器，对废水中的百草枯离子进行液相色谱分离和测定。

检出限　仪器最小检出量（以 S／N＝3 计）为 10^{-12} g，方法最低测定质量浓度为 10 μg／L。

干扰和消除　暂不明确。

16. 丙烯腈

方法一：水质　丙烯腈和丙烯醛的测定　吹扫捕集／气相色谱法　HJ 806 – 2016

适用范围　本标准规定了测定水中丙烯腈和丙烯醛的吹扫捕集／气相色谱法。本方法适用于地表水、地下水、海水、工业废水和生活污水中丙烯腈和丙烯醛的测定。

方法原理　样品中的目标化合物经高纯氮气（或其他惰性气体）吹扫后吸附于捕集管中，迅速加热捕集管并以高纯氮气（或其他惰性气体）反吹，被热脱附出来的组分经气相色谱柱分离后，用氢火焰离子化检测器检测。以保留时间定性，色谱峰面积（峰高）定量。

检出限　当取样体积为 5 mL 时，丙烯腈和丙烯醛的检出限均为 0.003 mg／L，测定下限均为 0.012 mg／L。

干扰和消除　在优化后的色谱和吹扫条件下未见明显的干扰物质，若对定性结果有疑问，可采用 GC／MS 或双柱定性。辅助定性的柱特征和色谱参考条件见方法附录 A。

方法二：水质　丙烯腈的测定　气相色谱法　HJ／T 73 – 2001

适用范围　本标准规定了测定废水中丙烯腈的直接进样气相色谱法。本方法适用于废水中丙烯腈的测定。

检出限 本方法最低检出限为 0.6 mg/L。

干扰和消除 可采用另外极性不同的色谱柱进行分离鉴定可能存在的干扰。

17. 丙烯醛

方法： 水质 丙烯腈和丙烯醛的测定 吹扫捕集/气相色谱法 HJ 806－2016

见 2.2.5 16.丙烯腈 方法一。

18. 丙烯酰胺

方法： 水质 丙烯酰胺的测定 气相色谱法 HJ 697－2014

适用范围 本标准规定了测定水中丙烯酰胺的气相色谱法。本方法适用于地表水、地下水、工业废水和生活污水中丙烯酰胺的测定。

方法原理 在 pH 为 1~2 条件下，丙烯酰胺与新生溴发生加成反应，生成 α,β-二溴丙酰胺。用乙酸乙酯萃取 α,β-二溴丙酰胺，萃取液经无水硫酸钠干燥、浓缩、定容后，用带有电子捕获检测器的气相色谱仪进行分离和检测，根据保留时间定性，外标法定量。

检出限 当样品量为 100 mL 时，本标准的方法检出限为 0.07 μg/L，测定下限为 0.28 μg/L。

干扰和消除 电子捕获器由于其高灵敏度，易因杂质峰较多而产生干扰，当目标化合物有检出时，应用色谱柱 2 辅助定性确认以消除干扰。

19. 滴滴涕、六六六

方法一： 水质 六六六、滴滴涕的测定 气相色谱法 GB 7492－87

适用范围 本方法适用于地面水、地下水以及部分污水中六六六、滴滴涕的分析。

方法原理 本方法用石油醚萃取水中六六六、滴滴涕，净化后用带电子捕获检测器气相色谱仪测定。

检出限 当所用仪器不同时，方法的检出范围不同。γ-六六六通常检测至 4 ng/L，滴滴涕可检测至 200 ng/L。

干扰和消除 样品中的有机磷农药、不饱和烃以及邻苯二甲酸酯等有机化合物在电子捕获检测器上也有响应，这些干扰物质可用浓硫酸除掉。

方法二： 水质 有机氯农药和氯苯类化合物的测定 气相色谱-质谱法 HJ 699－2014

适用范围 本标准规定了测定水中有机氯农药和氯苯类化合物的液液萃取或固相萃取/气相色谱-质谱法。本方法适用于地表水、地下水、生活污水、工业废水和海水中有机氯农药和氯苯类化合物的测定。

方法原理 采用液液萃取或固相萃取方法，萃取样品中有机氯农药和氯苯类化合物，萃取液经脱水、浓缩、净化、定容后经气相色谱质谱仪分离、检测。根据保留时间、碎片离子质荷比及不同离子丰度比定性，内标法定量。

检出限 详见表 2－17，本方法六六六、滴滴涕的检出限不能满足《地下水质量标准》（GB/T 14848－93）的限值要求，可以通过增加采样体积的方法满足限制要求。

表 2－17 六六六、滴滴涕的检出限和测定下限

序号	目标化合物	液液萃取（取样量为 100 mL）		固相萃取（取样量为 200 mL）	
		方法检出限 /（μg/L）	测定下限 /（μg/L）	方法检出限 /（μg/L）	测定下限 /（μg/L）
1	1,3,5－三氯苯	0.037	0.15	0.030	0.12
2	1,2,4－三氯苯	0.038	0.16	0.027	0.11
3	1,2,3－三氯苯	0.046	0.19	0.028	0.12
4	1,2,4,5－四氯苯	0.038	0.16	0.021	0.084
5	1,2,3,5－四氯苯	0.038	0.16	0.024	0.096
6	1,2,3,4－四氯苯	0.038	0.16	0.025	0.10
7	五氯苯	0.043	0.18	0.030	0.12
8	六氯苯	0.043	0.18	0.026	0.11
9	甲体六六六	0.056	0.23	0.025	0.10
10	五氯硝基苯	0.036	0.15	0.021	0.084
11	丙体六六六	0.025	0.10	0.022	0.088
12	乙体六六六	0.037	0.15	0.034	0.14
13	七氯	0.042	0.17	0.031	0.13
14	丁体六六六	0.060	0.24	0.033	0.14
15	艾氏剂	0.035	0.14	0.069	0.28
16	三氯杀螨醇	0.031	0.13	0.025	0.10
17	外环氧七氯	0.053	0.22	0.031	0.13

序号	目标化合物	液液萃取（取样量为 100 mL）		固相萃取（取样量为 200 mL）	
		方法检出限/（μg/L）	测定下限/（μg/L）	方法检出限/（μg/L）	测定下限/（μg/L）
18	环氧七氯	0.040	0.16	0.026	0.11
19	γ-氯丹	0.044	0.18	0.032	0.13
20	o,p′-DDE	0.046	0.19	0.027	0.11
21	α-氯丹	0.055	0.22	0.027	0.11
22	硫丹Ⅰ	0.032	0.163	0.033	0.14
23	p,p′-DDE	0.036	0.15	0.027	0.11
24	狄氏剂	0.043	0.18	0.027	0.11
25	o,p-DDD	0.038	0.16	0.025	0.10
26	异狄氏剂	0.046	0.19	0.026	0.23
27	p,p′-DDD	0.048	0.20	0.028	0.12
28	o,p′-DDT	0.031	0.13	0.031	0.13
29	硫丹Ⅱ	0.044	0.18	0.037	0.15
30	p,p′-DDT	0.043	0.18	0.032	0.13
31	异狄氏剂醛	0.051	0.16	0.029	0.12
32	硫丹硫酸酯	0.043	0.18	0.024	0.10
33	甲氧滴滴涕	0.039	0.16	0.065	0.26
34	异狄氏剂酮	0.046	0.19	0.031	0.13

干扰和消除　暂不明确。

20. 对硫磷、甲基对硫磷、乐果、马拉硫磷、有机磷农药（以 P 计）、有机磷农药总量

方法：水质　有机磷农药的测定　气相色谱法　GB 13192-91

适用范围　本方法适用于地面水、地下水及工业废水中甲基对硫磷、对硫磷、马拉硫磷、乐果、敌敌畏、敌百虫的测定。

方法原理　本方法用三氯甲烷萃取水中上述农药，用带有火焰光度检测器的

气相色谱仪测定。在测定敌百虫时，由于极性大、水溶性强，用三氯甲烷萃取时提取率为零，故采用将敌百虫转化为敌敌畏后再行测定的间接测定法。

检出限　本方法对甲基对硫磷、对硫磷、马拉硫磷、乐果、敌敌畏、敌百虫的检出限为 $10^{-10} \sim 10^{-9}$ g，测定下限通常为 $10^{-5} \sim 5 \times 10^{-4}$ mg/L。当所用仪器不同时，方法的检出范围有所不同。详见表 2 - 18。

表 2 - 18　各组分检出限及测定下限

农　　药	检出限/（g）	测定下限/（mg/L）
敌敌畏	4.0×10^{-10}	6.0×10^{-5}
敌百虫	3.4×10^{-10}	5.1×10^{-5}
乐果	3.8×10^{-9}	5.7×10^{-4}
甲基对硫磷	2.8×10^{-9}	4.2×10^{-4}
马拉硫磷	4.3×10^{-9}	6.4×10^{-4}
对硫磷	3.6×10^{-9}	5.4×10^{-4}

干扰和消除　暂不明确。

21. 对氯苯酚

方法：废水中对氯苯酚的测定　液相色谱法　GB 21523 - 2008 附录 H

适用范围　本方法适用于工业废水和地表水中对氯苯酚的测定。

方法原理　对氯苯酚的测定采用液相色谱分析法。液相色谱分离系统由两相——固定相和流动相组成。固定相可以是吸附剂、化学键合固定相（或在惰性载体表面涂上一层液膜）、离子交换树脂或多孔性凝胶；流动相是各种溶剂。被分离混合物由流动相液体推动进入色谱柱，根据各组分在固定相及流动相中的吸附能力、分配系数、离子交换作用或分子尺寸大小的差异进行分离。分离后的组分依次流入检测器的流通池，检测器把各组分质量浓度转变成电信号，经过放大，用记录器记录下来就得到色谱图。色谱图是定性、定量分析的依据。

含对氯苯酚的水样经 $0.45~\mu m$ 膜过滤后，直接进液相色谱（C_{18} 反相柱，紫外检测器）测定。

检出限　仪器最小检出量（以 S/N = 3 计）为 2.0×10^{-10} g，方法最低测定质量浓度为 0.01 mg/L。

干扰和消除　暂不明确。

22. 2,4-二硝基氯苯、4-硝基氯苯（对-硝基氯苯）、硝基苯类、总硝基化合物

方法一：水质　硝基苯类化合物的测定　气相色谱法　HJ 592-2010

适用范围　本方法适用于工业废水和生活污水中硝基苯类化合物的测定。

方法原理　用二氯甲烷萃取水中的硝基苯类化合物，萃取液经脱水和浓缩后，用气相色谱氢火焰离子化检测器进行测定。

2,4,6-三硝基苯甲酸水溶性强，在加热时脱羧基转化为1,3,5-三硝基苯。因此，将二氯甲烷萃取后的水相进行加热，再用二氯甲烷萃取单独测定2,4,6-三硝基苯甲酸。

检出限　当样品体积为500 mL时，本方法的检出限、测定下限和测定上限见表2-19。

表2-19　硝基苯类化合物方法检出限、测定下限和测定上限

化 合 物 名 称	检出限/(mg/L)	测定下限/(mg/L)	测定上限/(mg/L)
硝基苯	0.002	0.008	2.8
邻-硝基甲苯	0.002	0.008	2.4
间-硝基甲苯	0.002	0.008	2.4
对-硝基甲苯	0.002	0.008	2.0
2,4-二硝基甲苯	0.002	0.008	2.8
2,6-二硝基甲苯	0.002	0.008	2.0
2,4,6-三硝基甲苯	0.003	0.012	2.0
1,3,5-三硝基苯	0.003	0.012	2.4
2,4,6-三硝基苯甲酸	0.003	0.012	2.0

干扰和消除　暂不明确。

方法二：水质　硝基苯类化合物的测定　液液萃取/固相萃取-气相色谱法　HJ 648-2013

适用范围　本标准规定了水中15种硝基苯类化合物的液液萃取/固相萃取-气相色谱测定方法。15种硝基苯类化合物包括硝基苯、对-硝基甲苯、间-硝基甲苯、邻-硝基甲苯、对-硝基氯苯、间-硝基氯苯、邻-硝基氯苯、对-二硝基苯、间-二硝基苯、邻-二硝基苯、2,4-二硝基甲苯、2,6-二硝基甲苯、3,4-二硝基

甲苯、2,4-二硝基氯苯、2,4,6-三硝基甲苯。本方法适用于地表水、地下水、工业废水、生活污水和海水中硝基苯类化合物的测定。

方法原理

（1）液液萃取：用一定量的甲苯萃取水中硝基苯类化合物，萃取液经脱水、净化后进行色谱分析。

（2）固相萃取：使用固相萃取柱或萃取盘吸附富集水中硝基苯类化合物，用正己烷/丙酮洗脱，洗脱液经脱水、定容后进行色谱分析。

萃取液注入气相色谱仪中，用石英毛细管柱将目标化合物分离，用电子捕获检测器测定，保留时间定性，外标法定量。

检出限　详见表 2-20。

表 2-20　各组分方法检出限和测定下限

序号	目标化合物	液液萃取法		固相萃取法	
		检出限 /(μg/L)	测定下限 /(μg/L)	检出限 /(μg/L)	测定下限 /(μg/L)
1	硝基苯	0.17	0.68	0.032	0.13
2	对-硝基甲苯	0.22	0.88	0.048	0.19
3	间-硝基甲苯	0.22	0.88	0.045	0.18
4	邻-硝基甲苯	0.20	0.80	0.045	0.18
5	对-硝基氯苯	0.019	0.076	0.003 2	0.013
6	间-硝基氯苯	0.017	0.068	0.003 6	0.014
7	邻-硝基氯苯	0.017	0.068	0.004 0	0.016
8	对-二硝基苯	0.024	0.096	0.005 3	0.021
9	间-二硝基苯	0.020	0.080	0.004 6	0.018
10	邻-二硝基苯	0.019	0.076	0.003 9	0.016
11	2,6-二硝基甲苯	0.017	0.068	0.003 7	0.015
12	2,4-二硝基甲苯	0.018	0.072	0.003 8	0.015
13	3,4-二硝基甲苯	0.018	0.072	0.003 4	0.014
14	2,4-二硝基氯苯	0.022	0.088	0.004 2	0.017
15	2,4,6-三硝基甲苯	0.021	0.078	0.004 1	0.016

干扰和消除

（1）水样中可能共存的有机氯农药（六六六、DDT）、卤代烃、氯苯等有机化合物在电子捕获检测器上虽有响应，在该方法中因保留时间的不同，对方法无明显干扰。

（2）水中可能共存其他含卤素或氮等在电子捕获检测器上有响应的有机物可能干扰测定，选择性差别较大的两种毛细柱分别分离测定，则可在很大程度上减小定性误差。

（3）对于背景干扰复杂的样品也可使用气相色谱-质谱法进行定性测定。

方法三：水质　硝基苯类化合物的测定　气相色谱-质谱法　HJ 716－2014

适用范围　本方法适用于地表水、地下水、工业废水、生活污水和海水中15种硝基苯类化合物的测定。

方法原理　采用液液萃取或固相萃取方法萃取样品中硝基苯类化合物，萃取液经脱水、浓缩、净化和定容后用气相色谱仪分离，质谱仪检测。根据保留时间和质谱图定性，内标法定量。

检出限　当取样量为 1 L 时，目标化合物的方法检出限为 0.04~0.05 μg/L，测定下限为 0.16~0.20 μg/L，详见表 2－21。

表 2－21　硝基苯类化合物方法检出限和测定下限

序号	目标化合物	化合物英文名称	液液萃取法		固相萃取法	
			检出限 /（μg/L）	测定下限 /（μg/L）	检出限 /（μg/L）	测定下限 /（μg/L）
1	硝基苯	Nitrobenzene	0.04	0.16	0.04	0.16
2	邻-硝基甲苯	2－Nitrotoluene	0.04	0.16	0.04	0.16
3	间-硝基甲苯	3－Nitrotoluene	0.04	0.16	0.04	0.16
4	对-硝基甲苯	4－Nitrotoluene	0.04	0.16	0.04	0.16
5	间-硝基氯苯	1－Chloro－3－nitrobenzene	0.05	0.20	0.04	0.16
6	对-硝基氯苯	1－Chloro－4－nitrobenzene	0.05	0.20	0.04	0.16
7	邻-硝基氯苯	1－Chloro－2－nitrobenzene	0.05	0.20	0.04	0.16

序号	目标化合物	化合物英文名称	液液萃取法		固相萃取法	
			检出限 /(μg/L)	测定下限 /(μg/L)	检出限 /(μg/L)	测定下限 /(μg/L)
8	对-二硝基苯	1,4 – Dinitrobenzene	0.05	0.20	0.05	0.20
9	间-二硝基苯	1,3 – Dinitrobenzene	0.05	0.20	0.05	0.20
10	邻-二硝基苯	1,2 – Dinitrobenzene	0.05	0.20	0.05	0.20
11	2,6-二硝基甲苯	2,6 – Dinitrotoluene	0.05	0.20	0.05	0.20
12	2,4-二硝基甲苯	2,4 – Dinitrotoluene	0.05	0.20	0.04	0.16
13	3,4-二硝基甲苯	3,4 – Dinitrotoluene	0.05	0.20	0.04	0.16
14	2,4-二硝基氯苯	1 – Chloro – 2,4 – dinitrobenzene	0.04	0.16	0.04	0.16
15	2,4,6-三硝基甲苯	2,4,6 – Trinitrotoluene	0.05	0.20	0.04	0.16

干扰和消除　高浓度样品与低浓度样品交替分析会造成干扰，当分析一个高浓度样品后应分析一个空白样品或试剂空白以防止交叉污染。如果前一个样品中含有的目标化合物在下一个样品中也出现，分析人员必须加以证明不是由残留造成的。

23. 多菌灵

方法： 废水中多菌灵的测定　气相色谱法　GB 21523 – 2008 附录 D

适用范围　本方法适用于工业废水和地表水中多菌灵的测定。

方法原理　多菌灵的测定采用气相色谱分析法。气相色谱分析法是以惰性气体作为流动相，利用试样中各组分在色谱柱中的气相和固定相间的分配系数不同进行分离。汽化后的试样被载气带入色谱柱中运行时，组分就在其中的两相间进行反复多次的分配（吸附—脱附—放出），由于固定相对各种组分的吸附能力不同（即保留作用不同），各组分在色谱柱中的运行速度就不同，经过一定的柱长后，便彼此分离，顺序进入检测器，产生的离子流信号经放大后，在记录器上形成各组分的色谱峰，根据色谱峰进行定性定量测定。

含有多菌灵的水样经有机溶剂提取、浓缩后，使用壁涂 DB – 5（5% 苯基甲基硅酮固定相）毛细管色谱柱和氮磷检测器，对水样中的多菌灵进行气相色谱分离和测定。

检出限 仪器最小检出量（以 $S/N=3$ 计）为 1.0×10^{-9} g，方法最低测定质量浓度为 0.01 mg/L。

干扰和消除 暂不明确。

24. 多氯联苯

方法： 水质 多氯联苯的测定 气相色谱-质谱法 HJ 715-2014

适用范围 本标准规定了测定水中 18 种多氯联苯的气相色谱-质谱法。本方法适用于地表水、地下水、工业废水和生活污水中 18 种多氯联苯的测定。

方法原理 采用液液萃取法或固相萃取法萃取样品中的多氯联苯，萃取液经脱水、浓缩、净化和定容后经气相色谱-质谱法分离和测定。根据保留时间、碎片离子质荷比及不同离子丰度比定性、内标法定量。

检出限 当取样量为 1 L 时，本方法的检出限为 1.4~2.2 ng/L，测定下限为 5.6~8.8 ng/L，详见表 2-22。

表 2-22 多氯联苯方法检出限和测定下限

物 质 名 称	IUPAC 编号	CAS 号	固相萃取法		液液萃取法	
			检出限/（ng/L）	测定下限/（ng/L）	检出限/（ng/L）	测定下限/（ng/L）
2,4,4′-三氯联苯	PCB28	7012-37-5	1.6	6.4	1.8	7.2
2,2′5,5′-四氯联苯	PCB52	35693-99-3	1.6	6.4	1.7	6.8
2,2′4,5,5′-五氯联苯	PCB101	37680-73-2	1.6	6.4	1.8	7.2
3,4,4′,5-四氯联苯	PCB81	70362-50-4	1.6	6.4	2.2	8.8
3,3′4,4′-四氯联苯	PCB77	32598-13-3	1.9	7.6	2.2	8.8
2′,3,4,4′,5-五氯联苯	PCB123	65510-44-3	1.6	6.4	2.0	8.0
2,3′,4,4′,5-五氯联苯	PCB118	31508-00-6	1.6	6.4	2.1	8.4
2,3,4,4′,5-五氯联苯	PCB114	74472-37-0	1.6	6.4	2.2	8.8
2,2′,3,4,4′,5′-六氯联苯	PCB138	35065-28-2	1.6	6.4	2.1	8.4
2,3,3′4,4′-五氯联苯	PCB105	32598-14-4	1.6	6.4	2.1	8.4
2,2′,4,4′,5,5′-六氯联苯	PCB153	35065-27-1	1.9	7.6	2.1	8.4

续　表

物　质　名　称	IUPAC 编号	CAS 号	固相萃取法		液液萃取法	
			检出限/（ng/L）	测定下限/（ng/L）	检出限/（ng/L）	测定下限/（ng/L）
3,3′,4,4′,5-五氯联苯	PCB126	57465-28-8	2.2	8.8	2.2	8.8
2,3′,4,4′,5,5′-六氯联苯	PCB167	52663-72-6	1.6	6.4	2.2	8.8
2,3,3′,4,4′,5-六氯联苯	PCB156	38380-08-4	1.9	7.6	1.4	5.6
2,3,3′,4,4′,6-六氯联苯	PCB157	69782-90-7	1.9	7.6	2.2	8.8
2,2′,3,4,4′,5,5′-七氯联苯	PCB180	35065-29-3	1.6	6.4	2.1	8.4
3,3′,4,4′,5,5′-六氯联苯	PCB169	32774-16-6	1.6	6.4	2.2	8.8
2,3,3′,4,4′,5,5′-七氯联苯	PCB189	39635-31-9	1.6	6.4	2.2	8.8

干扰和消除　样品中共存的其他多氯联苯同类物的色谱峰会对目标化合物产生干扰，可选用聚 50%正辛基/50%甲基硅氧烷色谱柱或其他等效色谱柱进行确认或选用更长的毛细管色谱柱。

25. 二噁英

方法：水质　二噁英类的测定　同位素稀释高分辨气相色谱-高分辨质谱法 HJ 77.1-2008

适用范围　本标准规定了采用同位素稀释高分辨气相色谱-高分辨质谱法对 2,3,7,8-氯代二噁英类、四氯-八氯取代的多氯代二苯并-对-二噁英和多氯代二苯并呋喃进行定性和定量分析的方法。本方法适用于原水、废水、饮用水与工业生产用水中二噁英类污染物的采样、样品处理及其定性和定量分析。

方法原理　本方法采用同位素稀释高分辨气相色谱-高分辨质谱法测定水质中的二噁英类，规定了水质中二噁英类的样品采集、样品处理及仪器分析等过程的标准操作程序以及整个分析过程的质量管理措施。采集样品后在水质样品中加入提取内标，利用玻璃纤维滤膜和固相萃取圆盘对水质样品中的二噁英类进行过滤与萃取，分别对玻璃纤维滤膜和固相萃取圆盘进行提取处理得到样品提取液，再经过净化、分离以及浓缩定容转化为最终分析样品，加入进样内标后使用高分辨气相色谱-高分辨质谱法（HRGC-HRMS）进行定性和定量分析。

检出限 方法检出限取决于所使用的分析仪器的灵敏度、样品中的二噁英类质量浓度以及干扰水平等多种因素。$2,3,7,8-T_4CDD$ 仪器检出限应低于 0.1 pg/L，当取样量为 10 L 时，本方法对 $2,3,7,8-T_4CDD$ 的最低检出限应低于 0.5 pg/L。

干扰和消除 对于可能含余氯的水样，加入适量的硫代硫酸钠除去余氯干扰。对于悬浮物较多、容易堵塞滤膜孔的水质样品，可先使用孔径大的玻璃纤维滤膜进行过滤，再用孔径约 0.45 μm 的玻璃纤维滤膜进行过滤。

26. 二硫化碳

方法： 水质 二硫化碳的测定 二乙胺乙酸铜分光光度法 GB/T 15504-1995

适用范围 本标准规定了测定工业废水中二硫化碳的二乙胺乙酸铜分光光度法。本方法适用于橡胶、化纤、化工原料等行业排放废水中二硫化碳的测定。

方法原理 在铜盐的存在下，二硫化碳与二乙胺作用，生成黄棕色的二乙氨基二硫代甲酸酮，在 430 nm 波长处分光光度计测定。

检出限 当取样 100 mL、采用 1 cm 比色皿时，测定范围为 0.045~1.46 mg/L。

干扰和消除 采用曝气法将二硫化碳从水样中分离出来，如水样中存在硫化氢，可用乙酸铅溶液吸收，除去干扰。

27. 二乙烯三胺

方法： 水质 二乙烯三胺的测定 水杨醛分光光度法 GB/T 14378-93

适用范围 本方法适用于地面水、航天工业废水中二乙烯三胺的测定。

方法原理 二乙烯三胺和水杨醛的碱性反应产物，在 pH 为 3.5 左右时可与硫酸钴产生化学反应，生成黄色化合物，颜色的深度与二乙烯三胺的含量成正比，用分光光度计在 390 nm 波长处测定。

检出限 测定范围：0.4~3.2 mg/L。

干扰和消除 水中存在偏二甲基肼、硝基甲烷、NH_4^+ 等干扰物，其浓度为二乙烯三胺浓度 5 倍以内时，干扰很小，可不计；水中存在二甲苯胺、三乙胺、NO_3^-、NO_2^- 等干扰物，其浓度为二乙烯三胺浓度 10 倍以内时，干扰很小，可不计；甲醛含量高于 0.8 mg/L 时，会产生负干扰。温度会对测定结果有影响，温度高时，测定值偏低。水样的二乙烯三胺含量应与标准曲线制作同时进行。

28. 氟虫腈

方法：废水中氟虫腈的测定　气相色谱法　GB 21523 - 2008 附录 I

适用范围　本方法适用于工业废水和地面水中氟虫腈的测定，适用质量浓度为 12～120 μg/L。

方法原理　氟虫腈的测定采用气相色谱分析法。气相色谱分析法是以惰性气体作为流动相，利用试样中各组分在色谱柱中的气相和固定相间的分配系数不同进行分离。汽化后的试样被载气带入色谱柱中运行时，组分就在其中的两相间进行反复多次的分配（吸附—脱附—放出），由于固定相对各种组分的吸附能力不同（即保留作用不同），各组分在色谱柱中的运行速度就不同，经过一定的柱长后，便彼此分离，顺序进入检测器，产生的离子流信号经放大后，在记录器上形成各组分的色谱峰，根据色谱峰进行定性定量测定。

含有氟虫腈的水样用正己烷萃取后，使用壁涂 5% 苯基聚硅氧烷的毛细管柱和电子捕获检测器（ECD），对水样中的氟虫腈进行气相色谱分离和测定。

检出限　仪器最小检出量（以 S/N = 3 计）为 5×10^{-13} g，方法最低测定质量浓度为 0.002 5 μg/L。

干扰和消除　暂不明确。

29. 环氧氯丙烷、六氯丁二烯、氯丁二烯

方法一：水质　挥发性有机物的测定　吹扫捕集/气相色谱-质谱法　HJ 639 - 2012

见 2.2.5　3. 1,1,1 -三氯乙烷方法。

方法二：水质　挥发性有机物的测定　吹扫捕集/气相色谱法　HJ 686 - 2014

见 2.2.5　5. 1,2 -二甲苯（邻二甲苯）、1,3 -二甲苯（间二甲苯）、1,4 -二甲苯（对二甲苯）方法二。

30. 甲醇

方法一：水质　甲醇和丙酮的测定　顶空/气相色谱法　HJ 895 - 2017

适用范围　本标准规定了测定地表水、地下水、工业废水、生活污水和海水中甲醇和丙酮的顶空/气相色谱法。

方法原理　在一定的温度条件下，顶空瓶内样品中挥发性组分向液上空间挥发，产生蒸气压，在气液两相达到热力学动态平衡后，气相中的挥发性有机物经气相色谱分离，用氢火焰离子化检测器进行检测。以色谱保留时间定性，外标法定量。

检出限 当取样体积为 10 mL 时，甲醇的方法检出限为 0.2 mg/L，测定下限为 0.8 mg/L；丙酮的方法检出限为 0.02 mg/L，测定下限为 0.08 mg/L。

干扰和消除 采用聚乙二醇固定相的色谱柱分离时，当样品中乙酸乙酯浓度高于 25 mg/L 时对甲醇产生干扰，乙酸甲酯会对丙酮产生干扰，可改用固定相为 6%氰丙基苯+94%二甲基硅氧烷的色谱柱分离，必要时采用气相色谱-质谱法进行定性确认。

方法二：水质　甲醇的测定　气相色谱法 DB 31/199-2009

适用范围 本方法适用于测定水和废水中的甲醇含量。

方法原理 本方法采用直接进水样方法，用氢火焰离子化检测器（FID）气相色谱法测定水和废水中的甲醇含量。以保留时间定性，峰高或峰面积外标法定量。

检出限 无。

干扰和消除 暂不明确。

31. 甲基对硫磷、有机磷农药总量

方法：水、土中有机磷农药测定的气相色谱法 GB/T 14552-2003

适用范围 本方法适用于地面水、地下水及土壤中有机磷农药的残留量分析。

方法原理 水、土样品中有机磷农药残留量采用有机溶剂提取，再经液液分配和凝结净化步骤除去干扰物，用气相色谱氮磷检测器（NPD）或火焰光度检测器（FPD）检测，根据色谱峰的保留时间定性，外标法定量。

检出限 方法的最小检测量和最小检测浓度见表 2-23。

表 2-23　各组分方法最小检测量和最小检测浓度

农　药　名　称	最小检测量/(g)	最小检测浓度 水/(mg/L)
速灭磷	$3.446\ 1\times10^{-12}$	$0.860\ 0\times10^{-4}$
甲拌磷	$3.873\ 6\times10^{-12}$	$0.960\ 0\times10^{-4}$
二嗪磷	$5.661\ 5\times10^{-12}$	$0.141\ 5\times10^{-3}$
异稻瘟净	$1.008\ 0\times10^{-11}$	$0.252\ 0\times10^{-3}$
甲基对硫磷	$7.573\ 3\times10^{-12}$	$0.189\ 3\times10^{-3}$

续　表

农 药 名 称	最小检测量/（g）	最小检测浓度 水/（mg/L）
杀螟硫磷	9.4857×10^{-12}	0.2372×10^{-3}
溴硫磷	1.1428×10^{-11}	0.2860×10^{-3}
水胺硫磷	2.2880×10^{-11}	0.5720×10^{-3}
稻丰散	1.7600×10^{-11}	0.4400×10^{-3}
杀扑磷	1.6948×10^{-11}	0.4240×10^{-3}

干扰和消除　暂不明确。

32. 甲醛

方法：水质　甲醛的测定　乙酰丙酮分光光度法　HJ 601 - 2011

适用范围　本方法适用于地表水、地下水和工业废水中甲醛的测定，不适用于印染废水。

方法原理　甲醛在过量铵盐存在下，与乙酰丙酮生成黄色的化合物，该有色物质在 414 nm 波长处有最大吸收。有色物质在 3 h 内吸光度基本不变。

检出限　当试样体积为 50 mL、比色皿光程为 10 mm 时，方法检出限为 0.05 mg/L，测定范围为 0.20~3.20 mg/L。

干扰和消除　水样中乙醛质量浓度小于 3 mg/L，丙醛、丁醛、丙烯醛等分别小于 5 mg/L 时不干扰测定。此外当甲醇为 20 mg/L、苯酚为 50 mg/L、游离氰为 1 mg/L 时未见干扰。

33. 肼、水合肼、一甲基肼

方法：水质　肼和甲基肼的测定　对二甲氨基苯甲醛分光光度法　HJ 674 - 2013

适用范围　本方法适用于水和工业废水中肼的测定。

方法原理　在酸性溶液条件下，肼与对二甲基苯甲醛作用，生成对二甲氨基苄连氮黄色化合物。在 458 nm 波长处测量吸光度，在一定浓度范围内其吸光度与肼的含量成正比。

检出限　按取水样 50 mL，采用 5 cm 吸收池计算，本方法检出限以肼计为 0.003 mg/L，定量测定范围为（0.012~0.240）mg/L。如采用 1 cm 吸收池，检出限为 0.015 mg/L，定量测定范围为（0.060~1.00）mg/L。水样中肼的浓度大于 1.00 mg/L 时，可稀释后测定。

干扰和消除

（1）氨基脲、硫脲、尿素分别为 20 mg/L、50 mg/L、200 mg/L 时干扰测定；甲基肼为肼含量 3 倍时有干扰。

（2）当水样中含有铬时，可向 10 mL 水样内加入 2 mL HCl，再加 0.4 mL 1% 碘化钾，摇匀，放置 10 min。

（3）水样中 NO_2^- 大于 1 mg/L 时对测定有负干扰。水样中 NO_2^- 浓度 1.0~4.5 mg/L 时，可向 10 mL 水样中加入 1.0 mL 氨基磺酸铵或氨基磺酸溶液，充分震荡使反应进行完全，以消除干扰。对于不同 NO_2^- 浓度，按以上比例调节氨基磺酸加入量。

34. 可吸附有机卤化物

方法一：水质　可吸附有机卤化物（AOX）的测定　微库仑法 GB/T 15959－1995

适用范围　本方法适用于测定饮用水、地下水、地面水、污水中有机卤化物（AOX）。

方法原理　水样经硝酸酸化，必要时须对水样进行吹脱，挥发性有机卤代物经燃烧热解直接测定。用活性炭吸附水样中有机化合物，再用硝酸钠溶液洗涤分离无机卤化物，将吸附有机物的炭在氧气流中燃烧热解，最后用微库仑法测定卤化氢的质量浓度。

检出限　测定范围为 10~400 μg/L。

干扰和消除

（1）为避免从水相中分离活性炭时可能形成的胶体干扰须加入助滤剂如硅藻土，使炭絮凝克服过滤的困难。

（2）当水样中含有活性氯时，AOX 的值会偏高；故采样后须立即加入亚硫酸钠。当水样中存在难溶解的无机氯化物，生物细胞（如微生物、藻类）等，样品需要先酸化，放置 8 h 后再分析。

（3）无机碘化物可以干扰吸附和检测，有机碘化物会导致非重现性的高结果，高浓度的无机溴化物也有干扰。

方法二：水质　可吸附有机卤化物（AOX）的测定　离子色谱法 HJ/T 83－2001

适用范围　本方法适用于测定水和污水中的可吸附有机卤化物（AOX），包括可吸附有机氯（AOCl）、有机氟（AOF）和有机溴（AOBr）。

方法原理　用活性炭吸附水中的有机卤化物，然后将吸附上有机物的活性炭放入高温炉中燃烧、分解、转化为卤化氢（氟、氯和溴的氢化物），经碱性水溶液吸收，用离子色谱法分离测定。

检出限　当取样体积为 50～200 mL 时，可测定水中可吸附有机氯（AOCl）的浓度范围为 15～600 μg/L，可吸附有机氟（AOF）的浓度范围为 5～300 μg/L，可吸附有机溴（AOBr）的浓度范围为 9～1 200 μg/L。

干扰和消除

（1）水中的无机卤素离子，在样品富集过程中，也能部分残留在活性炭上，干扰测定。用 20 mL 酸性硝酸钠洗涤液淋洗活性炭吸附柱，可完全去除其干扰。

（2）当水样中存在难溶的氯化物、生物细胞（如微生物、藻类）等时，使测定结果偏高，用硝酸调节 pH 为 1.5～2.0，放置 8 h 后分析。

（3）当水样中存在活性氯时，AOCl 的测定结果偏高，采样后立即在 100 mL 水样中加入 5 mL 亚硫酸钠溶液。

35. 邻苯二胺

方法：水质　苯胺类化合物的测定　N-（1-萘基）乙二胺偶氮分光光度法　GB 11889-89

见 2.2.5　12. 苯胺类　方法一。

36. 邻苯二甲酸二丁酯、邻苯二甲酸二辛酯

方法：水质　邻苯二甲酸二甲（二丁、二辛）酯的测定　液相色谱法　HJ/T 72-2001

适用范围　本方法适用于水和废水中邻苯二甲酸二甲酯、邻苯二甲酸二丁酯、邻苯二甲酸二辛酯的测定。

检出限　邻苯二甲酸二甲酯：0.1 μg/L；邻苯二甲酸二丁酯：0.1 μg/L；邻苯二甲酸二辛酯：0.2 μg/L。

干扰和消除　暂不明确。

37. 氯苯

方法一：水质　氯苯类化合物的测定　气相色谱法　HJ 621-2011

见 2.2.5　6. 1,2-二氯苯、1,4-二氯苯　方法一。

方法二：水质　挥发性有机物的测定　吹扫捕集/气相色谱-质谱法　HJ 639-

2012

见 2.2.5 3. 1,1,1-三氯乙烷方法。

方法三：水质 氯苯的测定 气相色谱法 HJ/T 74-2001

适用范围 本方法适用于地表水、地下水及废水中氯苯的测定。

方法原理 用二硫化碳萃取水中氯苯，萃取液直接或者经浓缩后注入附有氢火焰离子化检测器的气相色谱仪分析测定。

检出限 当水样为 100 mL 时，方法最低检出浓度为 0.01 mg/L。

干扰和消除 采用二硫化碳溶剂萃取水中氯苯进行气相测谱仪分析，苯系物、氯苯类化合物为常见的干扰物质。本方法可将苯系物、氯苯类化合物有效地分离，而不干扰氯苯的定量测定。

38. 氯乙烯

方法一：水质 挥发性有机物的测定 吹扫捕集/气相色谱-质谱法 HJ 639-2012

见 2.2.5 3. 1,1,1-三氯乙烷方法。

方法二：水质 挥发性有机物的测定 顶空/气相色谱-质谱法 HJ 810-2016

见 2.2.5 5. 1,2-二甲苯（邻二甲苯）、1,3-二甲苯（间二甲苯）、1,4-二甲苯（对二甲苯）方法三。

39. 咪唑烷

方法：废水中咪唑烷的测定 气相色谱法 GB 21523-2008 附录 B

适用范围 本方法可用于工业废水中咪唑烷含量的测定。

方法原理 咪唑烷的测定采用气相色谱分析法。气相色谱分析法是以惰性气体作为流动相，利用试样中各组分在色谱柱中的气相和固定相间的分配系数不同进行分离。汽化后的试样被载气带入色谱柱中运行时，组分就在其中的两相间进行反复多次的分配（吸附—脱附—放出），由于固定相对各种组分的吸附能力不同（即保留作用不同），各组分在色谱柱中的运行速度就不同，经过一定的柱长后，便彼此分离，顺序进入检测器，产生的离子流信号经放大后，在记录器上形成各组分的色谱峰，根据色谱峰进行定性定量测定。

取一定体积含咪唑烷的废水，经丙酮稀释、无水硫酸钠干燥，丙酮定容后，使用壁涂 DB-5（5% 苯基甲基硅酮固定相）毛细管色谱柱和氮磷检测器，对废水中的咪唑烷进行气相色谱分离和测定。

检出限 仪器最小检出量（以 S/N=3 计）$2.0×10^{-10}$ g，方法最低测定质量浓度 0.2 mg/L。

干扰和消除　暂不明确。

40. 三氯苯

方法一：水质　氯苯类化合物的测定　气相色谱法　HJ 621 - 2011

见 2.2.5　6. 1,2 -二氯苯、1,4 -二氯苯　方法一。

方法二：水质　挥发性有机物的测定　吹扫捕集/气相色谱-质谱法　HJ 639 - 2012

见 2.2.5　3. 1,1,1 -三氯乙烷方法。

方法三：水质　有机氯农药和氯苯类化合物的测定　气相色谱-质谱法　HJ 699 - 2014

见 2.2.5　19. 滴滴涕、六六六　方法二。

方法四：水质　挥发性有机物的测定　顶空/气相色谱-质谱法　HJ 810 - 2016

见 2.2.5　5. 1,2 -二甲苯（邻二甲苯）、1,3 -二甲苯（间二甲苯）、1,4 -二甲苯（对二甲苯）方法三。

41. 偏二甲基肼

方法：水质　偏二甲基肼的测定　氨基亚铁氰化钠分光光度法　GB/T 14376 - 93

适用范围　本方法适用于地面水、航天工业废水中偏二甲基肼的测定。

方法原理　微量的偏二甲基肼与氨基亚铁氰化钠在弱酸性水溶液总生成红色络合物。在测定范围内，颜色的深度与偏二甲基肼的含量成正比，用分光光度计在 500 nm 处测定。

检出限　偏二甲基肼的测定范围为 0.01～1.0 mg/L。水样中偏二甲基肼含量大于 1.0 mg/L 时，可稀释后按本方法测定。

干扰和消除　氨、尿素对本方法测定基本无干扰。肼、一甲基肼、甲醛含量在偏二甲基肼含量 5 倍以上干扰测定。

42. 三氯乙醛

方法：水质　三氯乙醛的测定　吡唑啉酮分光光度法　HJ/T 50 - 1999

适用范围　本方法适用于农田灌溉水质、地下水和城市污水中三氯乙醛的测定。

方法原理　在弱碱性条件下,1 -苯基-3 -甲基-5 -吡唑啉酮和三氯乙醛反应，生成棕红色化合物，在 480 nm 处测定，其吸光度与三氯乙醛的含量成正比。

检出限　试样体积为 10 mL，定容至 25 mL 比色管中，用 30 mm 比色皿，检测下限为 0.08 mg/L，检测上限为 2 mg/L。

干扰和消除 在测定条件下，150 μg 以下的 Mn^{2+}，100 μg 以下的 Cu^{2+} 和 Hg^{2+} 的干扰，可加入 2% 氟化钠溶液 1 mL 去除；2 500 μg 以下的 Ca^{2+} 的干扰可采用显色后离心分离再测定的方法去除。

43. 三乙胺

方法：水质 三乙胺的测定 溴酚蓝分光光度法 GB/T 14377-93

适用范围 本方法适用于地面水、航天工业废水中三乙胺的测定。

方法原理 在碱性介质中，三乙胺被三氯甲烷定量萃取后，与酸性有机染料溴酚蓝反应生成黄色化合物。在测定范围内，颜色的深度与三乙胺含量成正比。用分光光度计在 410 nm 处测定。

检出限 三乙胺的测定范围为 0.5~3.5 mg/L。水样中三乙胺含量大于 3.5 mg/L 时，可稀释后按本方法测定。

干扰和消除 暂不明确。

44. 三唑酮

方法：废水中三唑酮的测定 气相色谱法 GB 21523-2008 附录 C

适用范围 本方法可用于工业废水和地表水中三唑酮含量的测定。

方法原理 三唑酮的测定采用气相色谱分析法。气相色谱分析法是以惰性气体作为流动相，利用试样中各组分在色谱柱中的气相和固定相间的分配系数不同进行分离。汽化后的试样被载气带入色谱柱中运行时，组分就在其中的两相间进行反复多次的分配（吸附—脱附—放出），由于固定相对各种组分的吸附能力不同（即保留作用不同），各组分在色谱柱中的运行速度就不同，经过一定的柱长后，便彼此分离，顺序进入检测器，产生的离子流信号经放大后，在记录器上形成各组分的色谱峰，根据色谱峰进行定性定量测定。

含有三唑酮的水样经有机溶剂提取、浓缩后，使用壁涂 DB-5（5% 苯基甲基硅酮固定相）毛细管色谱柱和氮磷检测器，对水样中的三唑酮进行气相色谱分离和测定。

检出限 仪器最小检出量（以 S/N=3 计）为 $1.0×10^{-10}$ g，方法最低测定质量浓度为 0.001 mg/L。

干扰和消除 暂不明确。

45. 四氯苯

方法：水质 氯苯类化合物的测定 气相色谱法 HJ 621-2011

见 2.2.5 6. 1,2-二氯苯、1,4-二氯苯 方法一。

46. 烷基汞

方法一：水质　烷基汞的测定　气相色谱法　GB/T 14204 - 93

适用范围　本方法适用于地面水及污水中烷基汞的测定。

方法原理　本方法用巯基棉富集水中的烷基汞，用盐酸氯化钠溶液解析，然后用甲苯萃取，用带电子捕获检测器的气相色谱仪测定。

检出限　当水样取 1 L 时，甲基汞通常检测到 10 ng/L，乙基汞检测到 20 ng/L。

干扰和消除　样品中含硫有机物（硫醇、硫醚、噻酚等）均可被富集萃取，在分析过程中存在色谱柱内，使色谱柱分离效率下降，干扰烷基汞的测定。定期往色谱柱内注入二氯化汞苯饱和液，可以去除这些干扰，恢复色谱柱分离效率。

方法二：水质　烷基汞的测定　吹扫捕集/气相色谱-冷原子荧光光谱法　HJ 977 - 2018

适用范围　本标准规定了测定水中烷基汞的吹扫捕集/气相色谱-冷原子荧光光谱法。本方法适用于地表水、地下水、生活污水、工业废水和海水中烷基汞（甲基汞、乙基汞）的测定。

方法原理　样品经蒸馏后，馏出液中的烷基汞经四丙基硼化钠衍生，生成挥发性的甲基丙基汞和乙基丙基汞，经吹扫捕集、热脱附和气相色谱分离后，再高温裂解为汞蒸气，用冷原子荧光测汞仪检测。根据保留时间定性，外标法定量。

检出限　当取样体积为 45 mL 时，甲基汞和乙基汞的方法检出限均为 0.02 ng/L，测定下限均为 0.08 ng/L。

干扰和消除

（1）硫化物、水溶性有机质（DOM）和氯离子等对烷基汞的测定有负干扰，对样品进行蒸馏可以去除或减少干扰。

（2）部分样品（如被油类污染的样品）中的有机小分子会与烷基汞衍生物一起吹扫吸附于捕集管，加热脱附后会对原子荧光信号产生淬灭效应，应稀释后再进行蒸馏和分析。

（3）样品中 Hg^{2+} 浓度高于 440 ng/L 时对烷基汞测定产生正干扰，应稀释后再进行蒸馏和分析。

对于存在严重汞污染的水体不宜采用蒸馏法分离烷基汞和 Hg^{2+}。

47. 五氯酚及五氯酚盐（以五氯酚计）

方法一：水质　五氯酚的测定　藏红 T 分光光度法　GB 9803 - 88

适用范围 本方法适用于含五氯酚工业废水以及被五氯酚污染的水体中五氯酚的测定。

方法原理 用蒸馏法蒸馏出五氯酚，从而与高沸点酚类的其他色素等干扰物分离。被蒸馏出的五氯酚在硼酸盐缓冲液（pH=9.3）存在下，可与藏红 T 生成紫红色络合物，用乙酸异戊酯萃取，置于波长 535 nm 下，测定吸光度。

检出限 测定浓度范围为 0.01～0.5 mg/L，最低检出浓度为 0.01 mg/L。

干扰和消除 挥发酚类化合物（以苯酚计）低于 150 mg/L 对测定无干扰。

方法二：水质 五氯酚的测定 气相色谱法 HJ 591-2010

适用范围 本方法适用于地表水、地下水、海水、生活污水和工业废水中五氯酚和五氯酚盐的测定。

方法原理 在酸性条件下，将样品中的五氯酚盐转化为五氯酚，用正己烷萃取，再用碳酸钾溶液反萃取，使有机相中五氯酚转化为五氯酚盐进入碱性水溶液中。在碱性水溶液中加入乙酸酐与五氯酚盐进行衍生化反应，生成五氯苯乙酸酯。经正己烷萃取后用具有电子捕获检测器的气相色谱仪进行测定。

检出限 当样品体积为 100 mL 时，毛细管柱气相色谱法检出限为 0.01 μg/L，测定下限为 0.04 μg/L，测定上限为 5.00 μg/L；填充柱气相色谱法检出限为 0.02 μg/L，测定下限为 0.08 μg/L。

干扰和消除 暂不明确。

48. 乙腈

方法一：水质 乙腈的测定 吹扫捕集气/相色谱法 HJ 788-2016

适用范围 本方法适用于地表水、地下水、工业废水和生活污水中乙腈的测定。

方法原理 样品中的乙腈经高纯氮气吹扫后吸附于捕集管中，将捕集管加热并以高纯氮气反吹，被热脱附出来的乙腈经气相色谱分离后，用氢火焰离子化检测器或氮磷检测器检测。以保留时间定性，外标法定量。

检出限 当采用氢火焰离子化检测器、取样体积为 5.0 mL 时，乙腈的检出限为 0.1 mg/L，测定下限为 0.4 mg/L；当采用氮磷检测器、取样体积为 5.0 mL 时，乙腈的检出限为 0.009 mg/L，测定下限为 0.036 mg/L。

干扰和消除 用本方法测定水中乙腈时，二氯乙烯、一氯甲烷、二氯乙烷、二氯丙烷、二氯丙烯、三氯乙烯、三氯丙烷、三氯乙烷、三氯甲烷、四氯乙烯、四氯乙烷、二溴乙烷、溴氯甲烷、二溴甲烷、三溴甲烷、四氯化碳、一溴甲烷、一氯甲烷、一氯乙烷、一氯乙烯、二溴氯甲烷、二溴氯丙烷、二氯二氟甲烷、三氯氟甲烷、丙酮、丁酮、己酮、二硫化碳、一碘甲烷、苯、甲苯、氯苯、溴苯、乙苯、二甲苯、苯乙烯、异丙苯、正丙苯、二氯苯、三氯苯、氯甲苯、三甲苯、丁基苯、异丙基甲苯、六氯丁二烯、萘、乙酸乙烯酯、氯乙基乙烯基醚、甲基戊酮、甲醇、乙醇、丙烯腈、丙烯醛、甲醛、乙醛等有机物对测定不会产生干扰。若有其他物质干扰，可采用不同极性的辅助色谱柱定性。

方法二：水质　乙腈的测定　直接进样/气相色谱法　HJ 789 – 2016

适用范围　本方法适用于地表水、地下水、工业废水和生活污水中乙腈的测定。

方法原理　经过滤后的试样直接注入气相色谱仪，经色谱柱分离后，用氮磷检测器检测。以保留时间定性，外标法定量。

检出限　当进样体积为 1.0 μL 时，乙腈的检出限为 0.04 mg/L，测定下限为 0.16 mg/L。

干扰和消除　暂不明确。

49. 莠去津

方法：废水中莠去津的测定　气相色谱法　GB 21523 – 2008 附录 G

适用范围　本方法适用于工业废水和地面水中莠去津的测定。

方法原理　莠去津的测定采用气相色谱分析法。气相色谱分析法是以惰性气体作为流动相，利用试样中各组分在色谱柱中的气相和固定相间的分配系数不同进行分离。汽化后的试样被载气带入色谱柱中运行时，组分就在其中的两相间进行反复多次的分配（吸附—脱附—放出），由于固定相对各种组分的吸附能力不同（即保留作用不同），各组分在色谱柱中的运行速度就不同，经过一定的柱长后，便彼此分离，顺序进入检测器，产生的离子流信号经放大后，在记录器上形成各组分的色谱峰，根据色谱峰进行定性定量测定。

含莠去津的水样用有机溶剂萃取后，使用壁涂 5% 苯基聚硅氧烷的毛细管柱和氢火焰离子检测器，对水样中的莠去津进行气相色谱分离和测定。

检出限　仪器最小检出量为 10^{-12} g（以 S/N = 3 计），方法最低测定质量浓度为 0.25 μg/L。

干扰和消除　暂不明确。

50. 彩色显影剂

方法：水质　彩色显影剂总量的测定　169 成色剂分光光度法（暂行）HJ

595 – 2010

适用范围 本标准规定了测定水中彩色显影剂总量的 169 成色剂分光光度法。本方法适用于洗印废水中彩色显影剂总量的测定。

方法原理 洗印废水中的彩色显影剂可被氧化剂氧化，其氧化物在碱性溶液中遇到水溶性成色剂时，立即偶合形成染料。不同结构的显影剂（TSS、CD – 2、CD – 3、CD – 4）与 169 成色剂偶合成染料时，其最大吸收的光谱波长均在 550 nm 处，其吸光度与彩色显影剂含量符合朗伯比尔定律。

本方法不包括黑白显影剂。

检出限 当使用 20 mm 比色皿、取样体积为 20.0 mL 时，方法检出限为 $1.03×10^{-6}$ mol/L，相当于对氨基二乙苯胺盐酸盐（TSS）0.27 mg/L；测定下限为 $4.12×10^{-6}$ mol/L，相当于对氨基二乙苯胺盐酸盐（TSS）1.08 mg/L；测定上限为 $8.55×10^{-5}$ mol/L，相当于对氨基二乙苯胺盐酸盐（TSS）25.0 mg/L。

干扰和消除 六价铬干扰测定，故应避免用硫酸-铬酸洗液洗涤采样容器和玻璃器皿。

51. 显影剂及氧化物总量

方法：水质 显影剂及其氧化物总量的测定 碘-淀粉分光光度法（暂行）HJ 594 – 2010

适用范围 本方法适用于彩色和黑白片洗片排放废水中显影剂及其氧化物总量的测定。

方法原理 通常使用的显影剂，大都具有对苯二酚、对氨基酚或对苯二胺类的化学结构，经氧化水解后都能生成对苯二醌。利用溴作为氧化剂，将显影剂类物质氧化成醌类化合物，在酸性介质中，醌类是较强的氧化剂，与碘化钾作用析出单质碘，碘同淀粉作用后呈蓝色，在 570 nm 波长处有最大吸收，其吸光度与显影剂类物质浓度符合朗伯比尔定律，结果以对苯二酚（mg/L）表示（也可以其他主要存在的显影剂表示）。

检出限 当使用 20 mm 比色皿、取样体积为 20.0 mL 时，最低检出限为 $1×10^{-6}$ mol/L，相当于对苯二酚 0.11 mg/L；测定下限为 $4×10^{-6}$ mol/L，相当于对苯二酚 0.44 mg/L；测定上限为 $2.50×10^{-5}$ mol/L，相当于对苯二酚 2.75 mg/L。

干扰和消除 20 μg 以下的 Fe^{3+} 和 Cu^{2+} 对本方法无干扰。Cr^{6+} 对本方法有较大干扰，当水样中含有 Cr^{6+} 而影响测定时，可用 $NaNO_2$ 将 Cr^{6+} 还原成 Cr^{3+}，用过量的尿素去除多余的 $NaNO_2$ 对本实验的干扰，即可达到消除铬离子干扰的目的。

52. 阴离子表面活性剂

方法一：水质　阴离子表面活性剂的测定　亚甲蓝分光光度法 GB 7494 - 87

适用范围　本方法适用于测定饮用水、地面水、生活污水及工业废水中的低浓度亚甲蓝活性物质（MBAS），亦即阴离子表面活性物质。在实验条件下，主要被测物是 LAS、烷基磺酸钠和脂肪醇硫酸钠，但可能存在一些正的和负的干扰。

方法原理　阳离子染料亚甲蓝与阴离子表面活性剂作用，生成蓝色的盐类，统称亚甲蓝活性物质（MBSA）。该生成物可被氯仿萃取，其色度与浓度成正比，用分光光度计在波长 652 nm 处测量氯仿层吸光度。

检出限　当采用 10 mm 光程的比色皿、试份体积为 100 mL 时，本方法的最低检出浓度为 0.05 mg/L LAS，检测上限为 2.0 mg/L LAS。

干扰和消除

（1）主要被测物以外的其他有机的硫酸盐、磺酸盐、羧酸盐、酚类以及无机的硫氰酸盐、氰酸盐、硝酸盐和氯化物等，它们或多或少地与亚甲蓝作用，生成可溶于氯仿的蓝色络合物，致使测定结果偏高。通过水溶液反洗可消除这些正干扰（有机硫酸盐、磺酸盐除外），其中氯化物和硝酸盐的干扰大部分被去除。

（2）经水溶液反洗仍未除去的非表面活性物引起的正干扰，可借气提萃取法将阴离子表面活性剂从水相转移到有机相而加以消除。

（3）一般存在于未经处理或一级处理的污水中的硫化物，它能与亚甲蓝反应，生成无色的还原物而消耗亚甲蓝试剂。可将试样调至碱性，滴加适量的过氧化氢，避免其干扰。

（4）存在季铵类化合物等阳离子物质和蛋白质时，阴离子表面活性剂将与其作用，生成稳定的络合物，而不与亚甲蓝反应，使测定结果偏低。这些阳离子类干扰物可采用阳离子交换树脂（在适当条件下）去除。

生活污水及工业废水中的一般成分，包括尿素、氨、硝酸盐，以及防腐用的甲醛和氯化汞已表明不产生干扰。然而，并非所有天然的干扰物都能消除，因此被检测物总体应确切地称为阴离子表面活性物质或亚甲蓝活性物质（MBAS）。

方法二：水质　阴离子洗涤剂的测定　电位滴定法 GB 13199 - 91

适用范围　本方法适用于测定污染水体中的阴离子洗涤剂。

方法原理　以 PVC - AD 电极为工作电极，饱和甘汞电极为参比电极，组成工作电池，以 CPB 为滴定剂对污染水体中阴离子洗涤剂进行电位滴定。随着

CPB 的滴入，水样中的 LAS 浓度不断下降，相应地电池电势也将随之升高。在等当点附近，溶液中［LAS⁻］将有一个突变，电池电势也将发生突变。用二阶微分法求出滴定终点，由终点所对应的 CPB 消耗量（毫升数）求得样品中阴离子洗涤剂的量。

检出限 当滴定剂十六烷基溴化吡啶的滴定度为 0.12 mg/L 时，其测定下限为 5 mg/L，其测定上限为 24 mg/L，水样适当稀释，测定上限可以扩大。

干扰和消除 试样中存在的，能与 LAS 生成比离子缔合物 CPB、LAS 更稳定的离子缔合物的阳离子干扰测定，产生负误差；能与 CPB 生成比 LAS 更稳定的离子缔合物的阴离子干扰测定，产生正误差。

方法三：水质 阴离子表面活性剂的测定 流动注射-亚甲基蓝分光光度法 HJ 826 - 2017

适用范围 本方法适用于地表水、地下水、生活污水和工业废水中阴离子表面活性剂的测定。

方法原理

（1）流动注射分析仪工作原理

在封闭的管路中，将一定体积的试样注入连续流动的载液中，试样与试剂在化学反应模块中按特定的顺序和比例混合、反应，在非完全反应的条件下，进入流动检测池进行光度检测。

（2）化学反应原理

样品中的阴离子表面活性剂与阳离子染料亚甲蓝形成亚甲基蓝活性物质（MBAS），三氯甲烷萃取，有机相于 650 nm 波长处测量吸光度。

检出限 当检测光程为 10 mm 时，本方法的方法检出限为 0.04 mg/L（以 LAS 计），测定范围为 0.13~2.00 mg/L（以 LAS 计）。

干扰和消除 本方法的主要干扰物为有机的磺酸盐、羟酸盐、酚类，以及无机的硫酸盐、亚硫酸盐、硝酸盐、氰酸盐、硫氰酸盐等，这类含有阴离子键的官能团与亚甲基蓝反应生成溶于氯仿的蓝色络合物，产生正干扰，经水溶液反洗未能除去的非表面活性物质引起的正干扰，可用气体萃取法将阴离子表面活性剂从水相转移到有机相而消除。

污水中的硫化物能与亚甲基蓝生成无色的还原物而消耗亚甲基蓝试剂，遇此情况可将试样调至碱性，滴加适量的过氧化氢，消除干扰。

蛋白质和 4-氨基类化合物等一些阳离子会对本方法的测量结果产生负干扰，

这些阳离子类物质在适当条件下可采用阳离子树脂去除。

53. 丁基黄原酸

方法一：水质　丁基黄原酸的测定　紫外分光光度法　HJ 756－2015

适用范围　本标准规定了测定水中丁基黄原酸的紫外分光光度法。本方法适用于地表水、地下水、生活污水和工业废水中丁基黄原酸的测定。

方法原理　丁基黄原酸是黄原酸盐的水解产物。丁基黄原酸盐在紫外波长段有最大吸收峰，在 pH<2 时丁基黄原酸盐完全被分解，同时该吸收峰消失。用紫外分光光度法于波长 301 nm 处分别测定加酸前后的吸光度，由两次吸光度差值计算丁基黄原酸的浓度。

检出限　本方法的检出限为 0.004 mg/L，测定下限为 0.016 mg/L。

干扰和消除

（1）水样中悬浮性的不溶性物质会带来干扰，待测水样经 0.45 μm 的滤膜可去除干扰。

（2）硝酸盐在 301 nm 处有吸收峰产生正干扰，但在加酸分解前后吸光度差减实验过程中可抵消，不影响测定。

（3）当试样色度的干扰不能去除时，应选用其他方法标准。

方法二：水质　丁基黄原酸的测定　吹扫捕集/气相色谱-质谱法　HJ 896－2017

适用范围　本标准规定了测定水中丁基黄原酸的吹扫捕集/气相色谱-质谱法。本方法适用于地表水、地下水、生活污水和工业废水中丁基黄原酸的测定。本方法不适用于含盐量高于 25 g/L 的高盐工业废水以及存在代森锌（锰）类农药或二乙基二硫代氨基甲酸盐（如铜试剂）等物质水样的测定。若水样中检出丁基黄原酸，必要时可选用其他分析方法进一步确认。

方法原理　水中丁基黄原酸在酸性条件下分解产生二硫化碳（CS_2），通过测定 CS_2 间接确定水中丁基黄原酸浓度。CS_2 经高纯氦气（或氮气）吹扫后吸附于捕集管中，迅速加热捕集管并以高纯氦气（或氮气）反吹，被热脱附出来的 CS_2 经气相色谱分离后，用质谱检测器检测。通过与丁基黄原酸标准溶液反应生成 CS_2 的保留时间和质谱图比较进行定性，内标法定量。

检出限　当取样体积为 5 mL 时，丁基黄原酸的检出限为 0.04 g/L，测定下限为 0.16 g/L。

干扰和消除

（1）水样中存在 CS_2 会干扰测定，可通过加酸前后的测定值之差扣除。

（2）水样中存在氧化性物质会使测定结果偏低，可适量添加 5~20 mg 硫代硫酸钠去除。

方法三：水质丁基黄原酸的测定　液相色谱-三重四极杆串联质谱法　HJ 1002-2018

适用范围　本方法适用于地表水、地下水、生活污水和工业废水中丁基黄原酸的测定，测定的目标物为丁基黄原酸，不包括其他黄原酸类物质。

方法原理　样品过滤后直接进样，经液相色谱柱分离，用质谱仪在多反应监测（MRM）条件下检测丁基黄原酸，根据保留时间和特征离子定性，内标法定量。

检出限　当进样体积为 10.0 μL 时，本方法测定的丁基黄原酸的方法检出限为 0.2 μg/L，测定下限为 0.8 μg/L。

干扰和消除　暂不明确。

54. 六氯代-1,3-环戊二烯

方法：半挥发性有机物的测定　气相色谱-质谱法　USEPA 8270E-2017

适用范围　本标准规定了测定水中半挥发性有机物的气相色谱-质谱法，本方法适用于地表水、地下水、生活污水和工业废水中六氯环戊二烯的测定。

方法原理　水中的半挥发性有机物分别在碱性和酸性条件下，用液液萃取的方式，萃取水中的半挥发性有机物，萃取液经净化，萃取，浓缩定容后经气相色谱分离，质谱检测。根据保留时间，碎片离子质荷比及其丰度定性，内标法定量。

检出限　当取样体积为 1 000 mL、用全扫描方式测定时，本方法中六氯环戊二烯的检出限为 0.08 μg/L（标准中未列出检出限，以某实验室结果作参考）。

干扰和消除　高浓度样品与低浓度样品交替分析会造成干扰，当分析一个高浓度样品后应分析一个空白样品或试剂空白以防止交叉污染。如果前一个样品中含有目标化合物在下一个样品中也出现，分析人员必须加以证明不是由于残留造成的。

注意事项　六氯环戊二烯在气相色谱仪进样口处容易发生热分解，在丙酮溶液中发生化学反应以及光分解。

55. 壬基酚

方法：水质　烷基酚类的测定　固相萃取/液相色谱法（征求意见稿）

适用范围　本标准规定了测定水中烷基酚类化合物的液相色谱法。本方法适用于地表水、地下水、生活污水和工业废水中双酚 A、4-特丁基酚、4-正丁基酚、4-正戊基酚、4-正己基酚、4-正庚基酚、4-正辛基酚、壬基酚、4-特辛基酚和 4-正壬基酚等烷基酚类化合物的测定。

方法原理　水中的烷基酚类化合物在酸性条件下，用固相萃取方式富集、净化，二氯甲烷洗脱，浓缩后，用带有荧光检测器或紫外检测器的高效液相色谱仪测定，根据保留时间定性，外标法定量。

检出限　采用固相萃取法，取样体积为 200 mL，采用紫外检测器时，本方法中壬基酚的检出限为 0.3 μg/L，测定下限为 1.2 μg/L；采用荧光检测器时，本方法中壬基酚的检出限为 0.09 μg/L，测定下限为 0.36 μg/L。

干扰和消除

（1）具有相近保留时间的物质会干扰测定，可通过改变色谱条件提高分离度的方法来消除干扰。

（2）样品中含有余氯等氧化剂时，使目标物的测定结果偏低，须在采样时加入 1.0 mL 硫代硫酸钠溶液消除干扰。

56. 双酚 A

方法：水质　烷基酚类的测定　固相萃取/液相色谱法（征求意见稿）

适用范围　本标准规定了测定水中烷基酚类化合物的液相色谱法。本方法适用于地表水、地下水、生活污水和工业废水中双酚 A、4-特丁基酚、4-正丁基酚、4-正戊基酚、4-正己基酚、4-正庚基酚、4-正辛基酚、壬基酚、4-特辛基酚和 4-正壬基酚等烷基酚类化合物的测定。

方法原理　水中的烷基酚类化合物在酸性条件下，用固相萃取方式富集、净化，二氯甲烷洗脱，浓缩后，用带有荧光检测器或紫外检测器的高效液相色谱仪测定，根据保留时间定性，外标法定量。

检出限　采用固相萃取法，取样体积为 200 mL，采用紫外检测器时，本方法中双酚 A 的检出限为 0.2 μg/L，测定下限为 0.8 μg/L；采用荧光检测器时，本方法中壬基酚的检出限为 0.03 μg/L，测定下限为 0.12 μg/L。

干扰和消除

（1）具有相近保留时间的物质会干扰测定，可通过改变色谱条件提高分离度的方法来消除干扰。

（2）样品中含有余氯等氧化剂时，使目标物的测定结果偏低，须在采样时加入 1.0 mL 硫代硫酸钠溶液消除干扰。

2.2.6 生物监测

1. 粪大肠菌群数

方法一：具体方法见《医疗机构水污染物排放标准》GB 18466－2005 附录 C

方法二：水质 粪大肠菌群的测定 滤膜法 HJ 347.1－2018

适用范围 本方法适用于地表水、地下水、生活污水和工业废水中粪大肠菌群的测定。

方法原理 样品通过孔径为 0.45 μm 的滤膜过滤，细菌被截留在滤膜上，然后将滤膜置于 MFC 选择性培养基上，在特定的温度（44.5℃）下培养 24 h，胆盐三号可抑制革兰氏阳性菌的生长，粪大肠菌群能生长并发酵乳糖产酸使指示剂变色，通过颜色判断是否产酸，并通过呈蓝色或蓝绿色菌落计数，测定样品中粪大肠菌群浓度。

检出限 当接种量为 100 mL 时，检出限为 10 CFU/L；当接种量为 500 mL 时，检出限为 2 CFU/L。

干扰和消除

（1）活性氯具有氧化性，能破坏微生物细胞内的酶活性，导致细胞死亡，可在样品采集时加入硫代硫酸钠溶液消除干扰。

（2）重金属离子具有细胞毒性，能破坏微生物细胞内的酶活性，导致细胞死亡，可在样品采集时加入乙二胺四乙酸二钠溶液消除干扰。

方法三：水质 粪大肠菌群的测定 多管发酵法 HJ 347.2－2018

适用范围 本方法适用于地表水、地下水、生活污水和工业废水中粪大肠菌群的测定。

方法原理 将样品加入含乳糖蛋白胨培养基的试管中，37℃初发酵富集培养，大肠菌群在培养基中生长繁殖分解乳糖产酸产气，产生的酸使溴甲酚紫指示剂由紫色变为黄色，产生的气体进入倒管中，指示产气。44.5℃复发酵培养，培养基中的胆盐三号可抑制革兰氏阳性菌的生长，最后产气的细菌确定为是粪大肠菌群。通过查 MPN 表，得出粪大肠菌群浓度值。

检出限 本方法的检出限：12 管法为 3 MPN/L；15 管法为 20 MPN/L。

干扰和消除

（1）活性氯具有氧化性，能破坏微生物细胞内的酶活性，导致细胞死亡，可在样品采集时加入硫代硫酸钠溶液消除干扰。

（2）重金属离子具有细胞毒性，能破坏微生物细胞内的酶活性，导致细胞死亡，可在样品采集时加入乙二胺四乙酸二钠溶液消除干扰。

方法四：水质　总大肠菌群和粪大肠菌群的测定　纸片快速法　HJ 755 – 2015

适用范围　本方法适用于地表水、废水中总大肠菌群和粪大肠菌群的快速测定。

方法原理　按 MPN 法，将一定量的水样以无菌操作的方式接种到吸附有适量指示剂（溴甲酚紫和 2,3,5 -氯化三苯基四氮唑即 TTC）以及乳糖等营养成分的无菌滤纸上，在特定的温度（37℃或 44.5℃）培养 24 h，当细菌生长繁殖时，产酸使 pH 降低，溴甲酚紫指示剂由紫色变黄色，同时，产气过程相应的脱氢酶在适宜的 pH 范围内，催化底物脱氢还原 TTC 形成红色的不溶性三苯甲䐵（TTF），即可在产酸后的黄色背景下显示出红色斑点（或红晕）。通过上述指示剂的颜色变化就可对是否产酸产气作出判断，从而确定是否有总大肠菌群或粪大肠菌群存在，再通过查 MPN 表就可得出相应总大肠菌群或粪大肠菌群的浓度值。

检出限　本方法的检出限为 20 MPN/L。

干扰和消除　暂不明确。

方法五：水质　总大肠菌群、粪大肠菌群和大肠埃希氏菌的测定　酶底物法 HJ 1001 – 2018

适用范围　本方法适用于地表水、地下水、生活污水和工业废水中总大肠菌群、粪大肠菌群和大肠埃希氏菌的测定。

方法原理　在特定温度下培养特定的时间，总大肠菌群、粪大肠菌群、大肠埃希氏菌能产生 β -半乳糖苷酶，将选择性培养基中的无色底物邻硝基苯- β - D -吡喃半乳糖苷（ONPG）分解为黄色的邻硝基苯酚（ONP）；大肠埃希氏菌同时又能产生 β -葡萄糖醛酸酶，将选择性培养基中的 4 -甲基伞形酮- β - D -葡萄糖醛酸苷（MUG）分解为 4 -甲基伞形酮，在紫外灯照射下产生荧光。统计阳性反应出现数量，查 MPN 表，分别计算样品中总大肠菌群、粪大肠菌群、大肠埃希氏菌的浓度值。

检出限　本方法的检出限为 10 MPN/L。

干扰和消除

（1）活性氯具有氧化性，能破坏微生物细胞内的酶活性，导致细胞死亡，可在样品采集时加入硫代硫酸钠溶液消除干扰。

（2）重金属离子具有细胞毒性，能破坏微生物细胞内的酶活性，导致细胞死亡，可在样品采集时加入乙二胺四乙酸二钠溶液消除干扰。

2. 耐热大肠菌群数

方法一：生活饮用水标准检方法　微生物指标　GB/T 5750.12－2006

适用范围　本方法适用于生活饮用水及其水源水中耐热大肠菌群的测定。

方法二：水质　粪大肠菌群的测定　滤膜法　HJ 347.1－2018

见 2.2.6　1. 粪大肠菌群数　方法二。

方法三：水质　粪大肠菌群的测定　多管发酵法　HJ 347.2－2018

见 2.2.6　1. 粪大肠菌群数　方法三。

3. 总大肠菌群（MPN/L）

方法一：水质　总大肠菌群和粪大肠菌群的测定　纸片快速法　HJ 755－2015

见 2.2.6　1. 粪大肠菌群　方法四。

方法二：水质　总大肠菌群、粪大肠菌群和大肠埃希氏菌的测定　酶底物法　HJ 1001－2018

见 2.2.6　1. 粪大肠菌群数　方法五。

4. 急性毒性

方法一：水质　急性毒性的测定　发光细菌法　GB/T 15441－1995

适用范围　本方法适用于工业废水、纳污水体及实验室条件下可溶性化学物质的水质急性毒性监测。

方法原理　基于发光细菌相对发光度与水样毒性组分总浓度呈显著负相关（$P \leq 0.05$），因而可通过生物发光光度计测定水样的相对发光度，以此表示其毒性水平。

干扰和消除　暂不明确。

方法二：水质　急性毒性的测定　斑马鱼卵法　HJ 1069－2019

适用范围　本方法适用于于地表水、地下水、生活污水和工业废水的急性毒性测定。

方法原理　使用多孔细胞培养板，在微孔板对照、阴性对照和阳性对照控制的条件下，将 4-细胞期至 128-细胞期的斑马鱼受精卵置于不同稀释倍数的水样中，在（26±1）℃的条件下培养 48 h，根据鱼卵存活与死亡的统计数据计算 LID 或 EC_{50} 值，表征水样的急性毒性。

干扰和消除　水样浊度或色度干扰测试终点判断，可用塑料滴管缓慢从多孔细胞培养板中吸出一定量的水样后再行观测，避免触碰鱼卵；观测结束后，若须继续暴露，则用塑料滴管将原水样移回，恢复原有暴露体积。

5．鱼类急性毒性

方法一：水质　物质对淡水鱼（斑马鱼）急性毒性测定方法　GB/T 13267-91

适用范围　本方法适用于水中单一化学物质的毒性测定。工业废水的毒性测定也可使用此方法。

方法原理　在确定的试验条件下用斑马鱼为试验生物测定毒性在 48 h 或 96 h 后引起受试斑马鱼群体中 50% 鱼致死的浓度。这个浓度以 24 h、48 h、72 h 或 96 h LC_{50} 表示。

干扰和消除　如果被测定物质的废水具有很大的挥发性、不稳定性，会造成试验结果的偏差。对于这种情况可采用流水式试验以取得更可靠的试验结果。此外，要充分重视废水水样 pH 的变化引起的毒性变化。可先对原水进行试验取得一定数据后再把水样的 pH 调节到正常范围内进行正式试验。

方法二：工业废水的试验方法　鱼类急性毒性试验　GB/T 21814-2008

适用范围　本方法适用于工业废水鱼类急性毒性的测定。

方法原理　本方法通过鱼类半数致死浓度 LC_{50}（Median lethal concentration）评估受试物的鱼类急性毒性。试验用鱼在受试物水溶液中饲养一定的时间，以 96 h 为一个试验周期，在 24 h、48 h、72 h 和 96 h 时记录试验用鱼的死亡率，确定鱼类死亡 50% 时的受试物浓度，半数致死浓度用 24 h LC_{50}、48 h LC_{50}、72 h LC_{50} 及 96 h LC_{50} 表示。

干扰和消除　暂不明确。

6．结核杆菌

具体方法见《医疗机构水污染物排放标准》GB 18466-2005 附录 E。

7．沙门氏菌

具体方法见《医疗机构水污染物排放标准》GB 18466-2005 附录 B。

8．志贺氏菌

具体方法见《医疗机构水污染物排放标准》GB 18466-2005 附录 C。

第3章 大气污染物筛选和
监测方法选择

3.1 污染物指标筛选

本研究选择的 48 个大气污染物排放标准见表 3－1，包括 29 个国家行业污染物排放标准、上海市大气污染物综合排放标准、恶臭（异味）污染物排放标准和 17 个上海市行业污染物排放标准。

表 3－1 大气污染物排放标准

序号	类别	标　准　名　称
1	上海	大气污染物综合排放标准
2	上海	恶臭（异味）污染物排放标准
3	上海	锅炉大气污染物排放标准
4	上海	船舶工业大气污染物排放标准
5	上海	半导体行业污染物排放标准
6	上海	铅蓄电池行业大气污染物排放标准
7	上海	危险废物焚烧大气污染物排放标准
8	上海	生活垃圾焚烧大气污染物排放标准
9	上海	生物制药行业污染物排放标准
10	上海	餐饮业油烟排放标准
11	上海	汽车制造业（涂装）大气污染物排放标准
12	上海	工业炉窑大气污染物排放标准
13	上海	印刷业大气污染物排放标准
14	上海	城镇污水处理厂大气污染物排放标准

续　表

序号	类别	标　准　名　称
15	上海	家具制造业大气污染物排放标准
16	上海	涂料、油墨及其类似产品制造工业大气污染物排放标准
17	上海	燃煤电厂大气污染物排放标准
18	上海	建筑施工颗粒物控制标准
19	上海	畜禽养殖业污染物排放标准
20	国家	电池工业污染物排放标准
21	国家	水泥工业大气污染物排放标准
22	国家	砖瓦工业大气污染物排放标准
23	国家	电子玻璃工业大气污染物排放标准
24	国家	炼焦化学工业污染物排放标准
25	国家	铁合金工业污染物排放标准
26	国家	轧钢工业大气污染物排放标准
27	国家	炼钢工业大气污染物排放标准
28	国家	炼铁工业大气污染物排放标准
29	国家	钢铁烧结、球团工业大气污染物排放标准
30	国家	铁矿采选工业污染物排放标准
31	国家	火电厂大气污染物排放标准
32	国家	平板玻璃工业大气污染物排放标准
33	国家	硫酸工业污染物排放标准
34	国家	硝酸工业污染物排放标准
35	国家	陶瓷工业污染物排放标准
36	国家	合成革与人造革工业污染物排放标准
37	国家	电镀污染物排放标准
38	国家	味精工业污染物排放标准
39	国家	柠檬酸工业污染物排放标准
40	国家	烧碱聚氯乙烯工业污染物排放标准

续　表

序号	类别	标　准　名　称
41	国家	合成树脂工业污染物排放标准
42	国家	石油化学工业污染物排放标准
43	国家	石油炼制工业污染物排放标准
44	国家	火葬场大气污染物排放标准
45	国家	再生铜、铝、铅、锌工业污染物排放标准
46	国家	无机化学工业污染物排放标准
47	国家	铸造行业大气污染物排放标准
48	国家	生活垃圾填埋场污染控制标准

48个大气污染物排放标准中控制因子有136个，详见表3-2。

表3-2　大气污染物排放标准中控制因子

序号	污　染　物	序号	污　染　物	序号	污　染　物
1	颗粒物	15	二氧化硫	29	铊及其化合物
2	总悬浮颗粒物	16	氮氧化物	30	钒及其化合物
3	石棉尘	17	氯化氢	31	铍及其化合物
4	沥青烟	18	铅及其化合物	32	汞及其化合物
5	烟气黑度	19	镉及其化合物	33	砷及其化合物
6	一氧化碳	20	铬及其化合物	34	餐饮油烟
7	铬酸雾	21	锡及其化合物	35	臭气浓度
8	硫酸雾	22	镍及其化合物	36	颗粒物中钍、铀
9	硝酸雾	23	锰及其化合物	37	硫化氢
10	光气	24	锌及其化合物	38	溴化氢
11	氰化氢	25	铜及其化合物	39	砷化氢
12	氟化物	26	钴及其化合物	40	磷化氢
13	氯气	27	钼及其化合物	41	氯化氰
14	氨	28	锑及其化合物	42	磷酸雾

续　表

序号	污　染　物	序号	污　染　物	序号	污　染　物
43	碱雾	69	乙酸乙烯酯	96	甲苯二异氰酸酯
44	油雾	70	甲硫醇	97	多亚甲基多苯基异氰酸酯
45	苯	71	甲硫醚		
46	甲苯	72	二甲二硫	98	乙腈
47	乙苯	73	二硫化碳	99	一甲胺
48	二甲苯	74	丙醛	100	二甲胺
49	苯乙烯	75	正丁醛	101	溴乙烷
50	苯系物	76	正戊醛	102	溴甲烷
51	正己烷	77	醛、酮类	103	四氢呋喃
52	丙酮	78	甲基乙基酮	104	四氯化碳
53	总烃、甲烷、非甲烷总烃	79	甲基异丁基酮	105	挥发性卤代烃
		80	甲基丙烯酸甲酯	106	环氧乙烷
54	二噁英类	81	甲基丙烯酸酯类	107	环氧氯丙烷
55	苯并[a]芘	82	三甲胺	108	环己烷
56	甲醛	83	乙酸乙酯	109	环己酮
57	1,3-丁二烯	84	乙酸丁酯	110	丙烯酸酯类
58	丙烯腈	85	氯苯类	111	丙烯酸甲酯
59	氯乙烯	86	甲烷	112	1,3-丁二烯
60	三氯乙烯	87	乙酸酯类	113	1,2-环氧丙烷
61	三氯甲烷	88	酚类化合物	114	多氯联苯
62	丙烯醛	89	DMF	115	丙烯酸
63	乙醛	90	挥发性有机物	116	邻苯二甲酸酐
64	硝基苯类	91	二氯乙烷	117	1,2-二氯丙烷
65	苯胺类	92	1,2-二氯乙烷	118	四氯乙烯
66	甲醇	93	异氰酸酯类	119	氯丙烯
67	二氯甲烷	94	异佛尔酮二氰酸酯	120	氯丁二烯
68	氯甲烷	95	二苯基甲烷异氰酸酯	121	二氯乙炔

序号	污　染　物	序号	污　染　物	序号	污　染　物
122	氯萘	127	二氯甲基醚	132	二甲基甲酰胺
123	乙二醇	128	氯乙酸	133	肼（联氨）
124	2-丁酮	129	马来酸酐	134	甲肼
125	异氟尔酮	130	异氰酸甲酯	135	偏二甲肼
126	氯甲基甲醚	131	硫酸二甲酯	136	吡啶

3.2　监测方法选择

3.2.1　无机污染物

1. 颗粒物

方法一：锅炉烟尘测试方法　GB 5468-91

适用范围　本方法适用于 GB 13271 有关参数的测试。

干扰和消除　暂不明确。

方法二：排气中颗粒物的测定　GB 21902-2008 附录 B

适用范围　本方法规定了合成革工业聚氯乙烯工艺有组织排放废气中颗粒物的监测方法。

干扰和消除　暂不明确。

方法三：固定污染源排气中颗粒物测定与气态污染物采样方法　GB/T 16157-1996、《固定污染源排气中颗粒物测定与气态污染物采样方法》第 1 号修改单 GB/T 16157-1996/XG1-2017

适用范围　本方法适用于各种锅炉、工业炉窑及其他固定污染源排气中颗粒物的测定和气态污染物的采样。

在测定固定污染源排气中颗粒物浓度时，浓度小于等于 20 mg/m³ 时，适用 HJ 836（《固定污染源废气　低浓度颗粒物的测定　重量法》）；浓度大于 20 mg/m³ 且不超过 50 mg/m³ 时，本标准与 HJ 836 同时适用。采用本方法测定浓度小于等于 20 mg/m³ 时，测定结果表述为 "<20 mg/m³"。

方法原理　将烟尘采样管由采样孔插入烟道中，使采样嘴置于测点上，正对气流，按颗粒物等速采样原理，即采样嘴的吸气速度与测点处气流速度相等（其相对误差应在 10% 以内），抽取一定量的含尘气体，根据采样管滤筒上所捕集到的颗粒物量和同时抽取的气体量，计算出排气中的颗粒物浓度。

干扰和消除　暂不明确。

方法四：环境空气 PM_{10} 和 $PM_{2.5}$ 的测定　重量法 HJ 618 - 2011、《环境空气 PM_{10} 和 $PM_{2.5}$ 的测定　重量法》第 1 号修改单 HJ 618 - 2011/XG1 - 2018

适用范围　本方法适用于环境空气中 PM_{10} 和 $PM_{2.5}$ 浓度的手工测定。

方法原理　分别通过具有一定切割特性的采样器，以恒速抽取定量体积空气，使环境空气中 $PM_{2.5}$ 和 PM_{10} 被截留在已知质量的滤膜上，根据采样前后滤膜的重量差和采样体积，计算出 $PM_{2.5}$ 和 PM_{10} 浓度。

检出限　本方法的检出限为 $0.010\ mg/m^3$（以感量 0.1 mg 分析天平，样品负载量为 1.0 mg，采集 $103\ m^3$ 空气样品计）。

干扰和消除　暂不明确。

方法五：环境空气颗粒物（$PM_{2.5}$）手工监测方法 HJ 656 - 2013、《环境空气颗粒物（PM2.5）手工监测方法》第 1 号修改单 HJ 656 - 2013/XG1 - 2018

适用范围

本方法规定了环境空气颗粒物（$PM_{2.5}$）手工监测方法（重量法）的采样、分析、数据处理、质量控制和质量保证等方面的技术要求，本标准适用于手工监测方法（重量法）对环境空气颗粒物（$PM_{2.5}$）进行监测的活动。

方法原理　采样器以恒定采样流量抽取环境空气，使环境空气中 $PM_{2.5}$ 被截留在已知质量的滤膜上，根据采样前后滤膜的质量变化和累积采样体积，计算出 $PM_{2.5}$ 浓度。

$PM_{2.5}$ 采样器的工作点流量不做必须要求，一般情况如下：

大流量采样器工作点流量为 $1.05\ m^3/min$；

中流量采样器工作点流量为 $100\ L/min$；

小流量采样器工作点流量为 $16.67\ L/min$。

干扰和消除　暂不明确。

方法六：固定污染源废气　低浓度颗粒物的测定　重量法 HJ 836 - 2017

适用范围

本方法适用于各类燃煤、燃油、燃气锅炉、工业窑炉、固定式燃气轮机以及其他固定污染源废气中颗粒物的测定。

本方法适用于低浓度颗粒物的测定，当测定结果大于 50 mg/m³ 时，表述为"＞50 mg/m³"。

方法原理　本方法采用烟道内过滤的方法，使用包含过滤介质的低浓度采样头，将颗粒物采样管由采样孔插入烟道中，利用等速采样原理抽取一定量的含颗粒物的废气，根据采样头上所捕集到的颗粒物量和同时抽取的废气体积，计算出废气中颗粒物浓度。

检出限　当采样体积为 1 m³ 时，本标准方法检出限为 1.0 mg/m³。

干扰和消除　暂不明确。

方法七：固定污染源　低浓度颗粒物测定方法　重量法 DB 31/963 - 2016 附录 A

适用范围　本标准中规定了燃煤发电锅炉污染源排放低浓度颗粒物烟道内过滤采集的方法、样品整体称重方式和计算程序。

方法原理　本方法采用烟道内过滤的方法，使用包含滤膜的低浓度采样头，利用微电脑颗粒物平行采样系统等速采集固定污染源排气中的颗粒物，记录采气体积，恒重称取采样头增重，得到颗粒物质量，结合采样体积计算所测排气中颗粒物的浓度。

检出限　方法检出限由仪器设备性能及实验室条件决定，但不超过 1 mg/m³（标干浓度）。

干扰和消除　暂不明确。

2. 总悬浮颗粒物

方法：环境空气　总悬浮颗粒物的测定　重量法 GB/T 15432 - 1995、《环境空气总悬浮颗粒物的测定重量法》第 1 号修改单 GB/T 15432 - 1995/XG1 - 2018

适用范围　本方法适合用大流量或中流量总悬浮颗粒物采样器（简称采样器）进行空气中总悬浮颗粒物的测定。总悬浮颗粒物含量过高或雾天采样使滤膜阻力大于 10 kPa 时，本方法不适用。

方法原理　通过具有一定切割特性的采样器，以恒速抽取定量体积的空气，空气中粒径小于 100 μm 的悬浮颗粒物，被截留在已恒重的滤膜上。根据采样前、后滤膜重量之差及采样体积，计算总悬浮颗粒物的浓度。滤膜经处理后，进行组分分析。

检出限　本方法的检测限为 0.001 mg/m³。

干扰和消除　暂不明确。

3. 石棉尘

方法：固定污染源排气中石棉尘的测定　镜检法　HJ／T 41 - 1999

适用范围　本方法适用于固定污染源有组织排放的石棉尘测定，允许的滤膜石棉纤维负荷量范围为 $100 \sim 600$ 根／mm^2。

方法原理　将排气筒中含石棉尘的气体抽取通过采样滤膜，石棉尘于滤膜上经透明固定后，在相衬显微镜下计测，根据采气体积计算每标准立方厘米气体中石棉尘的根数。

干扰和消除　暂不明确。

4. 沥青烟

方法：固定污染源排气中沥青烟的测定　重量法　HJ／T 45 - 1999

适用范围　本方法适用于固定污染源有组织排放的沥青烟测定。

方法原理　将排气筒中的沥青烟收集于已恒重的玻璃纤维滤筒中，除去水分后，由采样前后玻璃纤维滤筒的增量计算沥青烟的浓度。若沥青烟气中含有显著的固体颗粒物，则将采样后的玻璃纤维滤筒用环己烷提取，并测定提取液中的沥青烟。

检出限　沥青烟的检出限为 5.1 mg，定量测定范围为 $17.0 \sim 2\ 000$ mg。

干扰和消除　暂不明确。

5. 烟气黑度

方法：固定污染源排放　烟气黑度的测定　林格曼烟气黑度图法　HJ／T 398 - 2007

适用范围　本方法适用于固定污染源排放的灰色或黑色烟气在排放口处黑度的监测，不适用于其他颜色烟气的监测。

方法原理　把林格曼烟气黑度图放在适当的位置上，将烟气的黑度与图上的黑度相比较，由具有资质的观察者用目视观察来测定固定污染源烟气的黑度。

干扰和消除　暂不明确。

6. 一氧化碳

方法一：空气质量　一氧化碳的测定　非分散红外法　GB 9801 - 88

适用范围　本方法适用于测定空气质量中的一氧化碳。

方法原理　样品气体进入仪器，在前吸收室吸取 4.67 μm 谱线中心的红外辐射能量，在后吸收室吸收其他辐射能量，两室因吸收能量不同，破坏了原吸收室内气体受热产生相同振幅的压力脉冲，变化后的压力脉冲通过毛细管加在差动式薄膜微音器上，被转化为电容量的变化，通过放大器再转变为与浓度成比例的直流测量值。

检出限 测定范围为 $0 \sim 62.5 \ mg/m^3$，最低检出浓度为 $0.3 \ mg/m^3$。

干扰和消除 暂不明确。

方法二：环境空气 氯气等有毒有害气体的应急监测 比长式检测管法 HJ 871 - 2017

适用范围

本标准规定了测定环境空气中氯气、一氧化碳、硫化氢、氯化氢、氰化氢、光气、氟化氢、氨气、甲醛、苯乙烯、砷化氢、臭氧、二氧化硫、氮氧化物、苯和甲苯等 16 种有害气体的比长式检测管法。

本标准为定性半定量方法，适用于环境空气中氯气、一氧化碳、硫化氢、氯化氢、氰化氢、光气、氟化氢、氨气、甲醛、苯乙烯、砷化氢、臭氧、二氧化硫、氮氧化物、苯和甲苯等有害气体的现场应急监测，以及筛查、普查等先期调查工作。

方法原理 环境空气进入一氧化碳检测管，一氧化碳在发烟硫酸作用下，将吸附在硅胶上的碘酸钾还原，析出碘，使指示粉的颜色由白色变为棕色，在一定范围内，变色长度与一氧化碳的浓度成正比。反应式如下：

$$CO + KIO_3 + H_2SO_4 \longrightarrow I_2$$

检出限 常见测定范围为 $0.5 \sim 6.3 \times 10^3 \ mg/m^3$。

干扰和消除 丙烷、丁烷、己烷、乙烯、芳香族碳氢化合物等共存时对测定有影响。

方法三：环境空气 氯气等有毒有害气体的应急监测 电化学传感器法 HJ 872 - 2017

适用范围

本标准规定了测定环境空气中氯气、硫化氢、氯化氢、一氧化碳、氰化氢、光气、氟化氢、氨气和二氧化硫等 9 种有害气体的电化学传感器法。

本标准为定性半定量方法，适用于环境空气中氯气、硫化氢、氯化氢、一氧化碳、氰化氢、光气、氟化氢、氨气和二氧化硫等有害气体的现场应急监测，以及筛查、普查等先期调查工作。

方法原理

A：定电位电解式

一氧化碳气体进入电化学传感器后，在工作电极和对电极发生电解反应，产生电解电流，在一定范围内，电流大小与一氧化碳浓度成正比，通过测量电解电流即可获得一氧化碳的浓度。

B：库仑检测仪

被测气体进入装有五氧化二碘、温度为 150~160℃ 的管子，一氧化碳和五氧化二碘发生氧化还原反应生成碘，碘随气流进入库仑池在铂网阴极上还原，测量两电极间的电流便可得出一氧化碳的浓度。

检出限　常见测定范围为 $0.01~1.3×10^5$ mg/m^3。

干扰和消除　库仑检测仪测定一氧化碳时，二氧化硫、二氧化氮、臭氧、乙烯和乙炔等干扰测定。可用活性炭去除二氧化硫、二氧化氮和臭氧的干扰，用硫酸汞去除乙烯和乙炔的干扰。

方法四：固定污染源废气　一氧化碳的测定　定电位电解法　HJ 973 - 2018

适用范围　本方法适用于固定污染源废气中一氧化碳的测定。

方法原理　抽取样品进入主要由电解槽、电解液和电极（敏感电极、参比电极和对电极）组成的传感器。一氧化碳通过渗透膜扩散到敏感电极表面，在敏感电极上发生氧化反应：

$$CO + 2H_2O \longrightarrow CO_3^{2-} + 4H^+ + 2e$$

由此产生极限扩散电流（i）。在规定工作条件下，电子转移数（Z）、法拉第常数（F）、气体扩散面积（S）、扩散系数（D）和扩散厚度（δ）均为常数，在一定范围内，极限扩散电流（i）的大小与一氧化碳浓度（c）成正比，所以可由极限扩散电流（i）来测定一氧化碳浓度（c）。

$$i = \frac{Z \cdot F \cdot S \cdot D}{\delta} \times c$$

检出限　本标准的方法检出限为 3 mg/m^3，测定下限为 12 mg/m^3。

干扰和消除

（1）待测气体中的颗粒物、水分等易在传感器渗透膜表面凝结并造成传感器损坏，影响一氧化碳测定；应采用滤尘装置、除湿装置等进行滤除，消除影响。

（2）氢气对一氧化碳测定干扰显著，测定仪安装的一氧化碳传感器应具有抗氢气干扰功能。

（3）酸性气体对样品测定有干扰，测定仪应内置化学过滤器将其滤除，消除影响。

（4）乙烯对样品测定有干扰，当测定含乙烯浓度超过 100 μmol/mol 的样品气体时，应慎用本方法。

方法五：固定污染源排气中一氧化碳的测定　非色散红外吸收法 HJ/T 44 – 1999

适用范围　本方法适用于固定污染源有组织排放的一氧化碳测定。

方法原理　一氧化碳（CO）对 4.67 μm、4.72 μm 二波长处的红外辐射具有选择性吸收，在一定波长范围内，吸收值与一氧化碳的浓度呈线性关系（遵循朗伯比尔定律），根据吸收值确定样品中一氧化碳的浓度。

检出限　检出限为 20 mg/m^3，定量测定的浓度范围为 60～15×10^4 mg/m^3。

干扰和消除　室温下的饱和水蒸气对测定无干扰，但更高的含湿量对测定有正干扰，须采取适当除湿措施。一般情况下采用气体吸收瓶中装填玻璃棉，依靠烟气冷却凝结水分除湿；若烟气温度高，含湿量大，须采用冷凝器除湿。

7. 铬酸雾

方法：固定污染源排气中铬酸雾的测定　二苯基碳酰二肼分光光度法 HJ/T 29 – 1999

适用范围　本方法适用于固定污染源有组织排放和无组织排放的铬酸雾测定。

方法原理　固定污染源有组织排放的铬酸雾用玻璃纤维滤筒吸附后，用水溶解；无组织排放的铬酸雾用水吸收。在酸性条件下，铬酸中的六价铬与二苯基碳酰二肼作用，生成玫瑰红色的化合物，该化合物的吸光度和六价铬的浓度成正比，在 540 nm 波长处用分光光度法测定。

检出限

无组织排放样品分析中，当采样体积为 60 L 时，方法的检出限为 5×10^{-4} mg/m^3，方法的定量测定浓度范围为 1.8×10^{-3}～30.3 mg/m^3。

有组织排放样品分析中，当采样体积为 30 L 时，方法的检出限为 5×10^{-3} mg/m^3，方法的定量测定浓度范围为 1.8×10^{-2}～12 mg/m^3。

干扰和消除　在有还原性物质存在的条件下，铬酸雾的测定受到明显干扰。

8. 硫酸雾

方法一：废气中硫酸雾的测定　铬酸钡分光光度法 GB 21900 – 2008 附录 C

适用范围

本方法适用于现有电镀企业的水污染物排放管理、大气污染物排放管理，对电镀设施建设项目的环境影响评价、环境保护设施设计、竣工环境保护验收及其投产后的水、大气污染物排放管理，以及阳极氧化表面处理工艺设施。

本方法适用于法律允许的污染物排放行为：新设立污染源的选址和特殊保护区域内现有污染源的管理，按照《中华人民共和国大气污染防治法》《中华人民共和国水污染防治法》《中华人民共和国海洋环境保护法》《中华人民共和国固体废物污染环境防治法》《中华人民共和国放射性污染物防治法》《中华人民共和国环境影响评价法》等法律、法规、规章的相关规定执行。

方法原理 用玻璃纤维滤筒进行等速采样，用水浸取，除去阳离子后，在弱碱性溶液中，样品溶液中的硫酸根离子与铬酸钡悬浊液发生交换反应生成硫酸钡沉淀和黄色铬酸根离子，在氨-乙醇溶液中，分离除去硫酸钡及过量的铬酸钡，反应释放出的黄色铬酸根离子与硫酸根浓度成正比，根据颜色深浅，用分光光度法测定。

检出限 $5 \sim 120$ mg/m³。

干扰和消除 样品中有钙、锶、镁、锆、钛等金属阳离子共存时对测定有干扰，通过阳离子树脂柱交换处理后可除去干扰。

方法二：废气中硫酸雾的测定 离子色谱法 GB 21900－2008 附录 D

适用范围

本方法适用于现有电镀企业的水污染物排放管理、大气污染物排放管理，对电镀设施建设项目的环境影响评价、环境保护设施设计、竣工环境保护验收及其投产后的水、大气污染物排放管理，以及阳极氧化表面处理工艺设施。

本标准适用于法律允许的污染物排放行为：新设立污染源的选址和特殊保护区域内现有污染源的管理，按照《中华人民共和国大气污染防治法》《中华人民共和国水污染防治法》《中华人民共和国海洋环境保护法》《中华人民共和国固体废物污染环境防治法》《中华人民共和国放射性污染物防治法》《中华人民共和国环境影响评价法》等法律、法规、规章的相关规定执行。

方法原理 用玻璃纤维滤筒进行等速采样，用水浸取，除去阳离子。样品溶液注入离子色谱仪，基于待测阴离子对低容量强碱性阴离子交换树脂（交换柱）的相对亲和力不同而彼此分开。被分离的阴离子随淋洗液流经强酸性阳离子树脂（抑制柱）时，被转换为高电导的酸型，淋洗液组分（$Na_2CO_3 - NaHCO_3$）则转变成电导率很低的碳酸（清除背景电导），用电导检测器测定转变为相应酸型的阴离子，与标准溶液比较，根据保留时间定性，峰高或峰面积定量。

检出限　0.3～500 mg/m³。

干扰和消除　样品中有钙、锶、镁、锆、钍、铜、铁等金属阳离子共存时对测定有干扰，通过阳离子树脂柱交换处理后可除去干扰。

方法三：硫酸浓缩尾气　硫酸雾的测定　铬酸钡比色法 GB/T 4920-85

适用范围　本方法适用于火炸药厂硫酸浓缩尾气中硫酸雾的分析。

方法原理　硫酸根离子与铬酸钡作用，产生黄色铬酸根离子，根据黄色深浅比色测定。

检出限　100～30 000 mg/m³。

干扰和消除　暂不明确。

方法四：固定污染源废气　硫酸雾的测定　离子色谱法 HJ 544-2016

适用范围　本方法适用于固定污染源废气中硫酸雾的测定。

方法原理　用玻璃纤维滤筒（或石英纤维滤筒）串联内装 50 mL 吸收液的吸收瓶，采集有组织排放废气中硫酸雾样品；用石英纤维滤膜采集无组织排放废气中硫酸雾样品。采集到的样品经前处理后，用离子色谱仪对硫酸根进行分离测定，根据保留时间定性，峰面积或峰高定量。

检出限

对于有组织排放废气，当采样体积为 0.40 m³（标准状态）、定容体积为 100 mL、进样体积为 25 μL 时，方法检出限为 0.2 mg/m³，测定下限为 0.80 mg/m³。

对于无组织排放废气，当采样体积为 3.0 m³（标准状态）、定容体积为 50.0 mL、进样体积为 25 μL 时，方法检出限为 0.005 mg/m³，测定下限为 0.020 mg/m³。

干扰和消除　有机污染物会污染色谱柱和干扰样品的测定，可采用 C_{18} 固相萃取柱去除。

9. 硝酸雾

方法一：固定污染源排气中氮氧化物的测定　紫外分光光度法 HJ/T 42-1999

适用范围　本标准适用于固定污染源有组织排放的氮氧化物测定。

方法原理　样品气体被收集在一个盛有稀硫酸-过氧化氢吸收液的瓶中，氮氧化物受到氧化和被吸收，成为 NO_3^- 存在于吸收液中，于 210 nm 处测定 NO_3^- 的光吸收。

检出限 当采样体积为 1 L 时，方法的氮氧化物检出限为 10 mg/m³；定量测定的浓度下限为 34 mg/m³；在不作稀释的情况下，测定的浓度上限为 1 730 mg/m³。

干扰和消除 暂不明确。

方法二：固定污染源排气中氮氧化物的测定 盐酸萘乙二胺分光光度法 HJ/T 43－1999

适用范围 本方法适用于固定污染源有组织排放的氮氧化物测定。

方法原理 氮氧化物（NO_x）包括一氧化氮（NO）及二氧化氮（NO_2）等。在采样时，气体中的一氧化氮等低价氧化物首先被三氧化铬氧化成二氧化氮，二氧化氮被吸收液吸收后，生成亚硝酸和硝酸，其中亚硝酸与对氨基苯磺酸起重氮化反应，再与盐酸萘乙二胺偶合，呈玫瑰红色，根据颜色深浅，用分光光度法测定。

检出限 当采样体积为 1 L 时，本方法的定性检出浓度为 0.7 mg/m³，定量测定的浓度范围为 2.4～208 mg/m³。更高浓度的样品，可以用稀释的方法进行测定。

干扰和消除 在臭氧浓度大于氮氧化物浓度 5 倍、二氧化硫浓度大于氮氧化物浓度 100 倍的条件下，对氮氧化物测定有干扰。

10. 光气

方法一：环境空气 氯气等有毒有害气体的应急监测 比长式检测管法 HJ 871－2017

适用范围 见 3.2.1 6. 一氧化碳 方法二。

方法原理 环境空气进入光气检测管，光气与吸附在硅胶上的对二氨基苯甲醛和二苯胺反应，使指示粉的颜色由白色变为黄色，在一定范围内，变色长度与光气的浓度成正比。反应式如下：

$$COCl_2 + (CH_3)_2NC_6H_4CHO \longrightarrow (CH_3)_2NC_6H_4CHCl_2$$

$$(CH_3)_2NC_6H_4CHCl_2 + (C_6H_5)_2NH \longrightarrow 黄色产物$$

检出限 常见测定范围为 0.2～330 mg/m³。

干扰和消除 氯气、氯化氢、二氧化氮、羰基溴和乙酰氯等共存时使测定结果偏高。

方法二：环境空气 氯气等有毒有害气体的应急监测 电化学传感器法 HJ

872 – 2017

适用范围　见 3.2.1　6. 一氧化碳　方法三。

方法原理　光气通过渗透膜,进入电解槽,在电解液中发生氧化还原反应,并产生电流,在一定范围内,电流大小与光气浓度成正比。

检出限　常见测定范围为 $0.004 \sim 1.3 \times 10^4 \ mg/m^3$。

干扰和消除　暂不明确。

方法三:固定污染源排气中光气的测定　苯胺紫外分光光度法　HJ/T 31 – 1999

适用范围　本方法适用于固定污染源有组织排放和无组织排放的光气测定。

方法原理　含光气（$COCl_2$）的气体先经装有硫代硫酸钠的双联玻璃球,以除去氯、二氧化氮、氨等干扰气,而后被苯胺溶液吸收,生成 1,3 – 二苯基脲,用溶剂在酸性条件下萃取,在波长 257 nm 处测定吸光度,其值与光气含量成正比。

检出限

在有组织排放样品分析中,当采样体积为 15 L 时,光气的检出限为 $0.4 \ mg/m^3$,定量测定的浓度范围为 $1.2 \sim 20 \ mg/m^3$。

在无组织排放样品分析中,当采样体积为 60 L 时,光气的检出限为 $0.02 \ mg/m^3$,定量测定的浓度范围为 $0.06 \sim 1.0 \ mg/m^3$。

干扰和消除　在本方法规定的条件下,氯气浓度大于 $1\ 600 \ mg/m^3$ 时对光气测定有干扰。

11. 氰化氢

方法一:环境空气　氯气等有毒有害气体的应急监测　比长式检测管法　HJ 871 – 2017

适用范围　见 3.2.1　6. 一氧化碳　方法二。

方法原理

（1）环境空气进入氰化氢检测管,氰化氢与吸附在硅胶上的二氯化汞发生反应,生成氯化氢,改变介质的 pH,使指示粉变色,在一定范围内,变色长度与氰化氢气体的浓度成正比。反应式如下:

$$2HCN + HgCl_2 \longrightarrow Hg(CN)_2 + 2HCl$$

（2）环境空气进入氰化氢检测管,氰化氢与用联苯胺和醋酸铜溶液处理过的指示粉反应，使指示粉的颜色由白色变为蓝色，在一定范围内，变色长度与氰化氢气体的浓度成正比。

检出限　常见测定范围为 $0.2 \sim 2.9 \times 10^3$ mg/m³。

干扰和消除　氨气对测定结果有负干扰。氯化氢、硝酸、二氧化硫、二氧化氮、氟化氢和硫化氢等酸性气体对测定结果有正干扰。

方法二：环境空气　氯气等有毒有害气体的应急监测　电化学传感器法　HJ 872-2017

适用范围　见 3.2.1　6. 一氧化碳　方法三。

方法原理　氰化氢气体由进气孔通过渗透膜扩散到工作电极表面时，在工作电极、电解液和对电极之间发生氧化反应，产生电解电流，电解电流通过放大器放大后输出。在一定浓度范围内，输出值与氰化氢浓度成正比。

检出限　常见测定范围为 $0.01 \sim 1.2 \times 10^3$ mg/m³。

干扰和消除　尘和水分干扰测定，可通过增加过滤管或干燥管消除干扰。

方法三：固定污染源排气中氰化氢的测定　异烟酸-吡唑啉酮分光光度法 HJ/T 28-1999

适用范围　本方法适用于固定污染源有组织排放和无组织排放的氰化氢测定。

方法原理　用氢氧化钠溶液吸收氰化氢（HCN），在中性条件下，与氯胺 T 作用生成氯化氢（CNCl），氰化氢与异烟酸反应，经水解生成戊烯二醛，再与吡唑啉酮进行缩聚反应，生成蓝色化合物，用分光光度法测定。

检出限

在有组织排气样品分析中，当采样体积为 5 L 时，方法的检出限为 0.09 mg/m³，定量测定浓度范围为 $0.29 \sim 8.8$ mg/m³。在氰化氢无组织排放的空气样品分析中，当采样体积为 30 L 时，方法的检出限为 2×10^{-3} mg/m³，定量测定浓度范围为 $0.005\,0 \sim 0.17$ mg/m³。

干扰和消除　硫化氢和氧化剂（如 Cl_2）存在对测定有干扰。

12. 氟化物

方法一：环境空气氟化物的测定　石灰滤纸采样氟离子选择电极法　HJ 481-2009

适用范围　本方法适用于环境空气中氟化物长期平均污染水平的测定。

方法原理　空气中的氟化物（氟化氢、四氟化硅等）与浸渍在滤纸上的氢氧化钙反应而被固定。用总离子强度调节缓冲液浸提后，以氟离子选择电极法测定，获得石灰滤纸上氟化物的含量。测定结果反映的是放置期间空气中氟化物的平均污染水平。

检出限 当采样时间为 1 个月时，方法的测定下限为 $0.18\ \mu g/(dm^2 \cdot d)$。

干扰和消除 浸渍液中有 Si^{4+}、Fe^{3+}、Al^{3+} 存在，质量浓度不超过 20 mg/L 时，产生的干扰可采用加入总离子强度调节缓冲液来消除。

方法二：固定污染源废气 氟化氢的测定 离子色谱法 HJ 688 - 2019

适用范围 本方法适用于固定污染源废气中氟化氢的测定。

方法原理 采用加热的采样管采集废气样品，经过滤膜滤除颗粒物，气态氟化氢和气化后的氟化氢液滴被碱性吸收液吸收后生成氟离子。试样注入离子色谱仪进行分离检测，根据保留时间定性，峰面积或峰高定量。

检出限 当采样体积为 20 L（标准状态），定容体积为 100 mL 时，方法检出限为 $0.08\ mg/m^3$，测定下限为 $0.32\ mg/m^3$。

干扰和消除

颗粒态氟化物对测定有干扰，采样时使用滤膜去除。

乙酸根离子对氟化物测定有干扰，可通过调节淋洗液浓度和流速、更换高效专用色谱柱等方式消除和减少其干扰。

方法三：环境空气氟化物的测定 滤膜采样/氟离子选择电极法 HJ 955 - 2018

适用范围 本方法适用于环境空气中气态和颗粒态氟化物的测定。

方法原理 环境空气中气态和颗粒态氟化物通过磷酸氢二钾浸渍的滤膜时，氟化物被固定或阻留在滤膜上，滤膜上的氟化物用盐酸溶液浸溶后，用氟离子选择电极法测定，溶液中氟离子活度的对数与电极电位呈线性关系。

检出限 当采样流量 50 L/min、采样时间 1 h 时，方法检出限为 $0.5\ \mu g/m^3$，测定下限为 $2.0\ \mu g/m^3$；当采样流量 16.7 L/min、采样时间 24 h 时，方法检出限为 $0.06\ \mu g/m^3$，测定下限为 $0.24\ \mu g/m^3$。

干扰和消除 Ca^{2+}、Mg^{2+}、Fe^{3+}、Al^{3+} 等金属离子易与氟离子形成络合物，对结果产生负干扰。在本标准实验条件下，加入总离子强度调节缓冲溶液，Ca^{2+}、Mg^{2+}、Fe^{3+} 的浓度均不超过 50 mg/L、Al^{3+} 不超过 2 mg/L 时不干扰测定。

方法四：大气固定污染源 氟化物的测定 离子选择电极法 HJ/T 67 - 2001

适用范围 本方法适用于大气固定污染源有组织排放中氟化物的测定。不能测定碳氟化物，如氟利昂。

方法原理　使用滤筒、氢氧化钠溶液为吸收液采集尘氟和气态氟，滤筒捕集尘氟和部分气态氟，用盐酸溶液浸溶后制备成试样，用氟离子选择电极测定；当溶液的总离子强度为定值而且足够大时，其电极电位与溶液中氟离子活度的对数呈线性关系。

检出限　当采样体积为 150 L 时，检出限为 $6×10^{-2}$ mg／m³，测定范围为 1 ~ 1 000 mg／m³。

干扰和消除　暂不明确。

13. 氯气

方法一：固定污染源废气　氯气的测定　碘量法　HJ 547 – 2017

适用范围　本方法适用于固定污染源有组织排放废气中氯气的测定，不适用于无组织排放的测定。

方法原理　氯气被氢氧化钠溶液吸收，生成次氯酸钠。采样后加入碘化钾，用盐酸酸化，释放出的游离氯将碘离子氧化成碘，用硫代硫酸钠标准溶液滴定。根据消耗的硫代硫酸钠标准溶液的量和采样体积，计算废气中氯气的浓度。

检出限　当采样体积为 10 L 时，方法的检出限为 12 mg／m³，测定下限为 48 mg／m³。

干扰和消除　废气中的氟化氢和氯化氢不干扰测定；颗粒物会影响测定，可在采样管前加装滤膜去除；废气中含有其他氧化性或还原性气体时对测定有干扰。

方法二：环境空气　氯气等有毒有害气体的应急监测　比长式检测管法　HJ 871 – 2017

适用范围　见 3. 2. 1　6. 一氧化碳　方法二。

方法原理　环境空气进入氯气检测管，氯气将吸附在硅胶上的联邻甲苯胺氧化，使指示粉的颜色由白色变为黄色，在一定范围内，变色长度与氯气的浓度成正比。反应式如下：

$$Cl_2 + C_{14}H_{16}N_2 \longrightarrow C_{14}H_{14}N_2Cl_2$$

检出限　常见测定范围为 0. 06 ~ 3. 2×10³ mg／m³。

干扰和消除　卤素、氨气、氯化氢、一氧化氮、二氧化氮、二氧化氯和氯胺等对测定有干扰。

方法三：环境空气　氯气等有毒有害气体的应急监测　电化学传感器法　HJ 872 - 2017

适用范围　见 3.2.1　6. 一氧化碳　方法三。

方法原理　氯气通过电化学传感器的渗透膜，扩散进入电解槽，与电解液发生还原反应，产生电流，在一定范围内，该电流与氯气浓度成正比。

检出限　常见测定范围为 0.003 ~ 1.6×10⁴ mg/m³。

干扰和消除　尘和水分干扰测定，可通过增加过滤管或干燥管消除干扰，但不建议使用水阱过滤管和选择较高的泵吸速度。

方法四：固定污染源排气中氯气的测定　甲基橙分光光度法　HJ/T 30 - 1999

适用范围　本方法适用于固定污染源有组织排放和无组织排放的氯气测定。

方法原理　含溴化钾、甲基橙的酸性溶液和氯气反应，氯气将溴离子氧化成溴，溴能在酸性溶液中将甲基橙溶液的红色减退，用分光光度法测定其褪色的程度来确定氯气的含量。

检出限

当采集有组织排气样品体积为 5.0 L 时，方法的检出限为 0.2 mg/m³，定量测定的浓度范围为 0.52 ~ 20 mg/m³。当采集无组织排放样品体积为 30 L 时，方法的检出限为 0.03 mg/m³，定量测定的浓度范围为 0.086 ~ 3.3 mg/m³。

干扰和消除　游离溴有和氯相同的反应而产生正干扰，微量二氧化硫对测定有明显负干扰。

14. 氨

方法一：空气质量　氨的测定　离子选择电极法　GB/T 14669 - 93

适用范围　本方法适用于测定空气和工业废气中的氨。

方法原理　氨气敏电极为一复合电极，以 pH 玻璃电极为指示电极，银-氯化银电极为参比电极。此电极对置于盛有 0.1 mol/L 氯化铵内充液的塑料套管中，管底用一张微孔疏水薄膜与试液隔开，并使透气膜与 pH 玻璃电极间有一层很薄的液膜。当测定由 0.05 mol/L 硫酸吸收液所吸收的大气中的氨时，借加入强碱，使铵盐转化为氨，由扩散作用通过透气膜（水和其他离子均不能通过透气膜），使氯化铵电质液膜层内 $NH_4^+ \rightleftharpoons NH_3 + H^+$ 的反应向左移动，引起氢离子浓度改变，由 pH 玻璃电极测得其变化。在恒定的离子强度下，测得的电极电位与氨浓度的对数呈线性关系。由此，可从测得的电位值确定样品中氨的含量。

检出限　本方法检测限为 10 mL 吸收液中 0.7 μg 氨。当样品溶液总体积为

10 mL，采样体积 60 L 时，最低检测浓度为 0.014 mg/m^3。

干扰和消除　按 Nernst 公式，氨浓度每变化十倍，电极电位变化约 60 mV。

方法二：环境空气和废气　氨的测定　纳氏试剂分光光度法　HJ 533 - 2009

适用范围　本方法适用于环境空气中氨的测定，也适用于制药、化工、炼焦等工业行业废气中氨的测定。

方法原理　用稀硫酸溶液吸收空气中的氨，生成的铵离子与纳氏试剂反应生成黄棕色络合物，该络合物的吸光度与氨的含量成正比，在 420 nm 波长处测量吸光度，根据吸光度计算空气中氨的含量。

检出限　本标准的方法检出限为 0.5 μg/10 mL 吸收液。当吸收液体积为 50 mL，采气 10 L 时，氨的检出限为 0.25 mg/m^3，测定下限为 1.0 mg/m^3，测定上限 20 mg/m^3。当吸收液体积为 10 mL，采气 45 L 时，氨的检出限为 0.01 mg/m^3，测定下限 0.04 mg/m^3，测定上限 0.88 mg/m^3。

干扰和消除

样品中含有三价铁等金属离子、硫化物和有机物时干扰测定，可通过下列方法消除。

（1）三价铁等金属离子　分析时加入 0.50 mL 酒石酸钾钠溶液络合掩蔽，可消除三价铁等金属离子的干扰。

（2）硫化物　若样品因产生异色而引起干扰（如硫化物存在时为绿色）时，可在样品溶液中加入稀盐酸去除干扰。

（3）有机物　某些有机物质（如甲醛）生成沉淀干扰测定，可在比色前用 0.1 mol/L 的盐酸溶液将吸收液酸化到 pH 不大于 2 后煮沸除之。

方法三：环境空气　氨的测定　次氯酸钠-水杨酸分光光度法　HJ 534 - 2009

适用范围　本方法适用于环境空气中氨的测定，也适用于恶臭源厂界空气中氨的测定。

方法原理　氨被稀硫酸吸收液吸收后，生成硫酸铵。在亚硝基铁氰化钠存在下，铵离子与水杨酸和次氯酸钠反应生成蓝色络合物，在波长 697 nm 处测定吸光度。吸光度与氨的含量成正比，根据吸光度计算氨的含量。

检出限　本标准的方法检出限为 0.1 μg/10 mL 吸收液。当吸收液总体积为 10 mL，采样体积为 1~4 L 时，氨的检出限为 0.025 mg/m^3，测定下限为 0.10 mg/m^3，测定上限为 12 mg/m^3。当吸收液总体积为 10 mL，采样体积为 25 L 时，氨的检出限为 0.004 mg/m^3，测定下限为 0.016 mg/m^3。

干扰和消除 有机胺浓度大于 1 mg/m³ 时对测定有干扰，不适用于本方法。

方法四：环境空气 氯气等有毒有害气体的应急监测 比长式检测管法 HJ 871－2017

适用范围 见 3.2.1 6. 一氧化碳 方法二。

方法原理 环境空气进入氨气检测管，氨气与吸附在硅胶上的磷酸发生中和反应，使指示粉变色，在一定范围内，变色长度与氨气的浓度成正比。反应式如下：

$$NH_3 + H_3PO_4 \longrightarrow (NH_4)_2HPO_4$$

检出限 常见测定范围为 $0.05 \sim 1.0 \times 10^3$ mg/m³。

干扰和消除 硫化氢、二氧化硫、一氧化氮、胺类、联氨共存时对氨气的测定产生正干扰。氨气受湿度干扰，测定时应在检测管前面增加干燥管。

方法五：环境空气 氯气等有毒有害气体的应急监测 电化学传感器法 HJ 872－2017

适用范围 见 3.2.1 6. 一氧化碳 方法三。

方法原理 待测气体扩散通过电化学传感器的渗透膜，进入电解槽，在高于标准氧化电位的规定外加恒定电位，使在电解液中扩散吸收的氨气发生反应，产生对应极限电流 I，在一定范围内，电流的大小与氨气浓度成正比，具有定量关系，即：$I \propto C$ 或 $I = KC$。通过测量极限电流的变化，定量求出氨气的浓度。

检出限 常见测定范围为 $0.001 \sim 7.6 \times 10^3$ mg/m³。

干扰和消除 硫化氢、二氧化硫、一氧化氮和氰化氢对氨气的测定产生正干扰。

方法六：环境空气 氨、甲胺、二甲胺和三甲胺的测定 离子色谱法 HJ 1076－2019

适用范围 本方法适用于环境空气和固定污染源无组织排放监控点空气中氨、甲胺、二甲胺和三甲胺的测定。

方法原理 环境空气样品经滤膜过滤，目标化合物被稀硫酸吸收液吸收后，用阳离子色谱柱交换分离，电导检测器检测，以保留时间定性，外标法定量。

检出限 环境空气采样体积为 30 L，吸收液体积为 10 mL 时，本方法氨、甲胺、二甲胺和三甲胺的检出限分别为 0.003 mg/m³、0.009 mg/m³、0.009 mg/m³ 和 0.007 mg/m³，测定下限分别为 0.012 mg/m³、0.036 mg/m³、0.036 mg/

m^3 和 0.028 mg/m^3。

干扰和消除　暂不明确。

15. 二氧化硫

方法一：环境空气　二氧化硫的测定　甲醛吸收-副玫瑰苯胺分光光度法　HJ 482 - 2009、《环境空气　二氧化硫的测定　甲醛吸收-副玫瑰苯胺分光光度法》第 1 号修改单　HJ 482 - 2009/XG1 - 2018

适用范围　本方法适用于环境空气中二氧化硫的测定。

方法原理　二氧化硫被甲醛缓冲溶液吸收后，生成稳定的羟甲基磺酸加成化合物，在样品溶液中加入氢氧化钠使加成化合物分解，释放出的二氧化硫与副玫瑰苯胺、甲醛作用，生成紫红色化合物，用分光光度计在波长 577 nm 处测量吸光度。

检出限

当使用 10 mL 吸收液、采样体积为 30 L 时，测定空气中二氧化硫的检出限为 0.007 mg/m^3，测定下限为 0.028 mg/m^3，测定上限为 0.667 mg/m^3。当使用 50 mL 吸收液、采样体积为 288 L，试份为 10 mL 时，测定空气中二氧化硫的检出限为 0.004 mg/m^3，测定下限为 0.014 mg/m^3，测定上限为 0.347 mg/m^3。

干扰和消除　本方法的主要干扰物为氮氧化物、臭氧及某些重金属元素。采样后放置一段时间可使臭氧自行分解；加入氨磺酸钠溶液可消除氮氧化物的干扰；吸收液中加入磷酸及环己二胺四乙酸二钠盐可以消除或减少某些金属离子的干扰。10 mL 样品溶液中含有 50 μg 钙、镁、铁、镍、镉、铜等金属离子及 5 μg 二价锰离子时，对本方法测定不产生干扰。当 10 mL 样品溶液中含有 10 μg 二价锰离子时，可使样品的吸光度降低 27%。

方法二：环境空气　二氧化硫的测定　四氯汞盐吸收副玫瑰苯胺分光光度法　HJ 483 - 2009、《环境空气　二氧化硫的测定　四氯汞盐吸收副玫瑰苯胺分光光度法》第 1 号修改单　HJ 483 - 2009/XG1 - 2018

适用范围　本方法适用于环境空气中二氧化硫的测定。

方法原理　二氧化硫被四氯汞钾溶液吸收后，生成稳定的二氯亚硫酸盐络合物，再与甲醛及盐酸副玫瑰苯胺作用，生成紫红色络合物，在 575 nm 处测量吸光度。

检出限

当使用 5 mL 吸收液、采样体积为 30 L 时，测定空气中二氧化硫的检出限为 0.005 mg/m^3，测定下限为 0.020 mg/m^3，测定上限为 0.18 mg/m^3。当使用

50 mL 吸收液、采样体积为 288 L 时，测定空气中二氧化硫的检出限为 0.005 mg/m³，测定下限为 0.020 mg/m³，测定上限为 0.19 mg/m³。

干扰和消除 本方法的主要干扰物为氮氧化物、臭氧、锰、铁、铬等。加入氨基磺酸铵可消除氮氧化物的干扰；采样品后放置一段时间可使臭氧自行分解；加入磷酸及乙二胺四乙酸二钠盐可以消除或减少某些重金属离子的干扰。

方法三：固定污染源废气　二氧化硫的测定　非分散红外吸收法 HJ 629 – 2011

适用范围 本方法适用于固定污染源有组织排放废气中二氧化硫的瞬时监测和连续监测。

方法原理 二氧化硫气体在 6.82～9 μm 波长红外光谱具有选择性吸收。一束恒定波长为 7.3 μm 的红外光通过二氧化硫气体时，其光通量的衰减与二氧化硫的浓度符合朗伯比尔定律。

检出限 本方法的检出限为 3 mg/m³，测定下限为 10 mg/m³。

干扰和消除 在室温下，样品含水量或水蒸气低于饱和湿度时对测定结果无干扰，但更高的含水量或水蒸气对测定结果有负干扰，须采用除湿装置对气体样品进行除湿处理。

方法四：环境空气　氯气等有毒有害气体的应急监测　比长式检测管法 HJ 871 – 2017

适用范围 见 3.2.1　6. 一氧化碳　方法二。

方法原理 环境空气进入二氧化硫检测管，二氧化硫与吸附在硅胶上的碱发生中和反应，使指示粉的颜色发生变化，在一定范围内，变色长度与二氧化硫的浓度成正比。反应式如下：

$$SO_2 + 2NaOH \longrightarrow Na_2SO_3 + H_2O$$

检出限 常见测定范围为 0.1～2.3×10⁴ mg/m³。

干扰和消除 酸性气体的存在对测定有正干扰。

方法五：环境空气　氯气等有毒有害气体的应急监测　电化学传感器法 HJ 872 – 2017

适用范围 见 3.2.1　6. 一氧化碳方法三。

方法原理 二氧化硫通过渗透膜，进入电解槽，在恒电位工作电极上发生氧化反应，产生对应的极限扩散电流，在一定范围内，其电流大小与二氧化硫浓度成正比。

检出限　常见测定范围为 $0.003 \sim 1.1 \times 10^5$ mg／m^3。

干扰和消除　尘、水分、二氧化氮和氰化氢对二氧化硫测定产生干扰。尘或水分的干扰可通过增加过滤管或干燥管消除。

方法六：固定污染源废气　二氧化硫的测定　便携式紫外吸收法 HJ 1131 – 2020

适用范围　本方法适用于固定污染源废气中二氧化硫的测定。

方法原理　二氧化硫对紫外光区内 $190 \sim 230$ nm 或 $280 \sim 320$ nm 特征波长光具有选择性吸收，根据朗伯比尔定律定量测定废气中二氧化硫的浓度。

检出限　方法检出限为 2 mg／m^3，测定下限为 8 mg／m^3。

干扰和消除

（1）废气中的颗粒物容易污染吸收池，应通过高效过滤器除尘等方法消除或减少废气中颗粒物对仪器的污染，过滤器滤料的材质应避免与二氧化硫发生物理吸附或化学反应。

（2）废气中的水蒸气在采样过程中遇冷产生冷凝水会吸收样品中的二氧化硫，导致测试结果偏低，应通过加热采样管和导气管、冷却装置快速除湿或测定热湿废气样品等方法，消除或减少废气中水汽冷凝等对仪器的污染和造成的二氧化硫吸附及溶解损失。

方法七：固定污染源排气中二氧化硫的测定　碘量法　HJ／T 56 – 2000

适用范围　本标准规定了碘量法测定固定污染源排气中二氧化硫浓度以及测定二氧化硫排放速率的方法。

方法原理　烟气中的二氧化硫被氨基磺酸铵混合溶液吸收，用碘标准溶液滴定。按滴定量计算二氧化硫浓度。

检出限　测定范围：$100 \sim 6\,000$ mg／m^3；在测定范围内，本方法的批内误差在 ±6% 之内。

干扰和消除

（1）锅炉燃料在正常工况燃烧时，烟气中 H_2S 等还原性物质含量极少，对测定的影响可忽略不计。

（2）吸收液中氨基磺酸铵可消除二氧化氮的影响。

（3）采样管应加热至 120℃，以防止二氧化硫被冷凝水吸收，使测定结果偏低。

方法八：固定污染源排气中二氧化硫的测定　定电位电解法 HJ／T 57 – 2017

适用范围　本标准规定了测定固定污染源废气中二氧化硫的定电位电解法。

本方法适用于固定污染源废气中二氧化硫的测定。

方法原理 抽取样品进入主要由电解槽、电解液、和电极（敏感电极、参比电极和对电极）组成的传感器。二氧化硫通过渗透膜扩散到敏感电极表面，在敏感电极上发生氧化反应：

$$SO_2 + 2H_2O \longrightarrow SO_4^{2-} + 4H^+ + 2e$$

由此产生极限扩散电流（i），在规定工作条件下，电子转移数（Z）、法拉第常数（F）、气体扩散面积（S）、扩散系数（D）和扩散厚度（δ）均为常数，极限扩散电流（i）的大小与二氧化硫浓度（c）成正比，所以可由极限扩散电流（i）来测定二氧化硫浓度（c）。

$$i = \frac{Z \cdot F \cdot S \cdot D}{\delta} \times c$$

检出限 本标准的方法检出限为 3 mg/m³，测定下限为 12 mg/m³。

干扰和消除

（1）待测气体中的颗粒物、水分和三氧化硫等易在传感器渗透膜表面凝结并造成传感器损坏，影响测定；应采用滤尘装置、除湿装置、滤雾器等进行滤除，消除影响。

（2）氨、硫化氢、氯化氢、氟化氢、二氧化氮等对样品测定会产生一定干扰，可采用磷酸吸收、乙酸铅棉吸附、气体过滤器滤除等措施减小干扰。

（3）一氧化碳干扰显著，测定样品时须同时测定一氧化碳浓度。一氧化碳浓度不超过 50 μmol/mol 时，可用本方法测定样品。一氧化碳浓度超过 50 μmol/mol 时，二氧化硫测定仪初次使用前，应开展一氧化碳干扰试验；在干扰试验确定的二氧化硫浓度最高值和一氧化碳浓度最高值范围内，可用本方法测定样品。

16. 氮氧化物

方法一：固定污染源排气 氮氧化物的测定 酸碱滴定法 HJ 675－2013

适用范围 本方法适用于火炸药工业硝烟尾气中一氧化氮、二氧化氮以及其他氮氧化物的测定。

方法原理 以过氧化氢吸收液吸收火炸药工业硝烟尾气中一氧化氮和二氧化氮以及其他氮氧化物，氮氧化物被氧化后，生成硝酸。吸收液中的硝酸用氢氧化钠标准溶液滴定，根据其消耗体积计算氮氧化物浓度。

检出限 本标准方法检出限为 50 mg/m³，测定范围为 200~20 000 mg/m³。

干扰和消除　本方法受其他酸碱性气体的干扰。当气体样品含有硝酸雾时，采样瓶前应连接 1~2 支内装中性玻璃棉的三连球管，以滤除硝酸雾。

方法二： 环境空气　氮氧化物（一氧化氮和二氧化氮）的测定　盐酸萘乙二胺分光光度法 HJ 479 - 2009、《环境空气　氮氧化物（一氧化氮和二氧化氮）的测定　盐酸萘乙二胺分光光度法》第 1 号修改单 HJ 479 - 2009/XG1 - 2018

适用范围　本方法适用于环境空气中氮氧化物、二氧化氮、一氧化氮的测定。

方法原理　空气中的二氧化氮被串联的第一支吸收瓶中的吸收液吸收并反应生成粉红色偶氮染料。空气中的一氧化氮不与吸收液反应，通过氧化管时被酸性高锰酸钾溶液氧化为二氧化氮，被串联的第二支吸收瓶中的吸收液吸收并反应生成粉红色偶氮染料。生成的偶氮染料在波长 540 nm 处的吸光度与二氧化氮的含量成正比。分别测定第一支和第二支吸收瓶中样品的吸光度，计算两支吸收瓶内二氧化氮和一氧化氮的质量浓度，两者之和即为氮氧化物的质量浓度（以 NO_2 计）。

检出限　本标准的方法检出限为 0.12 μg/10 mL 吸收液。当吸收液总体积为 10 mL、采样体积为 24 L 时，空气中氮氧化物的检出限为 0.005 mg/m^3。当吸收液总体积为 50 mL、采样体积 288 L 时，空气中氮氧化物的检出限为 0.003 mg/m^3。当吸收液总体积为 10 mL、采样体积为 12~24 L 时，环境空气中氮氧化物的测定范围为 0.020~2.5 mg/m^3。

干扰和消除

（1）空气中二氧化硫质量浓度为氮氧化物质量浓度的 30 倍时，对二氧化氮的测定产生负干扰。

（2）空气中过氧乙酰硝酸酯（PAN）对二氧化氮的测定产生正干扰。

（3）空气中臭氧质量浓度超过 0.25 mg/m^3 时，对二氧化氮的测定产生负干扰。采样时在采样瓶入口端串接一段 15~20 cm 长的硅橡胶管，可排除干扰。

方法三： 固定污染源废气　氮氧化物的测定　非分散红外吸收法 HJ 692 - 2014

适用范围　本方法适用于固定污染源废气中氮氧化物的测定。

方法原理　利用 NO 气体对红外光谱区，特别是 5.3 μm 波长光的选择性吸收，由朗伯比尔定律定量废气中 NO 和废气中的 NO_2 通过转换器还原为 NO 后的浓度。

检出限　本方法一氧化氮（以 NO_2 计）的检出限为 3 mg/m^3，测定下限为 12 mg/m^3。

干扰和消除　本方法可通过串联型气动检测器或气体滤波相关技术消除干扰

气体的干扰。废气中的颗粒物和水汽的干扰，以及废气温度对测定的影响，通过过滤器除尘、除湿冷却装置快速除水和废气降温消除或减少干扰至可接受的程度。

方法四：固定污染源废气　氮氧化物的测定　定电位电解法　HJ 693－2014

适用范围　本方法适用于固定污染源废气中氮氧化物的测定。

方法原理　抽取废气样品进入主要由电解槽、电解液和电极（包括三个电极，分别称为敏感电极、参比电极和对电极）组成的传感器。NO 或 NO$_2$ 通过渗透膜扩散到敏感电极表面，在敏感电极上发生氧化或还原反应，在对电极上发生还原或氧化反应。由此产生极限扩散电流（i），在一定的工作条件下，电子转移数（Z）、法拉第常数（F）、气体扩散面积（S）、扩散系数（D）和扩散层厚度（δ）均为常数，因此在一定范围内极限扩散电流（i）的大小与 NO 或 NO$_2$ 的浓度（ρ）成正比

$$i = \frac{Z \cdot F \cdot S \cdot D}{\delta} \times \rho$$

检出限　本标准的方法检出限为一氧化氮（以 NO$_2$ 计）3 mg/m^3，二氧化氮 3 mg/m^3；测定下限为一氧化氮（以 NO$_2$ 计）12 mg/m^3，二氧化氮 12 mg/m^3。

干扰和消除

测定废气中的颗粒物和水分易在传感器渗透膜表面凝结，影响 NO 和 NO$_2$ 的测定。因而，本方法采用滤尘装置、除湿冷却装置等对废气中的颗粒物和水分进行预处理，去除影响。

CO$_2$、NH$_3$、CO、SO$_2$、H$_2$、HCl、CH$_4$、C$_2$H$_4$ 等气体会对 NO 和 NO$_2$ 的测定产生不同程度的干扰，NO 和 NO$_2$ 之间也会产生相互干扰，干扰显著的，应在仪器的计算程序中修正。

方法五：环境空气　氯气等有毒有害气体的应急监测　比长式检测管法　HJ 871－2017

适用范围　见 3.2.1　6. 一氧化碳　方法二。

方法原理　环境空气进入氮氧化物检测管，氮氧化物中的一氧化氮被吸附在硅胶上的三氧化铬氧化成二氧化氮，二氧化氮与联邻甲苯胺反应，使指示粉的颜色发生变化，在一定范围内，变色长度与氮氧化物的浓度成正比。反应式如下：

$$NO + CrO_3 + H_2SO_4 \longrightarrow NO_2$$

$$NO_2 + C_{14}H_{16}N_2 \longrightarrow C_{14}H_{14}NO$$

检出限　常见测定范围为 $0.08 \sim 5.1 \times 10^3$ mg/m³。

干扰和消除　氯气等卤素气体共存使测定结果偏高。

方法六：固定污染源废气　氮氧化物的测定　便携式紫外吸收法 HJ 1132 - 2020

适用范围　本方法适用于固定污染源废气中氮氧化物的测定。

方法原理　一氧化氮对紫外光区内 $200 \sim 235$ nm 特征波长光，二氧化氮对紫外光区内 $220 \sim 250$ nm 或 $350 \sim 500$ nm 特征波长光具有选择性吸收，根据朗伯比尔定律定量测定废气中一氧化氮和二氧化氮的浓度。

检出限　一氧化氮的方法检出限为 1 mg/m³，测定下限为 4 mg/m³；二氧化氮的方法检出限为 2 mg/m³，测定下限为 8 mg/m³。

干扰和消除

（1）废气中的颗粒物容易污染吸收池，应通过高效过滤器除尘等方法消除或减少废气中颗粒物对仪器的污染，过滤器滤料的材质应避免与氮氧化物发生物理吸附或化学反应。

（2）废气中的水蒸气在采样过程中遇冷产生冷凝水会吸收样品中的二氧化氮，导致测试结果偏低，应通过加热采样管和导气管、冷却装置快速除湿或测定热湿废气样品等方法，消除或减少废气中水汽冷凝等对仪器的污染和造成的氮氧化物吸附及溶解损失。

方法七：固定污染源排气中氮氧化物的测定　紫外分光光度法 HJ/T 42 - 1999

适用范围　本方法适用于固定污染源有组织排放的氮氧化物测定。

方法原理　样品气体被收集在一个盛有稀硫酸-过氧化氢吸收液的瓶中，氮氧化物受到氧化和被吸收，成为 NO_3^- 存在于吸收液中，于 210 nm 处测定 NO_3^- 的光吸收。

检出限　当采样体积为 1 L 时，本方法的氮氧化物检出限为 10 mg/m³；定量测定的浓度下限为 34 mg/m³；在不做稀释的情况下，测定的浓度上限为 1 730 mg/m³。

干扰和消除　暂不明确。

方法八：固定污染源排气中氮氧化物的测定　盐酸萘乙二胺分光光度法 HJ/T 43 - 1999

适用范围　本方法适用于固定污染源有组织排放的氮氧化物测定。

方法原理　氮氧化物（NO_x）包括一氧化氮（NO）及二氧化氮（NO_2）等。在采样时，气体中的一氧化氮等低价氧化物首先被三氧化铬氧化成二氧化氮，二氧化氮被吸收液吸收后，生成亚硝酸和硝酸，其中亚硝酸与对氨基苯磺酸起重氮化反应，再与盐酸萘乙二胺偶合，呈玫瑰红色，根据颜色深浅，用分光光度法测定。

检出限　当采样体积为 1 L 时，本方法的定性检出浓度为 0.7 mg/m³，定量测定的浓度范围为 2.4 ~ 208 mg/m³。更高浓度的样品，可以用稀释的方法进行测定。

干扰和消除　在臭氧浓度大于氮氧化物浓度 5 倍，二氧化硫浓度大于氮氧化物浓度 100 倍条件下，对氮氧化物测定有干扰。

相关资料：见 3.2.1　9. 硝酸雾。

17. 氯化氢

方法一：固定污染源废气　氯化氢的测定　硝酸银容量法　HJ 548 - 2016

适用范围　本方法适用于固定污染源废气中氯化氢的测定。

方法原理　氯化氢被氢氧化钠溶液吸收后，在中性条件下，以铬酸钾为指示剂，用硝酸银标准溶液滴定，生成氯化银沉淀，过量的银离子与铬酸钾指示剂反应生成浅砖红色铬酸银沉淀，指示滴定终点。

检出限　当采样体积为 15 L（标准状态）时，方法检出限为 2 mg/m³，测定下限为 8.0 mg/m³。

干扰和消除

（1）当废气中含有硫化物、二氧化硫时，对本方法产生正干扰。硫化氢的浓度不大于 1 000 mg/m³，二氧化硫的浓度不大于 10 000 mg/m³ 时，均可通过加入 1 mL 的 30% 过氧化氢消除干扰。

（2）颗粒物的氯化物对本方法产生正干扰；当废气中硫酸雾浓度大于 15 g/m³ 时，本方法在滴定过程中产生白色沉淀，影响滴定过程的终点判定；当待测液中铁含量大于 10 mg/L 时，对本方法滴定过程的终点判定产生影响。上述干扰可在采样时通过滤膜过滤去除。

（3）废气中共存氯气（Cl_2）时，可与氢氧化钠反应生成等量的氯离子和次氯酸根离子，干扰氯化氢的测定。用碘量法测定次氯酸根，从总氯化物中减去其含量，即获得氯化氢含量。

方法二：环境空气和废气　氯化氢的测定　离子色谱法　HJ 549 - 2016

适用范围　本方法适用于环境空气和废气中氯化氢的测定。

方法原理　用水或碱性吸收液分别吸收环境空气或固定污染源废气中的氯化

氢，将形成含氯离子的试样注入离子色谱仪进行分离测定。用电导检测器检测，根据保留时间定性，峰面积或峰高定量。

检出限

对于环境空气，当采样体积为 60 L（标准状态）、定容体积为 10.0 mL 时，方法检出限为 0.02 mg/m³，测定下限为 0.080 mg/m³。

对于固定污染源废气，当采样体积为 10 L（标准状态）、定容体积为 50.0 mL 时，方法检出限为 0.2 mg/m³，测定下限为 0.80 mg/m³。

干扰和消除　颗粒态氯化物对测定有干扰，采样时可用聚四氟乙烯滤膜或石英滤膜去除其干扰。氯气对测定有干扰，使用酸性吸收液串联碱性吸收液采样，分别吸收氯化氢和氯气可去除其干扰。

方法三：环境空气　氯气等有毒有害气体的应急监测　比长式检测管法　HJ 871 - 2017

适用范围　见 3.2.1　6. 一氧化碳　方法二。

方法原理　环境空气进入氯化氢检测管，氯化氢与吸附在硅胶上的碱发生中和反应，使指示粉变色，在一定范围内，变色长度与氯化氢气体的浓度成正比。反应式如下：

$$HCl + 碱 \longrightarrow 盐 + H_2O$$

检出限　常见测定范围为 0.08 ~ 8.2×10³ mg/m³。

干扰和消除　酸性气体共存时，测定结果偏高。

方法四：环境空气　氯气等有毒有害气体的应急监测　电化学传感器法　HJ 872 - 2017

适用范围　见 3.2.1　6. 一氧化碳　方法三。

方法原理　电化学传感器工作时，由外电路在工作电极和参比电极之间施加一个恒电位差，使工作电极上保持一个恒定电位，当氯化氢气体通过传感器的渗透膜，扩散进入电解槽后，发生氧化反应。在一定范围内，工作电极得失的电子数与氯化氢的浓度成正比。

检出限　常见测定范围为 0.002 ~ 8.2×10³ mg/m³。

干扰和消除　尘和水分干扰测定，可通过增加过滤管或干燥管消除干扰。酸性物质（如硫化氢、二氧化硫）共存时，会溶解于水雾，产生正干扰，使测试结果偏高。

方法五：固定污染源排气中氯化氢的测定 硫氰酸汞分光光度法 HJ/T 27 - 1999

适用范围 本方法适用于固定污染源有组织排放和无组织排放的氯化氢测定。

方法原理 用稀氢氧化钠溶液吸收氯化氢（HCl）。吸收溶液中的氯离子和硫氰酸汞反应，生成难电离的二氯化汞分子，置换出的硫氰酸根与三价铁离子反应生成橙红色硫氰酸铁络离子，根据颜色深浅判断，用分光光度法测定。

检出限

在有组织排放样品分析中，当采气体积为 10 L 时，氯化氢的检出限为 0.9 mg/m^3，定量测定的浓度为 3.0~24 mg/m^3。

在无组织排放样品分析中，当采气体积为 60 L 时，氯化氢的检出限为 0.05 mg/m^3，定量测定的浓度为 0.16~0.80 mg/m^3。

干扰和消除 在本标准规定的显色条件下，当采气体积为 100 L 时，氟化氢（HF）浓度高于 0.2 mg/m^3，硫化氢（H_2S）浓度高于 0.1 mg/m^3，以及氰化氢（HCN）浓度高于 0.1 mg/m^3 时，将对氯化氢的测试产生干扰。

18. 铅及其化合物

方法一：环境空气 铅的测定 火焰原子吸收分光光度法 GB/T 15264 - 94、《环境空气铅的测定火焰原子吸收分光光度法》第 1 号修改单 GB/T 15264 - 1994/XG1 - 2018

适用范围 本方法适用于环境空气中颗粒铅的测定。

方法原理 用玻璃纤维滤膜采集的试样，经硝酸-过氧化氢溶液浸出制备成试料溶液。直接吸入空气-乙炔火焰中原子化，在 283.3 nm 处测量基态原子对空心阴极灯特征辐射的吸收。在一定条件下，根据吸收光度与待测样中金属浓度成正比。

检出限 方法检出限为 0.5 $\mu g/mL$（1% 吸收），当采样体积为 50 m^3 进行测定时，最低检出浓度为 5×10^{-4} mg/m^3。

干扰和消除 暂不明确。

方法二：固定污染源废气 铅的测定 火焰原子吸收分光光度法（暂行）HJ 538 - 2009

适用范围 本方法适用于固定污染源废气中铅的测定。

方法原理 用石英纤维滤筒采集废气样品，经消解制备成试样溶液，用原子吸收分光光度计测定试样溶液中铅的浓度。

检出限　方法检出限为 5 μg／50 mL 试样溶液，当采样体积为 400 L 时，检出限为 0.013 mg／m³，测定下限为 0.052 mg／m³。

干扰和消除　超过铅 100 倍的 Fe^{3+}、Al^{3+}、Be^{3+}、Cr^{3+}、Cd^{2+}、Cu^{2+}、Zn^{2+}、Co^{2+}、Hg^{2+}、Sn^{2+}、Mn^{2+}、Mg^{2+}、Ag^+ 等离子不干扰测定。SiO_3^{2-} 稍有干扰。Na^+、K^+、Ca^{2+} 稍有增感作用，当浓度高时，可采用稀释的方法消除干扰。

方法三：环境空气　铅的测定　石墨炉原子吸收分光光度法 HJ 539 - 2015、《环境空气铅的测定石墨炉原子吸收分光光度法》第 1 号修改单 HJ 539 - 2015／XG1 - 2018

适用范围　本方法适用于环境空气中铅的测定。

方法原理　用石英纤维等滤膜采集环境空气中的颗粒物样品，经消解后，注入石墨炉原子化器中，经过干燥、灰化和原子化，其基态原子对 283.3 nm 处的谱线产生选择性吸收，其吸光度值与铅的质量浓度成正比。

检出限　当采集环境空气 10 m³、样品定容至 50 mL 时，方法检出限为 0.009 μg／m³，测定下限为 0.036 μg／m³。

干扰和消除　加入磷酸二氢铵作为基体改进剂，可消除基体干扰。高浓度的钙、硫酸盐、磷酸盐、碘化物、氟化物或者醋酸会干扰铅的测定，可通过标准加入法来校正。背景干扰可通过扣背景的方式来消除。

方法四：空气和废气　颗粒物中铅等金属元素的测定　电感耦合等离子体质谱法 HJ 657 - 2013、《空气和废气颗粒物中铅等金属元素的测定电感耦合等离子体质谱法》第 1 号修改单 HJ 657 - 2013／XG1 - 2018

适用范围　本方法适用于环境空气 $PM_{2.5}$、PM_{10}、TSP 以及无组织排放和污染源废气颗粒物中的锑（Sb）、铝（Al）、砷（As）、钡（Ba）、铍（Be）、镉（Cd）、铬（Cr）、钴（Co）、铜（Cu）、铅（Pb）、锰（Mn）、钼（Mo）、镍（Ni）、硒（Se）、银（Ag）、铊（Tl）、钍（Th）、铀（U）、钒（V）、锌（Zn）、铋（Bi）、锶（Sr）、锡（Sn）、锂（Li）等金属元素的测定。

方法原理　使用滤膜采集环境空气中颗粒物，使用滤筒采集污染源废气中颗粒物，采集的样品经预处理（微波消解或电热板消解）后，利用电感耦合等离子体质谱仪（ICP - MS）测定各金属元素的含量。

检出限　当空气采样量为 150 m³、污染源废气采样量为 0.600 m³（标准状态干烟气）时，各金属元素的方法检出限见表 3 - 3。

表 3-3　各金属元素的方法检出限

元　　素	推荐分析质量	检　出　限		最低检出量/μg
		/(ng/m³, 空气)	/(μg/m³, 废气)	
锑（Sb）	121	0.09	0.02	0.015
铝（Al）	27	8	2	1.25
砷（As）	75	0.7	0.2	0.100
钡（Ba）	137	0.4	0.09	0.050
铍（Be）	9	0.03	0.008	0.005
镉（Cd）	111	0.03	0.008	0.005
铬（Cr）	52	1	0.3	0.150
钴（Co）	59	0.03	0.008	0.005
铜（Cu）	63	0.7	0.2	0.100
铅（Pb）	206，207，208	0.6	0.2	0.100
锰（Mn）	55	0.3	0.07	0.040
钼（Mo）	98	0.03	0.008	0.005
镍（Ni）	60	0.5	0.1	0.100
硒（Se）	82	0.8	0.2	0.150
银（Ag）	107	0.08	0.02	0.015
铊（Tl）	205	0.03	0.008	0.005
钍（Th）	232	0.03	0.008	0.005
铀（U）	238	0.01	0.003	0.002
钒（V）	51	0.1	0.03	0.020
锌（Zn）	66	3	0.9	0.500
铋（Bi）	209	0.02	0.006	0.004
锶（Sr）	88	0.2	0.04	0.025
锡（Sn）	118，120	1	0.3	0.200
锂（Li）	7	0.05	0.01	0.010

分析条件：空气采样体积为 150 m³，废气采样体积为 0.600 m³（标准状态干烟气）。

干扰和消除

（1）同量异位素干扰

标准附录 B 中表 B-1 是本方法为避开此类干扰（除了 ^{98}Mo 与 ^{82}Se 仍会有 ^{98}Ru 与 ^{82}Kr 的干扰）所推荐使用的同位素表。若为了达到更高的灵敏度而选择表 B-1 中其他天然丰度较大的同位素，可能会产生一种或多种同量异位素干扰。此类干扰可以使用数学方程式进行校正，通常是测量干扰元素的另一同位素，再由分析信号扣除对应的信号。所用的数学方程式必须记录在报告中，并且在使用前必须验证其正确性。

（2）丰度灵敏度

当待测元素的同位素附近出现大量其他元素的同位素信号时，可能发生波峰重叠干扰。当待测样品发生此类干扰时，可采用提高解析度、基质分离、使用其他分析同位素或选用其他分析方法等方式，以避免干扰的发生。

（3）分子离子干扰

会产生干扰的分子离子通常由载气或样品中的某些组分在等离子体或界面系统中形成，例如：^{40}Ar^{35}Cl$^+$ 对 ^{75}As 及 ^{98}Mo^{16}O$^+$ 对 ^{114}Cd 的测定会产生干扰。大部分文献已证实的影响 ICP-MS 测定的分子离子干扰如标准附录 B 中表 B-2 所示。校正此干扰的方法可由文献中查得自然界存在的同位素丰度，或通过调整标准溶液浓度，使仪器测得净同位素信号的变异系数小于 1.0% 等方式，精确求得干扰校正系数[①]。

（4）物理干扰

物理干扰的发生与样品的雾化和传输过程有关，与离子传送效率也有关。大量样品基质的存在会导致样品溶液的表面张力或黏度改变，进而造成样品溶液雾化和传输效率改变，并使分析信号出现抑制或增加。另外，样品溶液中大量溶解性固体沉积于雾化器喷嘴和取样锥空洞，也会使分析信号强度降低，因此，样品溶液中总溶解性固体含量必须小于 0.2%（2 000 mg/L）。由于物理干扰发生时，内标标准品和待测元素的变化程度相同，故可以利用添加内标标准品的方式以校正物理干扰。当样品中存在的基质浓度过高，造成内标标准品信号发生显著抑制

---

① 仪器的校正系数可通过净同位素信号强度的比值换算获得，在校正系数测定的过程中，应以适当浓度的标准溶液进行同位素比值测定，所测得的信号精密度必须小于 1.0%。

现象（少于正常信号值的 30%）时，可将样品溶液经适当稀释后再重新测定，以避免物理干扰。

（5）记忆干扰

在连续测定浓度差异较大的样品或标准品时，样品中待测元素沉积并滞留在真空界面、喷雾腔和雾化器上会导致记忆干扰，可通过延长样品测定前后的洗涤时间，以避免此类干扰的发生。

方法五：固定污染源废气　铅的测定　火焰原子吸收分光光度法　HJ 685 – 2014

适用范围　本方法适用于固定污染源废气颗粒物中铅的测定。

方法原理　用石英纤维滤筒采集固定污染源废气中的颗粒物，经硝酸-过氧化氢消解制备成溶液。此溶液中的铅在空气-乙炔火焰中原子化，基态铅原子对空心阴极灯发射的特征谱线（283.3 nm）产生吸收。在一定范围内，其吸光度值与质量浓度呈线性关系。

检出限　当采样体积为 0.5 m^3、定容体积为 50.0 mL 时，本方法的检出限为 $1.0×10^{-2}$ mg/m^3，测定下限为 $4.0×10^{-2}$ mg/m^3。

干扰和消除　500 mg/L 的铁、铝、铋、铬、镉、铜、锌、钴、锡、锰、镁、银、钠、钾、钙和硅酸盐对测定没有明显干扰。

19. 镉及其化合物

方法一：空气和废气　颗粒物中铅等金属元素的测定　电感耦合等离子体质谱法 HJ 657 – 2013、《空气和废气颗粒物中铅等金属元素的测定电感耦合等离子体质谱法》第 1 号修改单 HJ 657 – 2013/XG1 – 2018

见 3.2.1　18. 铅及其化合物　方法四。

方法二：大气固定污染源　镉的测定　火焰原子吸收分光光度法　HJ/T 64.1 – 2001

适用范围　本方法适用于大气固定污染源有组织和无组织排放中镉及其化合物的测定。

方法原理　将经硝酸-高氯酸消解后的试样溶液喷入空气-乙炔贫燃火焰中，于 228.8 nm 处测定吸光值，根据特征谱线的光强度，可确定样品溶液中镉的浓度。

检出限　当采集 10 m^3 气体的滤膜制备成 10 mL 样品时，最低检出限为 $3×10^{-6}$ mg/m^3，测定范围 $0.05～1.0×10^{-3}$ mg/m^3。

干扰和消除　当钙的浓度高于 1 000 mg／L 时，镉的吸收受抑制。

方法三：大气固定污染源　镉的测定　石墨炉原子吸收分光光度法 HJ／T 64.2－2001

适用范围　本方法适用于大气固定污染源有组织和无组织排放中镉及其化合物的测定。

方法原理　用玻璃纤维滤筒和过氯乙烯滤膜采集的样品，经硝酸-高氯酸溶液加热浸取制备成样品溶液，根据特征谱线强度，确定样品溶液中镉的浓度。

检出限　当采样体积为 10 m³ 时，将滤膜制备成 10 mL 样品进行测定，检出限为 $3×10^{-8}$ mg／m³，测定范围为 0.5～10 ng／m³。

干扰和消除　暂不明确。

方法四：大气固定污染源　镉的测定　对-偶氮苯重氮氨基偶氮苯磺酸分光光度法 HJ／T 64.3－2001

适用范围　本方法适用于大气固定污染源有组织和无组织排放中镉及其化合物的测定。

方法原理　将采集样品后的滤膜或滤筒用硝酸-高氯酸消解制成样品溶液。在 pH 为 9.5～11.5 的弱碱性溶液中，非离子表面活性剂存在下，镉离子与对-偶氮苯重氮氨基偶氮苯磺酸（缩写 ADAAS）作用生成稳定的红色络合物。于波长 532 nm 处有最大吸光度。

检出限　采气体积为 2 m³，定容体积为 25.0 mL，使用光程 10 mm 比色皿，本方法最低检出限度为 $1.0×10^{-4}$ mg／m³。

干扰和消除　暂不明确。

20. 铬及其化合物

方法一：空气和废气　颗粒物中铅等金属元素的测定　电感耦合等离子体质谱法 HJ 657－2013、《空气和废气颗粒物中铅等金属元素的测定电感耦合等离子体质谱法》第 1 号修改单 HJ 657－2013／XG1－2018

见 3.2.1　18. 铅及其化合物　方法四。

方法二：固定污染源排气中铬酸雾的测定　二苯基碳酰二肼分光光度法 HJ／T 29－1999

见 3.2.1　7. 铬酸雾方法。

21. 锡及其化合物

方法一：空气和废气　颗粒物中铅等金属元素的测定　电感耦合等离子体质

谱法 HJ 657－2013、《空气和废气颗粒物中铅等金属元素的测定电感耦合等离子体质谱法》第 1 号修改单 HJ 657－2013/XG1－2018

见 3.2.1 18. 铅及其化合物 方法四。

方法二：大气固定污染源 锡的测定 石墨炉原子吸收分光光度法 HJ/T 65－2001

适用范围 本方法适用于大气固定污染源有组织和无组织排放中锡及其化合物的测定。

方法原理 将经硝酸-高氯酸体系消解后的试样溶液注入石墨炉原子化器的石墨管中，于 286.3 nm 处测定吸光值，根据特征谱线的光强度，可确定样品溶液中锡的浓度。

检出限 当将采集 10 m³ 气体的滤膜制备成 10 mL 样品时，最低检出限为 3×10^{-3} μg/m³。测定范围为 $5\times10^{-3}\sim100\times10^{-3}$ μg/m³。

干扰和消除 当 Mg^{2+} 的浓度高于 500 mg/L 时，对本方法有干扰。

22. 镍及其化合物

方法一：空气和废气 颗粒物中铅等金属元素的测定 电感耦合等离子体质谱法 HJ 657－2013、《空气和废气颗粒物中铅等金属元素的测定电感耦合等离子体质谱法》第 1 号修改单 HJ 657－2013/XG1－2018

见 3.2.1 18. 铅及其化合物 方法四。

方法二：大气固定污染源 镍的测定 火焰原子吸收分光光度法 HJ/T 63.1－2001

适用范围 本方法适用于大气固定污染源有组织和无组织排放中镍及其化合物的测定。

方法原理 用玻璃纤维滤筒和过氯乙烯滤膜采集的样品，经硝酸-高氯酸溶液加热浸取制备成样品溶液。根据特征谱线强度，确定样品溶液中镍的浓度。

检出限 当采样体积为 10 m³ 时，将滤膜制备成 10 mL 样品进行测定，检出限为 3×10^{-5} mg/m³，测定范围为 $10\sim500$ μg/m³。

方法三：大气固定污染源 镍的测定 石墨炉原子吸收分光光度法 HJ/T 63.2－2001

适用范围 本方法适用于大气固定污染源有组织和无组织排放中镍及其化合物的测定。

方法原理 用玻璃纤维滤筒和过氯乙烯滤膜采集的样品，经硝酸-高氯酸溶液加热浸取制备成样品溶液。根据特征谱线强度，确定样品溶液中镍的浓度。

检出限　当采样体积为 10 m³ 时，将滤膜制备成 10 mL 样品进行测定，检出限为 $3×10^{-6}$ mg/m³，测定范围为 5~200 μg/m³。

干扰和消除　暂不明确。

方法四：大气固定污染源　镍的测定　丁二酮肟-正丁醇萃取分光光度法 HJ/T 63.3 - 2001

适用范围　本方法适用于大气固定污染源有组织和无组织排放中镍及其化合物的测定。

方法原理　用过氯乙烯滤膜采集无组织排放中颗粒物样品，用玻璃纤维滤筒采集有组织排放中的颗粒物样品，用硝酸-高氯酸消解后制成样品溶液。将样品溶液用丁二酮肟-正丁醇萃取分离后，在氨溶液中，碘存在下，镍与丁二酮肟作用，形成酒红色可溶性络合物，在 440 nm 波长处进行分光光度测定。

检出限　当采样体积为 50 L 时，将滤膜或滤筒制备成 25 mL 样品溶液进行测定，检出限为 0.002 mg/L，测定范围为 0.4~1.6 mg/L。

干扰和消除　在 25 mL 定容的测定体系中，当 Fe^{3+} 大于 110 mg、Cu^{2+} 大于 1.6 mg、Co^{2+} 大于 1.6 mg、Mn^{2+} 大于 15 mg、Al^{3+} 大于 15 mg 时，对 20 μg Ni^{2+} 的测定有干扰。

23. 锰及其化合物

方法：空气和废气　颗粒物中铅等金属元素的测定　电感耦合等离子体质谱法 HJ 657 - 2013、《空气和废气颗粒物中铅等金属元素的测定电感耦合等离子体质谱法》第 1 号修改单 HJ 657 - 2013/XG1 - 2018

见 3.2.1　18. 铅及其化合物　方法四。

24. 锌及其化合物、铜及其化合物

方法：空气和废气　颗粒物中铅等金属元素的测定　电感耦合等离子体质谱法 HJ 657 - 2013、《空气和废气颗粒物中铅等金属元素的测定电感耦合等离子体质谱法》第 1 号修改单 HJ 657 - 2013/XG1 - 2018

见 3.2.1　18. 铅及其化合物　方法四。

相关资料：见 3.2.1　22. 镍及其化合物。

25. 钴及其化合物、钼及其化合物、锑及其化合物、铊及其化合物

方法：空气和废气　颗粒物中铅等金属元素的测定　电感耦合等离子体质谱法 HJ 657 - 2013、《空气和废气颗粒物中铅等金属元素的测定电感耦合等离子体

质谱法》第 1 号修改单 HJ 657－2013/XG1－2018

见 3.2.1 18. 铅及其化合物 方法四。

26. 钒及其化合物

方法：空气和废气 颗粒物中铅等金属元素的测定 电感耦合等离子体质谱法 HJ 657－2013、《空气和废气颗粒物中铅等金属元素的测定电感耦合等离子体质谱法》第 1 号修改单 HJ 657－2013/XG1－2018

见 3.2.1 18. 铅及其化合物 方法四。

27. 铍及其化合物

方法一：固定污染源废气 铍的测定 石墨炉原子吸收分光光度法 HJ 684－2014

适用范围 本方法适用于固定污染源废气中铍的测定。

方法原理 用石英纤维滤筒采集固定污染源废气中的颗粒物，经硝酸-过氧化氢消解后制备成溶液，此溶液中的铍在石墨炉原子化器中，经高温原子化，基态铍原子对空心阴极灯发射的特征谱线（234.9 nm）产生吸收，在一定范围内，其吸光度值与质量浓度呈线性关系。

检出限 当采样体积为 0.5 m³、定容体积为 50 mL 时，铍的方法检出限为 0.03 μg/m³，测定下限为 0.12 μg/m³。

干扰和消除 试样溶液中 1 000 mg/L 的铜和镍不干扰铍的测定，1 000 mg/L 的钠、钾会降低铍的吸收从而导致测定值偏低。加入硝酸铝作为基体改进剂，能够有效消除基体干扰。

方法二：空气和废气 颗粒物中铅等金属元素的测定 电感耦合等离子体质谱法 HJ 657－2013、《空气和废气颗粒物中铅等金属元素的测定电感耦合等离子体质谱法》第 1 号修改单 HJ 657－2013/XG1－2018

见 3.2.1 18. 铅及其化合物 方法四。

28. 汞及其化合物

方法一：环境空气 汞的测定 巯基棉富集-冷原子荧光分光光度法（暂行）HJ 542－2009

适用范围 本方法适用于环境空气中汞及其化合物的测定。

方法原理 在微酸性介质中，用巯基棉富集环境空气中的汞及其化合物。元素汞通过巯基棉采样管时，主要为物理吸附及单分子层的化学吸附。采样后，用 4.0 mol/L 盐酸-氯化钠饱和溶液解吸总汞，经氯化亚锡还原为金属汞，用冷原子荧光测汞仪测定总汞含量。

检出限　本标准方法检出限为 0.1 ng／10 mL 试样溶液。当采样体积为 15 L 时，检出限为 $6.6×10^{-6}$ mg／m³，测定下限为 $2.6×10^{-5}$ mg／m³。

干扰和消除　暂不明确。

方法二：固定污染源废气　汞的测定　冷原子吸收分光光度法（暂行）HJ 543－2009

适用范围　本方法适用于固定污染源废气中汞的测定。

方法原理　废气中的汞被酸性高锰酸钾溶液吸收并氧化形成汞离子，汞离子被氯化亚锡还原为原子态汞，用载气将汞蒸气从溶液中吹出带入测汞仪，用冷原子吸收分光光度法测定。

检出限　方法检出限为 0.025 μg／25 mL 试样溶液，当采样体积为 10 L 时，检出限为 0.002 5 mg／m³，测定下限为 0.01 mg／m³。

干扰和消除　有机物如苯、丙酮等干扰测定。

方法三：环境空气气态汞的测定　金膜富集／冷原子吸收分光光度法　HJ 910－2017、《环境空气气态汞的测定金膜富集冷原子吸收分光光度法》第 1 号修改单 HJ 910－2017／XG1－2018

适用范围　本方法适用于环境空气中气态汞的测定。

方法原理　以金膜微粒汞富集管采集环境空气中的气态汞，汞在金膜表面生成金汞齐。将采样后的富集管在 600℃ 以上加热解吸，汞被定量释放出来，随载气进入测汞仪内经过再次富集和解析，在 253.7 nm 下，利用冷原子吸收分光光度法测定。

检出限

当采样体积为 60 L（60 min）时，方法检出限为 2 ng／m³，测定下限为 8 ng／m³；当采样体积为 1 440 L（24 h）时，方法检出限为 0.1 ng／m³，测定下限为 0.4 ng／m³。

干扰和消除　酸碱性气体和水蒸气直接进入冷原子吸收池内会影响汞的测定结果。在冷原子吸收通气管路中串联一支装有缓冲液的气体洗涤缓冲瓶和一支除水缓冲瓶（空瓶），可有效消除干扰。

方法四：固定污染源废气　气态汞的测定　活性炭吸附／热裂解原子吸收分光光度法　HJ 917－2017

适用范围　本方法适用于加装脱硝、除尘、脱硫的燃煤电厂排放烟气中气态汞的测定。

方法原理　通过本方法规定的采样系统，使废气中气态汞有效富集在经过碘或其他卤素及其化合物处理的活性炭材料上，采用直接热裂解原子吸收分光光度法测定吸附管中活性炭材料中的汞含量，根据采样体积，计算气态汞浓度。

检出限　当采样体积为 10 L（标准状况下干烟气），检出限为 0.1 μg/m³，测定下限为 0.4 μg/m³。

干扰和消除　SO_2、NO_x 会抑制活性炭对汞的捕获，在吸附管前端加碳酸盐类化合物可去除酸性气体的干扰。

29. 砷及其化合物

方法一：环境空气和废气　砷的测定　二乙基二硫代氨基甲酸银分光光度法 HJ 540－2016

适用范围　本方法适用于空气和废气中以颗粒物形态存在的砷及其化合物的测定。

方法原理　用石英纤维滤筒采集固定污染源废气中含砷颗粒物，经硝酸、硫酸、过氧化氢消解后制备成溶液，用碘化钾（KI）和氯化亚锡（$SnCl_2 \cdot 2H_2O$）将此溶液中的五价砷还原为三价砷，加锌粒与酸作用，产生新生态氢，使三价砷进一步还原为气态砷化氢（AsH_3），与溶解在三氯甲烷（$CHCl_3$）中的二乙基二硫代氨基甲酸银（$C_5H_{10}AgNS_2$）作用，生成紫红色络合物，于 510 nm 波长处测量吸光度，在一定范围内其吸光度与砷含量成正比。

检出限　当采样体积为 0.4 m³（标准状态）、定容体积为 50.0 mL 时，本方法检出限为 0.004 mg/m³，测定下限为 0.016 mg/m³（均以 As 计）。

干扰和消除　试样中 100 μg 以下的汞、锰、铜、镍、钴、铅和铁，50 μg 以下的镉和锑，30 μg 以下的铋，20 μg 以下的铬，10 μg 以下的硒，对测定没有明显干扰。试样中锑的含量大于 50 μg 时，干扰砷的测定，加入 3 mL 氯化亚锡和 5 mL 碘化钾溶液，可抑制 300 μg 锑的干扰。硫化物的干扰，可用乙酸铅脱脂棉除去。

方法二：空气和废气　颗粒物中铅等金属元素的测定　电感耦合等离子体质谱法 HJ 657－2013、《空气和废气颗粒物中铅等金属元素的测定电感耦合等离子体质谱法》第 1 号修改单 HJ 657－2013/XG1－2018

见 3.2.1　18. 铅及其化合物　方法四。

30. 餐饮油烟

方法一：饮食业油烟采样方法及分析方法　金属滤筒吸收和红外分光光度法

测定油烟的采样及分析方法　GB 18483 – 2001 附录 A

适用范围　本方法适用于城市建成区。

本方法适用于现有饮食业单位的油烟排放管理，以及新设立饮食业单位的设计、环境影响评价、环境保护设施竣工验收及其经营期间的油烟排放管理；排放油烟的食品加工单位和经营性单位内部职工食堂，参照本标准执行。

本方法不适用于居民家庭油烟排放。

方法原理　用等速采样法抽取油烟排气筒内的气体，将油烟吸附在油烟雾采集头内。将收集了油烟的采集滤芯置于带盖的聚四氟乙烯套筒中，回实验室后用四氯化碳作溶剂进行超声清洗，移入比色管中定容，用红外分光光度法测定油烟的含量。

油烟的含量由波数分别为 2 930 cm^{-1}（CH$_2$ 基团中 C—H 键的伸缩振动）、2 960 cm^{-1}（CH$_3$ 基团中 C—H 键的伸缩振动）和 3 030 cm^{-1}（芳香环中 C—H 键的伸缩振动）谱带处的吸光度 $A_{2\,930}$、$A_{2\,960}$ 和 $A_{3\,030}$ 进行计算。

干扰和消除　暂不明确。

方法二：金属滤筒吸收和红外分光光度法测定油烟的采样及分析方法　DB 31/844 – 2014 附录 A

适用范围　本方法适用于上海市行政管辖区现有餐饮服务企业的餐饮油烟排放管理，以及新建餐饮服务企业的设计、环境影响评价、竣工环境保护验收及其经营期间的餐饮油烟排放管理。本标准不适用于居民家庭餐饮油烟排放。

本标准适用于法律允许的污染物排放行为。新设立污染源的选址和特殊保护区域内现有污染源的管理，按照《中华人民共和国大气污染防治法》《中华人民共和国水污染防治法》《中华人民共和国固体废物污染环境防治法》《中华人民共和国环境影响评价法》等法律、法规、规章的相关规定执行。

方法原理　用等速采样法采集排风管或排气筒内的油烟气体，将油烟采集在采样器内。采样后将采样器内金属滤筒置于带盖的聚四氟乙烯套筒中，回实验室后用四氯化碳溶剂进行超声清洗，移入比色管中定容，用红外分光光度法测定油烟的含量。油烟的含量由波数分别为 2 930 cm^{-1}（CH$_2$ 基团中 C—H 键的伸缩振动）、2 960 cm^{-1}（CH$_3$ 基团中 C—H 键的伸缩振动）和 3 030 cm^{-1}（芳香环中 C—H 键的伸缩振动）谱带处的吸光度 $A_{2\,930}$、$A_{2\,960}$ 和 $A_{3\,030}$ 进行计算。

干扰和消除　暂不明确。

31. 臭气浓度

方法：空气质量　恶臭的测定　三点比较式臭袋法　GB/T 14675 – 93

适用范围　本方法适用于各类恶臭源以不同形式排放的气体样品和环境空气样品臭气浓度的测定。样品包括仅含一种恶臭物质的样品和含二种以上恶臭物质的复合臭气样品。

方法原理　三点比较式臭袋法测定恶臭气体浓度，是先将三只无臭袋中的二只充入无臭空气、另一只则按一定稀释比例充入无臭空气和被测恶臭气体样品供嗅辨员嗅辨，当嗅辨员正确识别有臭气袋后，再逐级进行稀释、嗅辨，直至稀释样品的臭气浓度低于嗅辨员的嗅觉阈值时停止实验。每个样品由若干名嗅辨员同时测定，最后根据嗅辨员的个人阈值和嗅辨小组成员的平均阈值，求得臭气浓度。

检出限　本标准测定方法不受恶臭物质种类、种类数据、浓度范围及所含成分浓度比例的限制。

干扰和消除　暂不明确。

32. 颗粒物中钍、铀

方法：土壤中放射性核素的 γ 能谱分析方法　GB/T 11743 - 2013（该方法是土壤中污染物的监测方法，不是大气污染物的监测方法）

适用范围　本标准规定了实验室用 γ 能谱仪分析土壤中放射性核素活度浓度的常规方法。本方法适用于土壤中 γ 放射性核素的分析。

干扰和消除

（1）γ 射线能量相近的干扰

当两种或两种以上核素发射的 γ 射线能量相近，全能峰重叠或不能完全分开时，彼此形成干扰；在核素的活度相差很大或能量高的核素在活度上占优势时，对活度较小、能量较低的核素的分析也带来干扰。数据处理时应尽量避免利用重峰进行计算以减少由此产生的附加分析不确定度。

（2）曲线基底和斜坡基底的干扰

复杂 γ 能谱中，曲线基底和斜坡基底对位于其上的全能峰分析构成干扰。只要有其他替代全能峰，就不应利用这类全能峰。

（3）级联加和干扰

级联 γ 射线在探测器中产生级联加和现象。增加样品（或刻度源）到探测器的距离，可减少级联加和的影响。

（4）全谱计数率限制

应将全谱计数率限制到小于 2 000 计数/秒，使随机加和损失降到 1% 以下。

（5）密度差异

应使效率刻度源的密度与被分析样品的密度相同或尽量接近，以避免或减少密度差异的影响。

33. 硫化氢

方法一：空气质量　硫化氢、甲硫醇、甲硫醚和二甲二硫的测定　气相色谱法　GB/T 14678-93

适用范围　本方法适用于恶臭污染源排气和环境空气中硫化氢、甲硫醇、甲硫醚和二甲二硫的同时测定。

方法原理　本方法以经真空处理的 1 L 采气瓶采集无组织排放源恶臭气体或环境空气样品，以聚酯塑料袋采集排气筒内恶臭气体样品。硫化物含量较高的气体样品可直接用注射器取样 1~2 mL，注入安装火焰光度检测器（FPD）的气相色谱仪分析。当直接进样体积中硫化物绝对量低于仪器检出限时，则须以浓缩管在以液氧为制冷剂的低温条件下对 1 L 气体样品中的硫化物进行浓缩，浓缩后将浓缩管连入色谱仪分析系统并加热至 100℃，使全部浓缩成分流经色谱柱分离，由 FPD 对各种硫化物进行定量分析。在一定浓度范围内，各种硫化物含量的对数与色谱峰高的对数成正比。

检出限　气相色谱仪的火焰光度检测器（GC-FPD）对四种成分的检出限为 $0.2×10^{-9}~1.0×10^{-9}$ g，当气体样品中四种成分浓度高于 1.0 mg/m³ 时，可取 1~2 mL 气体样品直接注入气相色谱仪分析。对 1 L 气体样品进行浓缩，四种成分的方法检出限为 $0.2×10^{-3}~1.0×10^{-3}$ mg/m³。

干扰和消除　大气中存在的 SO_2、CS_2 等对测定无干扰。

方法二：环境空气　氯气等有毒有害气体的应急监测　比长式检测管法　HJ 871-2017

适用范围　见 3.2.1　6. 一氧化碳　方法二。

方法原理　环境空气进入硫化氢检测管，硫化氢与吸附在硅胶上的醋酸铅反应，生成褐色的硫化铅色柱，在一定范围内，变色长度与硫化氢气体的浓度成正比。反应式如下：

$$H_2S + (CH_3COO)_2Pb \longrightarrow PbS \downarrow$$

检出限　常见测定范围为 $0.2~6.1×10^4$ mg/m³。

干扰和消除　二氧化硫、砷化氢、溴化氢、氮氧化物等对测定有干扰。

方法三：环境空气 氯气等有毒有害气体的应急监测 电化学传感器法 HJ 872 - 2017

适用范围 见 3.2.1 6. 一氧化碳 方法三。

方法原理

（1）硫化氢库仑检测仪

利用库仑滴定原理，将被测气体导入装有溴化钾酸性溶液的滴定池内，使气体中的硫化氢在池内发生电解反应。在一定范围内，电解电流与硫化氢的瞬时浓度呈线性关系，由此得出硫化氢的浓度，并用微安表指示读数。

（2）硫化氢气敏电极检测仪

电极由工作电极、参比电极、内充电解液和透气膜组成。用硫电极作工作电极，用 Ag/AgCl 电极或 LaF_3 电极作参比电极。参比电极内充柠檬酸盐缓冲液作为电解液。硫化氢通过透气膜进入电解液转变为 S^{2-} 离子。

检出限 常见测定范围为 $0.001 \sim 1.5 \times 10^4 \ mg/m^3$。

干扰和消除 高浓度的氨对硫化氢的测定产生正干扰。

方法四：环境空气和废气 硫化氢的测定亚甲基蓝分光光度法 DB 31/1025 - 2016 附录 B

适用范围 本方法适用于环境空气及废气中硫化氢的测定。

方法原理 硫化氢被氢氧化镉-聚乙烯醇磷酸铵溶液吸收，生成硫化镉胶状沉淀。氢氧化镉-聚乙烯醇磷酸铵能保护硫化镉胶体，使其隔绝空气和阳光，以减少硫化物的氧化和光分解作用。在硫酸溶液中，硫离子与对氨基二甲基苯胺溶液和三氯化铁溶液，生成亚甲基蓝，根据颜色深浅，用分光光度法测定。

检出限 对于环境空气，当采样体积为 60 L、定容体积为 10 mL 时，方法检出限为 $0.001 \ mg/m^3$，测定下限为 $0.004 \ mg/m^3$；对于有组织排放的废气，当采样体积为 10 L、定容体积为 10 mL 时，方法检出限为 $0.007 \ mg/m^3$，测定下限为 $0.028 \ mg/m^3$。

干扰和消除 二氧化硫在 $0.8 \ mg/m^3$ 以下，氮氧化物浓度在 $0.08 \ mg/m^3$ 以下对硫化氢测定不干扰。若样品溶液中二氧化硫浓度超过 $10 \ \mu g/mL$ 时，需要多加几滴磷酸氢二铵溶液去除干扰。

34. 溴化氢

方法一：固定污染源废气 溴化氢的测定 离子色谱法 HJ 1040 - 2019

适用范围 本方法适用于固定污染源有组织排放废气和无组织排放监控点空

气中溴化氢的测定。

方法原理　固定污染源有组织排废气和无组织排放监控点空气中的溴化氢，用吸收液吸收形成溴离子经离子色谱分离，电导检测器检测。根据保留时间定性，峰高或峰面积定量。

检出限　对于有组织排放废气，当采样体积为 20 L（标准状态），定容体积为 50.0 mL 时，方法检出限为 0.05 mg/m³，测定下限为 0.20 mg/m³。

对于无组织排放监控点空气，当采样体积为 30 L（标准状态），定容体积为 10.0 mL 时，方法检出限为 0.008 mg/m³，测定下限为 0.032 mg/m³。

干扰和消除　颗粒态溴化物对测定有干扰，采样时用聚四氟乙烯或石英滤膜可消除干扰。气态溴对测定有干扰，选用酸性吸收液吸收溴化氢可消除干扰。有机污染物对离子色谱仪测定有干扰，采用经活化的 C_{18} 等固相萃取柱可消除干扰。

方法二：工作场所空气　离子色谱分析法测定无机酸　第 2 部分：除氢氟酸之外的挥发酸（盐酸、氢溴酸及硝酸）ISO 21438 - 2 - 2009

适用范围　本方法适用于工作场所空气中溴化氢浓度的测定。

方法原理　已知体积的空气通过预过滤器在装有碱浸渍的石英纤维取样过滤器的取样器中被吸收，以收集 HCl、HBr 和 HNO_3。酸被收集在采样过滤器上，而酸的微粒盐被截留在预滤器上。收集在取样过滤器上的酸用水或洗脱液萃取，不加热，以溶解所要的分析物。将样品溶液等分试样进入离子色谱，分离提取。将萃取出的氯化物、硝酸盐或溴化物从其他阴离子中分离出来。在该分离之后，使用电导率或 UV/可见检测器测量阴离子。

检出限　采集 240 L 气，检测范围为 0.04 ~ 10 mg/m³。

干扰和消除　试剂或器皿中的氯化物和氮化物会抬升空白值，因此每次要进行方法空白测定检查试剂或器皿是否受到污染。为了验证可能存在干扰物，实验室应进行测试并评估，如使用装有潜在干扰物的过滤装置进行检查。已证明铁、锌、焊尘会与酸性气体反应造成样品中目标化合物浓度降低，但氧化铁不会影响检测。

35. 砷化氢

方法一：电子工业用气体　磷化氢 GB/T 14851 - 2009 附录 A 电子工业用磷化氢中砷化氢、氮、氧（氩）的测定

适用范围　本方法适用于电子工业用气体磷化氢中砷化氢的测定。

方法原理　检测器基于潘宁效应，即电子与稀有气体碰撞形成亚稳态原子，该亚稳态原子的激发能传递到样品分子或原子，如果样品分子或原子的电离电位（IP）小于亚稳态原子的激发电位，样品将通过碰撞被电离，使离子流增大。

检出限　体积分数：0.05×10^{-6}。

干扰和消除　暂不明确。

备注　无法证实方法适合有组织。

方法二：环境空气　氯气等有毒有害气体的应急监测　比长式检测管法　HJ 871 – 2017

适用范围　见 3.2.1　6. 一氧化碳　方法二。

方法原理　环境空气进入砷化氢检测管，砷化氢与吸附在硅胶上的二氯化汞反应生成氯化氢，使指示粉的颜色由黄色变为红色，在一定范围内，变色长度与砷化氢气体的浓度成正比。反应式如下：

$$AsH_3 + 3HgCl_2 \longrightarrow As(HgCl)_3 + 3HCl$$

检出限　常见测定范围为 $0.02 \sim 350 \ mg/m^3$。

干扰和消除　酸性气体对测定有干扰。

36. 磷化氢

方法：电子工业用气体　砷化氢　GB/T 26250 – 2010 附录 B 砷化氢中磷化氢的测定

适用范围　本方法适用于电子工业用砷化氢气体中磷化氢的测定。

方法原理　磷化物在富氢火焰中生成激发态的 HPO^+ 分子，当其返回基态时发射出 $480 \sim 580 \ nm$ 的特征分子光谱，在 $526 \ nm$ 处有最大峰值，经滤光片除去其他波长的光线后，用光电倍增管把光信号转换成电信号并加以放大给出色谱响应信号。响应与磷化氢的含量成正比。

检出限　体积分数：0.01×10^{-6}。

备注　无法证实方法适合有组织。

37. 氯化氰

备注　无分析方法。

38. 磷酸雾

方法：工作场所空气　离子色谱法测定无机酸　第 1 部分：非挥发性酸（硫酸和磷酸）ISO 21438 – 1 – 2007

适用范围　本方法适用于工作场所空气中磷酸的测定。

方法原理　一定体积空气通过过滤器收集酸雾。过滤器安装在一个取样器中，目的是收集可吸入的空气颗粒物。然后用水或洗脱剂处理收集的样品，不加热，以提取硫酸和磷酸。样品溶液的不同组分经过离子色谱，从其他阴离子中分离出所提取的硫酸盐或磷酸盐。分离后，用电导检测器测量阴离子。

检出限　采集 1 m³，最低检出浓度为 0.005 mg/m³。

干扰和消除　本方法测定的是磷酸及其盐类。当存在五氧化二磷时，本方法无法有效区分磷酸和五氧化二磷。

39. 碱雾

方法：固定污染源废气　碱雾的测定　电感耦合等离子体发射光谱法 HJ 1007 - 2018

适用范围　本方法适用于钢铁行业固定污染源废气中碱雾的测定。

方法原理　以等速采样的方式，将固定污染源废气中的碱雾捕集到石英纤维滤筒中，采样后的滤筒用水提取，提取液中的钠元素用电感耦合等离子体发射光谱仪测定，根据钠元素含量和采样的标干体积计算碱雾的浓度。

检出限　当采样体积为 200 L（标干体积）时，检出限为 0.2 mg/m³，测定下限为 0.8 mg/m³。

干扰和消除　暂不明确。

40. 油雾

方法：固定污染源废气　油烟和油雾的测定　红外分光光度法 HJ 1077 - 2019

适用范围　本方法适用于固定污染源废气中油雾的测定。

方法原理　固定污染源废气中的油烟和油雾经滤筒吸附后，用四氯乙烯超声萃取，萃取液用红外分光光度法测定。油烟和油雾含量由波数分别为 2 930 cm⁻¹（CH_2 基团中 C—H 键的伸缩振动）、2 960 cm⁻¹（CH_3 基团中 C—H 键的伸缩振动）和 3 030 cm⁻¹（芳香环中 C—H 键的伸缩振动）谱带处的吸光度 $A_{2\,930}$、$A_{2\,960}$ 和 $A_{3\,030}$ 进行计算。

检出限　当采样体积为 250 L（标准状态），萃取液体积为 25 mL，使用 4 cm 石英比色皿时，本方法油烟和油雾的检出限为 0.1 mg/m³，测定下限为 0.4 mg/m³。

干扰和消除　暂不明确。

3.2.2 有机污染物

1. 苯、甲苯、乙苯、二甲苯、苯乙烯等苯系物

方法一：工作场所空气有毒物质测定 第 66 部分：苯、甲苯、二甲苯和乙苯 GBZ/T 300.66-2017

适用范围 本方法适用于工作场所空气中蒸气态苯、甲苯、二甲苯和乙苯浓度的检测。

A：苯、甲苯和二甲苯的无泵型采样-气相色谱法

方法原理 空气中的蒸气态苯、甲苯和二甲苯用无泵型采样器采集，二硫化碳解吸后进样，经气相色谱柱分离，氢焰离子化检测器检测，以保留时间定性，峰高或峰面积定量。

检出限 本方法的检出限、定量下限、定量测定范围、最低检出浓度、最低定量浓度（按采样 2 h 计算）、相对标准偏差、吸附容量和解吸效率等方法性能指标见表 3-4。

表 3-4 苯、甲苯和二甲苯方法检出限等性能指标

性 能 指 标	化 合 物		
	苯	甲 苯	二甲苯
检出限/（g/mL）	4.5	9	24.5
定量下限/（g/mL）	15	30	82
定量测定范围/（mg/m³）	8~494	18~542	58~630
最低检出浓度/（mg/m³）	2	6	18
最低定量浓度/（mg/m³）	8	18	58
相对标准偏差/%	8.3	3.3	5.2
吸附容量/mg	>9	>9	>18
解吸效率/%	102	98.8	104

B：苯、甲苯、二甲苯和乙苯的溶剂解吸-气相色谱法

方法原理 空气中的蒸气态苯、甲苯、二甲苯和乙苯用活性炭采集，二硫化碳解吸后进样，经气相色谱柱分离，氢焰离子化检测器检测，以保留时间定性，峰高或峰面积定量。

检出限　本方法的检出限、定量下限、定量测定范围、最低检出浓度、最低定量浓度（以采集 1.5 L 空气样品计）、相对标准偏差、穿透容量（100 mg 活性炭）和解吸效率等方法性能指标见表 3 - 5。

表 3 - 5　苯、甲苯、二甲苯和乙苯方法检出限等性能指标

性 能 指 标	化 合 物			
	苯	甲 苯	二甲苯	乙 苯
检出限 /（g/mL）	0.9	1.8	4.9	2
定量下限 /（g/mL）	3	6	16	6.4
定量测定范围 /（g/mL）	3 ~ 900	6 ~ 900	16 ~ 900	6.4 ~ 900
最低检出浓度 /（mg/m³）	0.6	1	3	1
最低定量浓度 /（mg/m³）	2	4	11	4
相对标准偏差 /%	4.3 ~ 6	4.7 ~ 6.3	4.1 ~ 7.2	2
穿透容量 /mg	7	13.1	10.8	20
解吸效率 /%	>90	>90	>90	>90

C：苯、甲苯、二甲苯和乙苯的热解吸-气相色谱法

方法原理　空气中的蒸气态苯、甲苯、二甲苯和乙苯用活性炭采集，热解吸后进样，经气相色谱柱分离，氢焰离子化检测器检测，以保留时间定性，峰高或峰面积定量。

检出限　本方法的检出限、定量下限、定量测定范围、最低检出浓度、最低定量浓度（以采集 1.5 L 空气样品计）、相对标准偏差和穿透容量（100 mg 活性炭）等方法性能指标见表 3 - 6。

表 3 - 6　苯、甲苯、二甲苯和乙苯方法检出限等性能指标

性 能 指 标	化 合 物			
	苯	甲 苯	二甲苯	乙 苯
检出限 /（g/mL）	0.000 5	0.001	0.002	0.002
定量下限 /（g/mL）	0.001 6	0.003 3	0.006 6	0.006 6
定量测定范围 /（g/mL）	0.001 6 ~ 0.88	0.003 3 ~ 0.87	0.007 ~ 0.87	0.007 ~ 0.87
最低检出浓度 /（mg/m³）	0.033	0.07	0.13	0.13

续　表

性　能　指　标	化　合　物			
	苯	甲　苯	二甲苯	乙　苯
最低定量浓度/(mg/m³)	0.1	0.2	0.46	0.46
相对标准偏差/%	1.9~5.2	3.3~5.1	3.0~6.2	1.1~2.8
穿透容量/mg	7	13.1	10.8	20

干扰和消除　暂不明确。

方法二：工作场所空气有毒物质测定　第68部分：苯乙烯、甲基苯乙烯和二乙烯基苯 GBZ/T 300.68-2017

适用范围　本方法适用于工作场所空气中蒸气态苯乙烯、甲基苯乙烯和二乙烯基苯浓度的检测。

A：苯乙烯和甲基苯乙烯的溶剂解吸-气相色谱法

方法原理　空气中的蒸气态苯乙烯和/或甲基苯乙烯用活性炭采集，二硫化碳解吸后进样，经气相色谱柱分离，氢焰离子化检测器检测，以保留时间定性，峰高或峰面积定量。

检出限　本方法的检出限为 2.5 g/mL，定量下限为 8.3 g/mL，定量测定范围为 8.3~900 g/mL；以采集 1.5 L 空气样品计，最低检出浓度为 1.7 mg/m³，最低定量浓度为 5.5 mg/m³；相对标准偏差为 4.2%~5.3%，穿透容量（100 mg活性炭）为 6.9 mg，解吸效率为 79.5%。

B：苯乙烯的热解吸-气相色谱法

方法原理　空气中的蒸气态苯乙烯用活性炭采集，热解吸后进样，经气相色谱柱分离，氢焰离子化检测器检测，以保留时间定性，峰高或峰面积定量。

检出限　本方法的检出限为 0.005 g/mL，定量下限为 0.02 g/mL，定量测定范围为 0.02~0.91 g/mL；以采集 1.5 L 空气样品计，最低检出浓度为 0.5 mg/m³，最低定量浓度为 1.5 mg/m³；相对标准偏差为 5.3%~5.6%，穿透容量（100 mg 活性炭）为 6.9 mg。

C：二乙烯基苯的溶剂解吸-气相色谱法

方法原理　空气中的蒸气态二乙烯基苯用活性炭采集，丙酮-二硫化碳溶液解吸后进样，经气相色谱柱分离，氢焰离子化检测器检测，以保留时间定性，峰高或峰面积定量。

检出限　本方法的检出限为 10 μg/mL，定量下限为 33 μg/mL，定量测定范围为 33~2 400 μg/mL；以采集 3 L 空气样品计，最低检出浓度为 3.3 mg/m³，最低定量浓度为 11 mg/m³；相对标准偏差为 6.0%~7.7%，穿透容量（100 mg活性炭）>10 mg，采样效率为 100%，解吸效率为 78.6%~81.2%。

干扰和消除　暂不明确。

方法三：环境空气　苯系物的测定　固体吸附/热脱附-气相色谱法　HJ 583 - 2010

适用范围　本方法适用于环境空气及室内空气中苯、甲苯、乙苯、邻-二甲苯、间-二甲苯、对-二甲苯、异丙苯和苯乙烯的测定，也适用于常温下低浓度废气中苯系物的测定。

方法原理　用填充聚 2,6-二苯基对苯醚（Tenax）采样管，在常温条件下，富集环境空气或室内空气中的苯系物，采样管连入热脱附仪，加热后将吸附成分导入带有氢火焰离子化检测器（FID）的气相色谱仪进行分析。

检出限　当采样体积为 1 L 时，苯、甲苯、乙苯、邻-二甲苯、间-二甲苯、对-二甲苯、异丙苯和苯乙烯的方法检出限和测定下限见表 3 - 7。

表 3 - 7　苯系物的方法检出限和测定下限

组　　分	毛细管柱气相色谱法		填充柱气相色谱法	
	方法检出限 /（mg/m³）	测定下限 /（mg/m³）	方法检出限 /（mg/m³）	测定下限 /（mg/m³）
苯	$5.0×10^{-4}$	$2.0×10^{-3}$	$5.0×10^{-4}$	$2.0×10^{-3}$
甲苯	$5.0×10^{-4}$	$2.0×10^{-3}$	$1.0×10^{-3}$	$4.0×10^{-3}$
乙苯	$5.0×10^{-4}$	$2.0×10^{-3}$	$1.0×10^{-3}$	$4.0×10^{-3}$
对-二甲苯	$5.0×10^{-4}$	$2.0×10^{-3}$	$1.0×10^{-3}$	$4.0×10^{-3}$
间-二甲苯	$5.0×10^{-4}$	$2.0×10^{-3}$	$1.0×10^{-3}$	$4.0×10^{-3}$
邻-二甲苯	$5.0×10^{-4}$	$2.0×10^{-3}$	$1.0×10^{-3}$	$4.0×10^{-3}$
异丙苯	$5.0×10^{-4}$	$2.0×10^{-3}$	$1.0×10^{-3}$	$4.0×10^{-3}$
苯乙烯	$5.0×10^{-4}$	$2.0×10^{-3}$	$1.0×10^{-3}$	$4.0×10^{-3}$

干扰和消除　暂不明确。

方法四：环境空气　苯系物的测定　活性炭吸附/二硫化碳解吸-气相色谱法

HJ 584－2010

适用范围　本方法适用于环境空气和室内空气中苯、甲苯、乙苯、邻-二甲苯、间-二甲苯、对-二甲苯、异丙苯和苯乙烯的测定，也适用于常温下低湿度废气中苯系物的测定。

方法原理　用活性炭采样管富集环境空气和室内空气中苯系物，二硫化碳（CS_2）解吸，使用带有氢火焰离子化检测器（FID）的气相色谱仪测定分析。

检出限　当采样体积为 10 L 时，苯、甲苯、乙苯、邻-二甲苯、间-二甲苯、对-二甲苯、异丙苯和苯乙烯的方法检出限均为 1.5×10^{-3} mg/m³，测定下限均为 6.0×10^{-3} mg/m³。

干扰和消除　主要干扰来自二硫化碳的杂质。二硫化碳在使用前应经过气相色谱仪鉴定是否存在干扰峰。如有干扰峰，应对二硫化碳提纯。

方法五：环境空气　挥发性有机物的测定　吸附管采样-热脱附/气相色谱-质谱法　HJ 644－2013

适用范围　本方法适用于环境空气中 35 种挥发性有机物的测定。若通过验证，本方法也可适用于其他非极性或弱极性挥发性有机物的测定。

方法原理　采用固体吸附剂富集环境空气中挥发性有机物，将吸附管置于热脱附仪中，经气相色谱分离后，用质谱进行检测。通过与待测目标物标准质谱图相比较和保留时间进行定性，外标法或内标法定量。

检出限　当采样体积为 2 L 时，本标准的方法检出限为 $0.3 \sim 1.0$ μg/m³，测定下限为 $1.2 \sim 4.0$ μg/m³。

干扰和消除　吸附管中残留的 VOCs 对测定的干扰较大，严格执行老化和保存程序能使此干扰降到最低。

方法六：固定污染源废气　挥发性有机物的采样　气袋法　HJ 732－2014

适用范围　本方法适用于固定污染源废气中非甲烷总烃和部分 VOCs 的采样，适用于本方法的 VOCs 包括经实验验证可在所用的材质类型气袋中稳定保存的化合物。

方法原理　使用真空箱、抽气泵等设备将经设备将固定污染源排气的废气直接采集并保存到化学惰性优良的氟聚合物薄膜气袋中。

干扰和消除　暂不明确。

方法七：固定污染源废气　挥发性有机物的测定　固相吸附-热脱附/气相色谱-质谱法　HJ 734－2014

适用范围　本方法适用于固定污染源废气中 24 种挥发性有机物的测定，24 种挥发性有机物包括丙酮、异丙醇、正己烷、乙酸乙酯、苯、六甲基二硅氧烷、3 -戊酮、正庚烷、甲苯、环戊酮、乳酸乙酯、乙酸丁酯、丙二醇单甲醚乙酸酯、乙苯、对/间-二甲苯、2 -庚酮、苯乙烯、邻-二甲苯、苯甲醚、苯甲醛、1 -癸烯、2 -壬酮、1 -十二烯。其他挥发性有机物经过验证后也可使用本方法。

方法原理　使用填充了合适吸附剂的吸附管直接采集固定污染源废气中挥发性有机物（或先用气袋采集然后再将气袋中的气体采集到固体吸附管中），将吸附管置于热脱附仪中进行二级热脱附，脱附气体经气相色谱分离后用质谱检测，根据保留时间、质谱图或特征离子定性，内标法或外标法定量。

检出限　当采样体积为 300 mL 时，24 种目标物全扫描方式的方法检测限见表 3 - 8。

表 3 - 8　目标物的检出限和测定下限

序号	目　标　物	定量离子	检出限/（ng）	测定下限/（ng）	检出限/（mg/m³）	测定下限/（mg/m³）
1	丙酮	58	3.13	12.5	0.01	0.04
2	异丙醇	45	0.64	2.55	0.002	0.008
3	正己烷	57	1.06	4.24	0.004	0.016
4	乙酸乙酯	43	1.80	7.22	0.006	0.024
5	苯	78	1.16	4.63	0.004	0.016
6	六甲基二硅氧烷	147	0.42	1.69	0.001	0.004
7	3 -戊酮	57	0.64	2.54	0.002	0.008
8	正庚烷	43	1.20	4.78	0.004	0.016
9	甲苯	91	1.23	4.92	0.004	0.016
10	环戊酮	55	1.18	4.70	0.004	0.016
11	乳酸乙酯	45	2.19	8.77	0.007	0.028
12	乙酸丁酯	43	1.39	5.55	0.005	0.020
13	丙二醇单甲醚乙酸酯	43	1.53	6.12	0.005	0.020
14	乙苯	91	1.91	7.66	0.006	0.024
15、16	对/间二甲苯	91	2.81	11.2	0.009	0.036

序号	目　标　物	定量离子	检出限/(ng)	测定下限/(ng)	检出限/(mg/m³)	测定下限/(mg/m³)
17	2-庚酮	43	0.35	1.40	0.001	0.004
18	苯乙烯	104	1.20	4.80	0.004	0.016
19	邻二甲苯	91	1.18	4.72	0.004	0.016
20	苯甲醚	108	1.01	4.04	0.003	0.012
21	苯甲醛	106	2.10	7.51	0.007	0.028
22	1-癸烯	41	0.96	8.38	0.003	0.012
23	2-壬酮	58	0.86	3.43	0.003	0.012
24	1-十二烯	69	2.41	9.64	0.008	0.032

干扰和消除　暂不明确。

方法八：环境空气　挥发性有机物的测定　罐采样/气相色谱-质谱法　HJ 759 - 2015

适用范围　本方法适用于环境空气中丙烯等 67 种挥发性有机物的测定。其他挥发性有机物如果通过方法适用性验证，也可采用本方法测定。

方法原理　用内壁惰性化处理的不锈钢罐采集环境空气样品，经冷阱浓缩、热解吸后，进入气相色谱分离，用质谱检测器进行检测。通过与标准物质质谱图和保留时间比较定性，内标法定量。

检出限　当取样量为 400 mL 时，全扫描模式下，本方法的检出限为 0.2~2 μg/m³，测定下限为 0.8~8.0 μg/m³，详见表 3-9。

表 3-9　目标化合物的方法检出限和测定下限

序号	目　标　化　合　物	检出限/(μg/m³)	测定下限/(μg/m³)
1	丙烯	0.2	0.8
2	二氟二氯甲烷	0.5	2.0
3	1,1,2,2-四氟-1,2-二氯乙烷	0.6	2.4
4	一氯甲烷	0.3	1.2
5	氯乙烯	0.3	1.2

续　表

序号	目　标　化　合　物	检出限/（μg/m³）	测定下限/（μg/m³）
6	丁二烯	0.3	1.2
7	甲硫醇	0.3	1.2
8	一溴甲烷	0.5	2.0
9	氯乙烷	0.9	3.6
10	一氟三氯甲烷	0.7	2.8
11	丙烯醛	0.5	2.0
12	1,2,2-三氟-1,1,2-三氯乙烷	0.7	2.8
13	1,1-二氯乙烯	0.5	2.0
14	丙酮	0.7	2.8
15	甲硫醚	0.5	2.0
16	异丙醇	0.6	2.4
17	二硫化碳	0.4	1.2
18	二氯甲烷	0.5	2.0
19	顺1,2-二氯乙烯	0.5	2.0
20	2-甲氧基-甲基丙烷	0.5	2.0
21	正己烷	0.3	1.2
22	亚乙基二氯（1,1-二氯乙烷）	0.7	2.8
23	乙酸乙烯酯	0.5	2.0
24	2-丁酮	0.5	2.0
25	反1,2-二氯乙烯	0.8	3.2
26	乙酸乙酯	0.6	2.4
27	四氢呋喃	0.7	2.8
28	氯仿	0.5	2.0
29	1,1,1-三氯乙烷	0.5	2.0
30	环己烷	0.6	2.4
31	四氯化碳	0.6	2.4

序号	目　标　化　合　物	检出限/（μg/m³）	测定下限/（μg/m³）
32	苯	0.3	1.2
33	1,2－二氯乙烷	0.7	2.8
34	正庚烷	0.4	1.6
35	三氯乙烯	0.6	2.4
36	1,2－二氯丙烷	0.6	2.4
37	甲基丙烯酸甲酯	0.5	2.0
38	1,4－二恶烷	0.5	2.0
39	一溴二氯甲烷	0.6	2.4
40	顺式－1,3－二氯－1－丙烯	0.6	2.4
41	二甲二硫醚	0.6	2.4
42	4－甲基－2－戊酮	0.6	2.4
43	甲苯	0.5	2.0
44	反式－1,3－二氯－1－丙烯	0.5	2.0
45	1,1,2－三氯乙烷	0.5	2.0
46	四氯乙烯	1	4.0
47	2－己酮	0.9	3.6
48	二溴一氯甲烷	0.7	2.8
49	1,2－二溴乙烷	2	8.0
50	氯苯	0.7	2.8
51	乙苯	0.6	2.4
52/53	间/对二甲苯	0.6	2.4
54	邻二甲苯	0.6	2.4
55	苯乙烯	0.6	2.4
56	三溴甲烷	0.9	3.6
57	四氯乙烷	1	4.0
58	4－乙基甲苯	0.9	3.6

序号	目　标　化　合　物	检出限/($\mu g/m^3$)	测定下限/($\mu g/m^3$)
59	1,3,5-三甲苯	1	4.0
60	1,2,4-三甲苯	0.7	2.8
61	1,3-二氯苯	0.5	2.0
62	1,4-二氯苯	0.7	2.8
63	氯代甲苯	0.7	2.8
64	1,2-二氯苯	2	8.0
65	1,2,4-三氯苯	1	4.0
66	1,1,2,3,4,4-六氯-1,3-丁二烯	2	8.0
67	萘	0.7	2.8

干扰和消除　暂不明确。

方法九：环境空气　氯气等有毒有害气体的应急监测　比长式检测管法　HJ 871－2017

适用范围　见 3.2.1　6. 一氧化碳　方法二。

方法原理

（1）苯乙烯：环境空气进入苯乙烯检测管，苯乙烯与吸附在硅胶上的焦硫酸反应生成缩聚物，使指示粉的颜色由白变黄，在一定范围内，变色长度与苯乙烯气体的浓度成正比。反应式如下：

$$C_8H_8 + H_2S_2O_7 \longrightarrow 缩聚物$$

（2）苯：环境空气进入苯检测管，苯与吸附在硅胶上的碘酸钾反应，析出碘，使指示粉的颜色由白色变成棕色，在一定范围内，变色长度与苯的浓度成正比。反应式如下：

$$C_6H_6 + KIO_3 + H_2SO_4 \longrightarrow I_2$$

（3）甲苯：环境空气进入甲苯检测管，甲苯与吸附在硅胶上的碘酸钾反应，析出碘，使指示粉的颜色变成棕色，在一定范围内，变色长度与甲苯的浓度成正比。反应式如下：

$$C_6H_5CH_3 + KIO_3 + H_2SO_4 \longrightarrow I_2$$

检出限

（1）苯乙烯：常见测定范围为 $4.7 \sim 7.0 \times 10^3$ mg/m³。

（2）苯：常见测定范围为 $0.05 \sim 1.5 \times 10^3$ mg/m³。

（3）甲苯：常见测定范围为 $0.05 \sim 1.2 \times 10^4$ mg/m³。

干扰和消除

（1）苯乙烯：醇类、脂类、醛类、酮类、易于聚合的有机物、丙烯、丁二烯、氯丙烯和氯乙烯等对测定有影响。

（2）苯：一氧化碳、甲苯、二甲苯、萘和汽油等共存时对测定有干扰。

（3）甲苯：苯、二甲苯、一氧化碳、乙炔和乙烷等共存时对测定有影响。

方法十：活性炭吸附二硫化碳解吸　气相色谱法　DB 31/373 - 2010 附录 A

适用范围　本方法适用于固定污染源排气中苯系物的测定。

检出限　仪器对苯、甲苯、二甲苯的最低检出量不小于 0.1 ng。当采样体积为 10 L 时，苯系物的最低检出浓度为 10 μg/m³。

干扰和消除　暂不明确。

方法十一：固定污染源废气　苯系物的测定　气袋采样-气相色谱法　DB31/859 - 2014 附录 C

适用范围　本方法适用于固定污染源废气中苯、甲苯、乙苯、二甲苯（对-二甲苯、间-二甲苯、邻-二甲苯）、苯乙烯、三甲苯（1,3,5-三甲苯、1,2,4-三甲苯、1,2,3-三甲苯）的测定。

方法原理　苯系物（气体）用气袋采样，注入气相色谱仪，经毛细管色谱柱分离，用氢火焰离子化检测器测定，以保留时间定性，峰高（或峰面积）外标法定量。

检出限　当进样体积为 1.0 mL 时，苯系物的检出限分别为：苯 0.2 mg/m³；甲苯 0.3 mg/m³；乙苯 0.3 mg/m³；二甲苯（对-二甲苯、间-二甲苯、邻-二甲苯）0.3 mg/m³；苯乙烯 0.3 mg/m³；三甲苯（1,3,5-三甲苯、1,2,4-三甲苯、1,2,3-三甲苯）0.3 mg/m³。

干扰和消除　在优化后的色谱条件下未见有明显的干扰物质，如对定性结果有疑问，可采用 GC/MS 定性。

方法十二：固定污染源废气　苯系物的测定　气袋采样-气相色谱法　DB 31/881 - 2015 附录 C

适用范围　本方法适用于固定污染源废气中苯、甲苯、乙苯、二甲苯（对-

二甲苯、间-二甲苯、邻-二甲苯）、苯乙烯、三甲苯（1,3,5-三甲苯、1,2,4-三甲苯、1,2,3-三甲苯）的测定。

方法原理　苯系物（气体）用气袋采样，注入气相色谱仪，经毛细管色谱柱分离，用氢火焰离子化检测器测定，以保留时间定性，峰高（或峰面积）外标法定量。

检出限　当进样体积为 1.0 mL 时，苯系物的检出限分别为：苯 0.2 mg/m³；甲苯 0.3 mg/m³；乙苯 0.3 mg/m³；二甲苯（对-二甲苯、间-二甲苯、邻-二甲苯）0.3 mg/m³；苯乙烯 0.3 mg/m³；三甲苯（1,3,5-三甲苯、1,2,4-三甲苯、1,2,3-三甲苯）0.3 mg/m³。

干扰和消除　在优化后的色谱条件下未见有明显的干扰物质，如对定性结果有疑问，可采用 GC/MS 定性。

方法十三：固定污染源废气　苯系物的测定　气袋采样-气相色谱法 DB 31/933－2015 标准附录 E

适用范围　本方法适用于固定污染源废气中苯、甲苯、乙苯、二甲苯（对-二甲苯、间-二甲苯、邻-二甲苯）、苯乙烯、三甲苯（1,3,5-三甲苯、1,2,4-三甲苯、1,2,3-三甲苯）的测定。

方法原理　苯系物（气体）用气袋采样，注入气相色谱仪，经毛细管色谱柱分离，用氢火焰离子化检测器测定，以保留时间定性，峰高（或峰面积）外标法定量。

检出限　当进样体积为 1.0 mL 时，苯系物的检出限分别为：苯 0.2 mg/m³；甲苯 0.3 mg/m³；乙苯 0.3 mg/m³；二甲苯（对-二甲苯、间-二甲苯、邻-二甲苯）0.3 mg/m³；苯乙烯 0.3 mg/m³；三甲苯（1,3,5-三甲苯、1,2,4-三甲苯、1,2,3-三甲苯）0.3 mg/m³。

干扰和消除　在优化后的色谱条件下未见有明显的干扰物质，如对定性结果有疑问，可采用 GC/MS 定性。

方法十四：固定污染源废气　苯系物的测定　气袋采样-气相色谱法 DB31/934－2015 附录 C

适用范围　本方法适用于船舶工业企业固定污染源废气中苯、甲苯、乙苯、二甲苯（对-二甲苯、间-二甲苯、邻-二甲苯）、苯乙烯、三甲苯（1,3,5-三甲苯、1,2,4-三甲苯、1,2,3-三甲苯）的测定。

方法原理　苯系物（气体）用气袋采样，注入气相色谱仪，经毛细管色谱柱分离，用氢火焰离子化检测器测定，以保留时间定性，峰高（或峰面积）外标法定量。

检出限 当进样体积为 1.0 mL 时，苯系物的检出限分别为：苯 0.2 mg/m³；甲苯 0.3 mg/m³；乙苯 0.3 mg/m³；二甲苯（对-二甲苯、间-二甲苯、邻-二甲苯）0.3 mg/m³；苯乙烯 0.3 mg/m³；三甲苯（1,3,5-三甲苯、1,2,4-三甲苯、1,2,3-三甲苯）0.3 mg/m³。

干扰和消除 在优化后的色谱条件下未见有明显的干扰物质，如对定性结果有疑问，可采用 GC/MS 定性。

方法十五：固定污染源废气 苯系物的测定 气袋采样-气相色谱法 DB 31/1025-2016 附录 C

方法原理 苯系物（气体）用气袋采样，注入气相色谱仪，经毛细管色谱柱分离，用氢火焰离子化检测器测定，以保留时间定性，峰高（或峰面积）外标法定量。

检出限 当进样体积为 1.0 mL 时，苯系物的检出限分别为：苯 0.2 mg/m³；甲苯 0.3 mg/m³；乙苯 0.3 mg/m³；二甲苯（对-二甲苯、间-二甲苯、邻-二甲苯）0.3 mg/m³；苯乙烯 0.3 mg/m³；三甲苯（1,3,5-三甲苯、1,2,4-三甲苯、1,2,3-三甲苯）0.3 mg/m³。

干扰和消除 在优化后的色谱条件下未见有明显的干扰物质，如对定性结果有疑问，可采用 GC/MS 定性。

方法十六：固定污染源废气 苯系物的测定 气袋采样-气相色谱法 DB 31/1059-2017 附录 F

适用范围 本方法适用于固定污染源废气中苯、甲苯、乙苯、二甲苯（对-二甲苯、间-二甲苯、邻-二甲苯）、苯乙烯、三甲苯（1,3,5-三甲苯、1,2,4-三甲苯、1,2,3-三甲苯）的测定。

方法原理 苯系物（气体）用气袋采样，注入气相色谱仪，经毛细管色谱柱分离，用氢火焰离子化检测器测定，以保留时间定性，峰高（或峰面积）外标法定量。

检出限 当进样体积为 1.0 mL 时，苯系物的检出限分别为：苯 0.2 mg/m³；甲苯 0.3 mg/m³；乙苯 0.3 mg/m³；二甲苯（对-二甲苯、间-二甲苯、邻-二甲苯）0.3 mg/m³；苯乙烯 0.3 mg/m³；三甲苯（1,3,5-三甲苯、1,2,4-三甲苯、1,2,3-三甲苯）0.3 mg/m³。

干扰和消除　在优化后的色谱条件下未见有明显的干扰物质，如对定性结果有疑问，可采用 GC/MS 定性。

2. 正己烷、丙酮

方法一：空气　醛、酮类化合物的测定　高效液相色谱法 HJ 683 - 2014

适用范围　本方法适用于环境空气中 13 种醛酮类化合物的测定，包括甲醛、乙醛、丙烯醛、丙酮、丙醛、丁烯醛、甲基丙烯醛、2 - 丁酮、正丁醛、苯甲醛、戊醛、间甲基苯甲醛和己醛。其他醛酮类化合物经适用性验证也可采用本方法进行分析。

方法原理　使用填充了涂渍 2,4 - 二硝基苯肼（DNPH）的采样管采集一定体积的空气样品，样品中的醛酮类化合物经强酸催化与涂渍于硅胶上的 DNPH 反应，生成稳定有颜色的腙类衍生物，经乙腈洗脱后，使用高效液相色谱仪的紫外（360 nm）或二极管阵列检测器检测，保留时间定性，峰面积定量。

检出限　当采样体积为 0.05 m³ 时，本方法的检出限及测定下限见表 3 - 10。

表 3 - 10　醛酮类化合物的方法检出限和测定下限

序号	化合物名称	英 文 名 称	CAS 号	检出限 /（μg/m³）	测定下限 /（μg/m³）
1	甲醛	formaldehyde	50 - 00 - 0	0.28	1.12
2	乙醛	acetaldehyde	75 - 07 - 0	0.43	1.72
3	丙烯醛、丙酮	Acrolein/acetone	107 - 02 - 8 / 67 - 64 - 1	0.47	1.88
4	丙醛	propionaldehyde	123 - 38 - 6	0.71	2.85
5	丁烯醛	crotonaldehyde	123 - 73 - 9	0.76	3.05
6	甲基丙烯醛	methacrolein	78 - 85 - 3	0.67	2.7
7	2 - 丁酮	2 - butanone	78 - 93 - 3	0.67	2.7
8	正丁醛	butyraldehyde	123 - 72 - 8	0.74	2.96
9	苯甲醛	benzaldehyde	100 - 52 - 7	1.37	5.47
10	戊醛	valeraldehyde	110 - 62 - 3	0.91	3.66
11	间甲基苯甲醛	m-tolualdehyde	620 - 23 - 5	1.69	6.76

干扰和消除　臭氧易与衍生剂 DNPH 及衍生后的腙类化合物发生反应，影响测量结果，应在采样管前串联臭氧去除柱，消除干扰。

方法二：固定污染源废气 挥发性有机物的测定 固相吸附-热脱附/气相色谱-质谱法 HJ 734－2014

见 3.2.2 1. 苯、甲苯、乙苯、二甲苯、苯乙烯等苯系物 方法七。

方法三：环境空气挥发性有机物的测定 罐采样/气相色谱-质谱法 HJ 759－2015

见 3.2.2 1. 苯、甲苯、乙苯、二甲苯、苯乙烯等苯系物 方法八。

方法四：EPA TO－15

适用范围 环境空气中 97 种有害的有机污染物的测定。

方法原理 用苏玛罐采集环境空气样品，送至实验室，经冷阱浓缩、热解吸后，进入气相色谱分离，用质谱检测器进行检测。

干扰和消除 暂不明确。

备注 亦可使用 Tedlar 气袋采集污染源废气（采样方法参考 HJ 732），分析方法参考 EPA TO－15 用于污染源废气中 97 种有害的有机污染物测定，样品 24 h 内不能分析完转到苏玛罐内保存。测定固定污染源废气时或目标化合物不在 97 种有害的有机污染物范围内时，该方法为非标方法，仅供科研调查使用。

3. 总烃、甲烷和非甲烷总烃

方法一：固定污染源废气 总烃、甲烷和非甲烷总烃的测定 气相色谱法 HJ 38－2017

适用范围 本方法适用于固定污染源有组织排放废气中的总烃、甲烷和非甲烷总烃的测定。

方法原理 将气体样品直接注入具氢火焰离子化检测器的气相色谱仪，分别在总烃柱和甲烷柱上测定总烃和甲烷的含量，两者之差即为非甲烷总烃的含量。同时以除烃空气代替样品，测定氧在总烃柱上的响应值，以扣除样品中的氧对总烃测定的干扰。

检出限 当进样体积为 1.0 mL 时，本方法测定总烃、甲烷的检出限均为 0.06 mg/m³（以甲烷计），测定下限均为 0.24 mg/m³（以甲烷计）；非甲烷总烃的检出限为 0.07 mg/m³（以碳计），测定下限为 0.28 mg/m³（以碳计）。

干扰和消除 暂不明确。

方法二：环境空气 总烃、甲烷和非甲烷总烃的测定 直接进样-气相色谱法 HJ 604－2017

适用范围 本方法适用于环境空气中总烃、甲烷和非甲烷总烃的测定，也适用于污染源无组织排放监控点空气中总烃、甲烷和非甲烷总烃的测定。

方法原理 将气体样品直接注入具氢火焰离子化检测器的气相色谱仪，分别在总烃柱和甲烷柱上测定总烃和甲烷的含量，两者之差即为非甲烷总烃的含量。同时以除烃空气代替样品，测定氧在总烃柱上的响应值，以扣除样品中的氧对总烃测定的干扰。

检出限 当进样体积为 1.0 mL 时，本方法测定总烃、甲烷的检出限均为 0.06 mg/m^3（以甲烷计），测定下限均为 0.24 mg/m^3（以甲烷计）；非甲烷总烃的检出限为 0.07 mg/m^3（以碳计），测定下限为 0.28 mg/m^3（以碳计）。

干扰和消除 暂不明确。

4. 二噁英类

方法：环境空气和废气 二噁英类的测定 同位素稀释高分辨气相色谱-高分辨质谱法 HJ 77.2 – 2008

适用范围 本标准适用于环境空气中和固定源排放废气中二噁英类污染物的采样、样品处理及其定性和定量分析。

方法原理 本方法采用同位素稀释高分辨气相色谱-高分辨质谱法测定环境空气、废气中的二噁英类，规定了环境空气、废气中二噁英类的采样、样品处理及仪器分析等过程的标准操作程序以及整个分析过程的质量管理措施。利用滤膜和吸附材料对环境空气、废气中的二噁英类进行采样，采集的样品加入提取内标，分别对滤膜和吸附材料进行处理得到样品提取液，再经过净化和浓缩转化为最终分析样品，用高分辨气相色谱-高分辨质谱法（HRGC – HRMS）进行定性和定量分析。

检出限 方法检出限取决于所使用的分析仪器的灵敏度、样品中的二噁英类质量浓度以及干扰水平等多种因素。2,3,7,8 – T$_4$CDD 仪器检出限应低于 0.1 pg，当废气采样量为 4 m^3（标准状态）时，本方法对 2,3,7,8 – T$_4$CDD 的最低检出限应低于 1 pg/m^3；当环境空气采样量为 1 000 m^3（标准状态）时，本方法对 2,3,7,8 – T$_4$CDD 的最低检出限应低于 0.005 pg/m^3。

干扰和消除 暂不明确。

5. 苯并[a]芘

方法一：环境空气和废气 气相和颗粒物中多环芳烃的测定 气相色谱-质谱法 HJ 646 – 2013

适用范围 本方法适用于环境空气、固定污染源排气和无组织排放空气中气相和颗粒物中 16 种多环芳烃（PAHs）的测定。16 种多环芳烃包括萘、苊烯、苊、芴、菲、蒽、荧蒽、芘、䓛、苯并[a]蒽、苯并[b]荧蒽、苯并[k]荧蒽、苯并[a]芘、茚并[1,2,3-c,d]芘、二苯并[a,h]蒽、苯并[g,h,i]苝。若通过验证，本方法也适用于其他多环芳烃的测定。

方法原理 气相和颗粒物中的多环芳烃分别收集于采样筒与玻璃（或石英）纤维滤膜/筒，采样筒和滤膜用体积比为 10:90 的乙醚/正己烷混合溶剂提取，提取液经过浓缩、硅胶柱或氟罗里硅土柱等方式净化后，进行气相色谱-质谱联机（GC/MS）检测，根据保留时间、质谱图或特征离子进行定性，内标法定量。

检出限 当以 100 L/min 采集环境空气 24 h 时，采用全扫描方式测定，方法的检出限为 0.000 4~0.000 9 μg/m³，测定下限为 0.001 6~0.003 6 μg/m³；当以 225 L/min 采集环境空 24 h 时，采用全扫描方式测定，方法的检出限为 0.000 2~0.000 4 μg/m³，测定下限为 0.000 8~0.001 6 μg/m³；当采集固定源废气 1 m³ 时，采用全扫描方式测定，方法的检出限为 0.05~0.12 μg/m³，测定下限为 0.20~0.48 μg/m³。

干扰和消除

（1）杂环类多环芳烃和烷基取代的多环芳烃与待测化合物在相同的保留时间出峰时，可以通过质谱检测辅助定性离子来加以区别。

（2）样品采集、贮存和处理过程中受热、臭氧、氮氧化物、紫外光都会引起多环芳烃的降解，需要密闭、低温、避光保存。

方法二：环境空气和废气 气相和颗粒物中多环芳烃的测定 高效液相色谱法 HJ 647-2013

适用范围 本方法适用于环境空气、固定污染源排气和无组织排放空气中气相和颗粒物中 16 种多环芳烃的测定。16 种多环芳烃（PAHs）包括萘、苊烯、苊、芴、菲、蒽、荧蒽、芘、䓛、苯并[a]蒽、苯并[b]荧蒽、苯并[k]荧蒽、苯并[a]芘、茚并[1,2,3-c,d]芘、二苯并[a,h]蒽、苯并[g,h,i]苝。若通过验证，本方法也适用于其他多环芳烃的测定。

方法原理 气相和颗粒物中的多环芳烃分别收集于采样筒与玻璃（或石英）纤维滤膜/筒，采样筒和滤膜/筒用体积比为 10:90 的乙醚/正己烷混合溶剂提取，提取液经过浓缩、硅胶柱或弗罗里硅土柱等方式净化后，用具有荧光/紫外检测器的高效液相色谱仪分离检测。

检出限 当以 100 L/min 采集环境空气 24 h 时，方法的检出限为 0.04~

0.26 ng/m³,测定下限为 0.16~1.04 ng/m³;当采集固定源废气 1 m³ 时,方法的检出限为 0.01~0.04 μg/m³,测定下限为 0.04~0.16 μg/m³。

干扰和消除　样品采集、贮存和处理过程中受热、臭氧、氮氧化物、紫外光都会引起多环芳烃的降解,需要密闭、低温、避光保存。

方法三:环境空气　苯并[a]芘的测定　高效液相色谱法 HJ 956-2018

适用范围　本方法适用于环境空气和无组织排放监控点空气颗粒物（PM$_{2.5}$、PM$_{10}$ 或 TSP 等）中苯并[a]芘的测定。

方法原理　用超细玻璃（或石英）纤维滤膜采集环境空气中的苯并[a]芘,用二氯甲烷或乙腈提取,提取液浓缩、净化后,采用高效液相色谱分离,荧光检测器检测,根据保留时间定性,外标法定量。

检出限　用二氯甲烷提取,定容体积为 1.0 mL 时,方法检出量为 0.008 μg,方法测定量下限为 0.032 μg;用 5.0 mL 乙腈提取时,方法检出量为 0.040 μg,方法测定量下限为 0.160 μg。

当采样体积为 144 m³（标准状态下）,用二氯甲烷提取,定容体积为 1.0 mL 时,方法的检出限为 0.1 ng/m³,测定下限为 0.4 ng/m³;当采样体积为 6 m³（标准状态下）,用二氯甲烷提取,定容体积为 1.0 mL 时,方法的检出限为 1.3 ng/m³,测定下限为 5.2 ng/m³。

当采样体积为 1 512 m³（标准状态下）,取十分之一滤膜,用二氯甲烷提取,定容体积为 1.0 mL 时,方法的检出限为 0.1 ng/m³,测定下限为 0.4 ng/m³;用 5.0 mL 乙腈提取时,方法的检出限为 0.3 ng/m³,测定下限为 1.2 ng/m³。

干扰和消除　当样品基质复杂干扰测定时,可采用硅胶固相萃取柱去除或减少干扰。

方法四:固定污染源排气中苯并[a]芘的测定　高效液相色谱法 HJ/T 40-1999

适用范围　本方法适用于固定污染源有组织排放的苯并[a]芘测定。

方法原理　用无胶玻璃纤维滤筒或玻璃纤维滤膜采集样品,用环己烷提取苯并[a]芘,提取液通过费罗里硅土层析柱,然后用二氯甲烷和丙酮的混合溶剂洗脱吸附在柱上的苯并[a]芘,经浓缩后在配有荧光检测器的高效液相色谱仪上测定。

检出限　当采样体积为 1.0 m³,样品定容 1.0 mL,色谱进样量为 10 μL 时,苯并[a]芘的检出限为 2 ng/m³,定量测定的浓度为 7.6 ng/m³~4.0 μg/m³。

干扰和消除 暂不明确。

6. 甲醛

方法一：空气质量 甲醛的测定 乙酰丙酮分光光度法 GB/T 15516-1995

适用范围 本方法适用于树脂制造、涂料、人造纤维、塑料、橡胶、燃料、制药、油漆、制革等行业的排放废气，以及作医药消毒、防腐、熏蒸时产生的甲醛蒸气测定。

方法原理 甲醛气体经水吸收后，在 pH = 6 的乙酸-乙酸铵缓冲溶液中，与乙酸丙酮作用，在沸水浴条件下，迅速生成稳定的黄色化合物，在波长 413 nm 处测定。

检出限 在采样体积为 0.5~10.0 L 时，测定范围为 0.5~800 mg/m³。

干扰和消除 当甲醛浓度为 20 μg/10 mL 时，共存 8 mg 苯酚（400 倍），10 mg 乙醛（500 倍），600 mg 铵离子（30 000 倍）无干扰影响；共存 SO_2，小于 20 μg，NO_x 小于 50 μg，甲醛回收率不低于 95%。

方法二：环境空气 醛、酮类化合物的测定 高效液相色谱法 HJ 683-2014

见 3.2.2 2. 正己烷、丙酮 方法一。

方法三：环境空气 氯气等有毒有害气体的应急监测 比长式检测管法 HJ 871-2017

适用范围 见 3.2.1 6. 一氧化碳 方法二。

方法原理 环境空气进入甲醛检测管，甲醛与吸附在硅胶上的磷酸羟胺反应生成磷酸，使指示粉变色，在一定范围内，变色长度与甲醛气体的浓度成正比。反应式如下：

$$HCHO + (NH_2OH)_3 \cdot H_3PO_4 \longrightarrow H_3PO_4$$

检出限 常见测定范围为 0.02~8.6×10³ mg/m³。

干扰和消除 其他醛类、酮类、氨类、苯乙烯和酸性气体等对测定有干扰。

7. 1,3-丁二烯

方法一：环境空气 挥发性有机物的测定 罐采样/气相色谱-质谱法 HJ 759-2015

见 3.2.2 1. 苯、甲苯、乙苯、二甲苯、苯乙烯等苯系物 方法八。

方法二：EPA TO-15

见 3.2.2 2. 正己烷、丙酮 方法四。

方法三：工作场所 1,3－丁二烯的测定　活性炭吸附-溶液解吸　气相色谱法　UNI 11092－2004

8. 丙烯腈

方法：固定污染源排气中丙烯腈的测定　气相色谱法　HJ/T 37－1999

适用范围　本方法适用于固定污染源有组织排放和无组织排放的丙烯腈测定。

方法原理　丙烯腈（CH_2—$CHCH_2CN$）用活性炭常温吸附富集，再经二硫化碳常温解吸，解吸液中各组分通过色谱柱得到分离后进入氢火焰离子化检测器（FID），从测得的丙烯腈色谱峰高（或面积），对解吸液中丙烯腈浓度定量，最后由解吸液体积、浓度和采样体积计算出气体样品中丙烯腈的浓度。

检出限　当采样体积为 30 L 时，方法的检出限为 0.2 mg/m³，方法的定量测定浓度为 0.26~33.0 mg/m³。

干扰和消除　暂不明确。

9. 氯乙烯

方法一：环境空气　挥发性有机物的测定　罐采样/气相色谱-质谱法　HJ 759－2015

见 3.2.2　1. 苯、甲苯、乙苯、二甲苯、苯乙烯等苯系物　方法八。

方法二：固定污染源排气中氯乙烯的测定　气相色谱法　HJ/T 34－1999

适用范围　本方法适用于固定污染源有组织排放和无组织排放的氯乙烯测定。

方法原理　氯乙烯用注射器直接进样，经色谱柱分离后，被氢火焰离子化检测器测定，以色谱峰的保留时间定性，峰高（或峰面积）定量。

检出限　当色谱进样量为 3 mL 时，方法的检出限为 0.08 mg/m³，定量测定的浓度下限为 0.26 mg/m³，上限可达 $1×10^4$ mg/m³。

干扰和消除　暂不明确。

方法三：EPA TO－15

见 3.2.2　2. 正己烷、丙酮　方法四。

10. 三氯乙烯、三氯甲烷

方法一：环境空气　挥发性卤代烃的测定　活性炭吸附-二硫化碳解吸/气相色谱法　HJ 645－2013

适用范围　本方法适用于环境空气中氯苯、苄基氯、1,1－二氯乙烷、1,2－

二氯乙烷、反式-1,2-二氯乙烯、顺式-1,2-二氯乙烯、1,2-二氯丙烷、1,2-二氯苯、1,3-二氯苯、1,4-二氯苯、1,1,1-三氯乙烷、1,1,2-三氯乙烷、三氯乙烯、三氯甲烷、三溴甲烷、1-溴-2-氯乙烷、1,2,3-三氯丙烷、1,1,2,2-四氯乙烷、四氯乙烯、四氯化碳、六氯乙烷等 21 种挥发性卤代烃的测定。若通过验证，本方法也可适用于其他挥发性卤代烃的测定。

方法原理　环境空气中的挥发性卤代烃经活性炭采样管富集后，用二硫化碳（CS_2）解吸，使用带有电子捕获检测器（ECD）的气相色谱仪测定，以保留时间定性，外标法定量。

检出限　当采样体积为 10 L 时，21 种目标物的方法检出限和测定下限见表 3-11。

表 3-11　目标物的检出限和测定下限

序号	组 分 名 称	英 文 名 称	CAS 号	检出限 /($\mu g/m^3$)	测定下限 /($\mu g/m^3$)
1	反式-1,2-二氯乙烯	trans-1,2-Dichloroethylene	156-60-5	10	40
2	1,1-二氯乙烷	1,1-Dichloroethane	75-34-3	9	36
3	顺式-1,2-二氯乙烯	cis-1,2-Dichloroethylene	156-59-2	7	28
4	三氯甲烷	Chloroform	67-66-3	1	4
5	1,2-二氯乙烷	1,2-Dichloroethane	107-06-2	3	12
6	1,1,1-三氯乙烷	1,1,1-Trichloroethane	71-55-6	0.05	0.20
7	四氯化碳	Carbon tetrachloride	56-23-5	0.7	2.8
8	1,2-二氯丙烷	1,2-Dichloropropane	78-87-5	4	16
9	三氯乙烯	Trichloroethylene	1979/1/6	0.04	0.16
10	1-溴-2-氯乙烷	1-Bromo-2-chloroethane	107-04-0	0.2	0.8
11	1,1,2-三氯乙烷	1,1,2-Trichloroethane	79-00-5	0.4	1.6
12	四氯乙烯	Tetrachloroethylene	127-18-4	0.2	0.8
13	氯苯	Chlorobenzene	108-90-7	7	28

续　表

序号	组 分 名 称	英 文 名 称	CAS 号	检出限 /(μg/m³)	测定下限 /(μg/m³)
14	三溴甲烷	Bromoform	75 - 25 - 2	0.07	0.28
15	1,1,2,2-四氯乙烷	1,1,2,2 - Tetrachloroethane	79 - 34 - 5	0.07	0.28
16	1,2,3-三氯丙烷	1,2,3 - Trichloropropane	96 - 18 - 4	0.3	1.2
17	苄基氯	Benzyl chloride	100 - 44 - 7	1	4
18	1,4-二氯苯	1,4 - Dichlorobenzene	106 - 46 - 7	2	8
19、20	1,2-二氯苯+1,3-二氯苯	1,2 - Dichlorobenzene+ 1,3 - Dichlorobenzene	95 - 50 - 1+ 541 - 73 - 1	0.4	1.6
21	六氯乙烷	Hexachloroethane	67 - 72 - 1	0.03	0.12

干扰和消除　用气相色谱法测定环境空气中的挥发性卤代烃时，环境空气中苯系物、正己烷、乙酸乙酯和环己烷不干扰测定。

方法二：环境空气　挥发性有机物的测定　罐采样/气相色谱-质谱法　HJ 759 - 2015

见 3.2.2　1.苯、甲苯、乙苯、二甲苯、苯乙烯等苯系物　方法八。

方法三：EPA TO - 15

见 3.2.2　2.正己烷、丙酮　方法四。

方法四：气态有机物浓度的测定　气相色谱法　EPA 方法 18

适用范围　本方法适用于分析从工业源排放的气态有机物浓度。

方法原理　气体混合物主要有机成分经气相色谱分离，分别用火焰离子、光电离、电子捕获或其他适当的检测器来定量。

干扰和消除　可通过选择合适的色谱柱和检测器或通过改变柱流量改变保留时间来消除可能产生的干扰。

备注　EPA 方法 18 为便携式 GC 方法，类似于技术规范。

方法五：气态有机物浓度的测定　直接进样-气相色谱-质谱法　ASTM D6420 - 99（2010）

适用范围　本试验方法采用特定装置，直接接入气相色谱质谱联用仪（GCMS）

对苯、二氯甲烷、溴二氯甲烷、1,1,2,2-四氯乙烷、二硫化碳、1,1,1-三氯乙烷、氯仿、1,1,2-三氯乙烷、4-甲基-2-戊酮、对二甲苯、苯乙烯、溴甲烷、四氯乙烯、四氯化碳、甲苯、氯苯、溴仿、顺式-1,3-二氯丙烯、乙酸乙烯酯、1,2-二氯乙烷、氯乙烯、1,1-二氯乙烯、氯甲烷、反式-1,2二氯乙烯、顺式-1,2-二氯乙烯、2-丁酮、二溴氯甲烷、2-己酮、1,1-二氯乙烷、反式-1,3-二氯丙烯、1,2二氯丙烷、三氯乙烯、乙苯、间二甲苯、氯乙烷、邻二甲苯共36种挥发性有机化合物进行鉴定和定量。

方法原理 样品经气相色谱分离,质谱检测。

检出限 检出限跟硬件相关,方法未给出检出限。

干扰和消除 取样系统中如有水分、颗粒物、活性吸附点会造成目标化合物的损失。在分析前,应按标准中规定检测和避免这些现象,证实系统有效性。

11. 丙烯醛

方法一:环境空气 醛、酮类化合物的测定 高效液相色谱法 HJ 683-2014

见 3.2.2 2. 正己烷、丙酮 方法一。

方法二:环境空气 挥发性有机物的测定 罐采样/气相色谱-质谱法 HJ 759-2015

见 3.2.2 1. 苯、甲苯、乙苯、二甲苯、苯乙烯等苯系物 方法六、八。

方法三:固定污染源排气中丙烯醛的测定 气相色谱法 HJ/T 36-1999

适用范围 本方法适用于固定污染源有组织排放和无组织排放的丙烯醛测定。

方法原理 丙烯醛(CH_2CHCHO)直接进样,在色谱柱中与其他物质分离后,用氢火焰离子化检测器测定,以标准样品色谱峰的保留时间定性、峰高定量。

检出限 本方法的检出限为 $0.1\,mg/m^3$,当进样量为 1 mL 时,定量测定的浓度为 $0.31\sim1.0\times10^2\,mg/m^3$。

干扰和消除 暂不明确。

方法四:EPA TO-15

见 3.2.2 2. 正己烷、丙酮 方法四。

12. 乙醛

方法一:环境空气 醛、酮类化合物的测定 高效液相色谱法 HJ 683-2014

见 3.2.2 2. 正己烷、丙酮 方法一。

方法二：固定污染源排气中乙醛的测定　气相色谱法 HJ／T 35 - 1999

适用范围　本方法适用于固定污染源有组织排放和无组织排放的乙醛测定。

方法原理　用亚硫酸氢钠溶液采样，乙醛与亚硫酸氢钠发生亲核加成反应，在中性溶液中生成稳定的 α - 羟基磺酸盐，然后在稀碱溶液中共热释放出乙醛，经色谱柱分离，用氢火焰离子化检测器测定，以标准样品色谱峰的保留时间定性、峰高定量。

检出限　当采样体积为 100 L、进样体积为 1 μL 时，乙醛的检出限为 4×10^{-2} mg／m³，定量测定浓度为 0.14 ~ 30 mg／m³。

干扰和消除　暂不明确。

13. 硝基苯类

方法一：空气质量　硝基苯类（一硝基和二硝基化合物）的测定　锌还原-盐酸萘乙二胺分光光度法 GB／T 15501 - 1995

适用范围　本方法适用于制药、染料、香料等行业排放废气中能还原为苯胺（芳香伯胺）类化合物的一硝基和二硝基苯类化合物的测定。

方法原理　用乙醇溶液吸收的硝基苯，在常温酸性条件下，由锌粉反应产生的初生态氢还原成苯胺，经重氮化后与 N -盐酸萘乙二胺耦合反应生成紫红色偶氮染料，该染料的色度与硝基苯的含量成正比，在 550 nm 波长处用分光光度法测定。

检出限　在采样体积为 0.5 ~ 10.0 L 时，测定范围为 6 ~ 1 000 mg／m³。

干扰和消除　暂不明确。

方法二：环境空气　硝基苯类化合物的测定　气相色谱法 HJ 738 - 2015

适用范围　本方法适用于环境空气和无组织排放废气中硝基苯、硝基甲苯和硝基氯苯的测定。

方法原理　以硅胶采样管采集环境空气和无组织排放废气中的硝基苯类化合物，用己烷：丙酮（1：1，体积比）超声解吸，气相色谱/电子捕获检测器（GC/ECD）进行分离检测，根据保留时定性，外标法定量。

检出限　采样体积为 25 L 时，硝基苯、对-硝基甲苯、间-硝基甲苯、邻-硝基甲苯、对 - 硝基氯苯、间 - 硝基氯苯、邻 - 硝基氯苯的检出限为 0.001 ~ 0.002 mg／m³，测定下限为 0.004 ~ 0.008 mg／m³。

干扰和消除　暂不明确。

方法三：环境空气　硝基苯类化合物的测定　气相色谱-质谱法 HJ 739 - 2015

适用范围　本方法适用于环境空气和无组织排放废气中硝基苯、硝基甲苯和硝基氯苯的测定。

方法原理　以硅胶采样管采集环境空气和无组织排放废气中的硝基苯类化合物，用二氯甲烷超声解吸，经气相色谱-质谱仪分离、检测。根据保留时间和质谱图定性，内标法定量。

检出限　采样体积为 22.5 L 时，硝基苯、对-硝基甲苯、间-硝基甲苯、邻-硝基甲苯、对-硝基氯苯、间-硝基氯苯、邻-硝基氯苯的检出限为 0.001 mg/m³，测定下限为 0.004 mg/m³。

干扰和消除　暂不明确。

14. 苯胺类

方法一：空气质量　苯胺类的测定　盐酸萘乙二胺分光光度法　GB/T 15502-1995

适用范围　本方法适用于制药、染料等行业排放废气中苯胺（芳香伯胺）类化合物的测定。

方法原理　苯胺气体经硫酸溶液吸收后，在 pH 为 2~3 和温度为 15~20℃ 的条件下，经亚硝酸钠重氮化，过量的亚硝酸钠用氨基磺酸铵除去，苯胺重氮化后与盐酸萘乙二胺偶合生成紫红色化合物，在波长 550 nm 处测试。

检出限　在采样体积为 0.5~10.0 L 时，吸收效率达 99%，测定范围为 0.5~600 mg/m³。

干扰和消除　当苯胺浓度为 10 μg/10 mL 时，共存 NH_4^+ 的含量不大于 400 mg，NO_x 含量不大于 3 mg 时，无明显干扰。

方法二：大气固定污染源　苯胺类的测定　气相色谱法　HJ/T 68-2001

适用范围　本方法适用于大气固定污染源有组织排放和无组织排放中气态苯胺类的测定。

检出限　当采样体积为 12 L，用 1.00 mL 解吸溶剂解吸，取 2 μL 色谱进样时，方法的检出限见表 3-12，本方法的线性范围达 10³。

表 3-12　苯胺类方法检出限

化合物名称	检出限/(mg/m³)	化合物名称	检出限/(mg/m³)
苯胺	0.05	o-硝基苯胺	0.06
N,N-二甲基苯胺	0.05	m-硝基苯胺	0.08
2,5-二甲基苯胺	0.08	p-硝基苯胺	0.2

当所用仪器型号不同或采样体积等改变时，方法的检出限会有所不同。

干扰和消除　暂不明确。

15．甲醇

方法：固定污染源排气中甲醇的测定　气相色谱法　HJ／T 33 – 1999

适用范围　本方法适用于固定污染源有组织排放和无组织排放的甲醇测定。

方法原理　载气携带含有甲醇（CH_3OH）的试样通过装有固定相的色谱柱，流出色谱柱的甲醇由氢火焰离子化检测器（FID）测定。以标准样品色谱峰的保留时间进行定性，以峰高（或峰面积）定量。

检出限　以 3 倍噪声色谱峰高值计算，当色谱进样量为 1.0 mL 时，方法的检出限为 2 mg／m³；定量测定的浓度为 $5.0 \sim 10^4$ mg／m³。

干扰和消除　暂不明确。

16．二氯甲烷

方法一：环境空气　挥发性有机物的测定　罐采样／气相色谱–质谱法　HJ 759 – 2015

见 3.2.2　1．苯、甲苯、乙苯、二甲苯、苯乙烯等苯系物　方法八。

方法二：EPA TO – 15

见 3.2.2　2．正己烷、丙酮　方法四。

方法三：气态有机物浓度的测定　气相色谱法　EPA 方法 18

见 3.2.2　10．三氯乙烯、三氯甲烷　方法四。

17．氯甲烷

方法一：环境空气　挥发性有机物的测定　罐采样／气相色谱–质谱法　HJ 759 – 2015

见 3.2.2　1．苯、甲苯、乙苯、二甲苯、苯乙烯等苯系物　方法八。

方法二：EPA TO – 15

见 3.2.2　2．正己烷、丙酮　方法四。

方法三：气态有机物浓度的测定　气相色谱法　EPA 方法 18

见 3.2.2　10．三氯乙烯、三氯甲烷　方法四。

方法四：气态有机物浓度的测定　直接进样–气相色谱–质谱法　ASTM D6420 – 99（2010）

见 3.2.2　10．三氯乙烯、三氯甲烷　方法五。

18．乙酸乙烯酯

方法一：环境空气　挥发性有机物的测定　罐采样／气相色谱–质谱法　HJ

759 – 2015

见 3.2.2 1. 苯、甲苯、乙苯、二甲苯、苯乙烯等苯系物 方法八。

方法二： EPA TO – 15

见 3.2.2 2. 正己烷、丙酮 方法四。

方法三： 气态有机物浓度的测定 气相色谱法 EPA 方法 18

见 3.2.2 10. 三氯乙烯、三氯甲烷 方法四。

方法四： 气态有机物浓度的测定 直接进样-气相色谱-质谱法 ASTM D6420 – 99（2010）

见 3.2.2 10. 三氯乙烯、三氯甲烷 方法五。

19. 甲硫醇、甲硫醚、二甲二硫

方法一： 空气质量 硫化氢、甲硫醇、甲硫醚和二甲二硫的测定 气相色谱法 GB/T 14678 – 93

见 3.2.1 33. 硫化氢 方法一。

方法二： 环境空气 挥发性有机物的测定 罐采样/气相色谱-质谱法 HJ 759 – 2015

见 3.2.2 1. 苯、甲苯、乙苯、二甲苯、苯乙烯等苯系物方法八。

方法三： 固定污染源废气 甲硫醇等 8 种含硫有机化合物的测定 气袋采样-预浓缩 气相色谱-质谱法 HJ 1078 – 2019

适用范围 本方法适用于于固定污染源废气中甲硫醇、乙硫醇、甲硫醚、甲乙硫醚、二硫化碳、乙硫醚、二甲二硫、噻吩共 8 种含硫有机化合物的测定。

方法原理 用气袋采集固定污染源废气，经冷阱浓缩、热解析后，进入气相色谱分离，用质谱检测器进行检测。通过与标准物质质谱图和保留时间比较定性，内标法定量。

检出限 当取样量为 50.0 mL 时，本标准测定的含硫有机化合物的方法检出限为 0.01 ~ 0.02 mg/m³，测定下限为 0.04 ~ 0.08 mg/m³，详见表 3 – 13。

表 3 – 13 目标化合物的检出限和测定下限

序号	目标化合物	CAS 号	分子式	检出限 /(mg/m³)	测定下限 /(mg/m³)
1	甲硫醇	74 – 93 – 1	CH_4S	0.01	0.04
2	乙硫醇	75 – 08 – 1	C_2H_6S	0.01	0.04

序号	目标化合物	CAS 号	分子式	检出限 /（mg/m³）	测定下限 /（mg/m³）
3	甲硫醚	75 − 18 − 3	C_2H_6S	0.01	0.04
4	二硫化碳	75 − 15 − 0	CS_2	0.01	0.04
5	甲乙硫醚	624 − 89 − 5	C_3H_8S	0.02	0.08
6	噻吩	110 − 02 − 1	C_4H_4S	0.01	0.04
7	乙硫醚	352 − 93 − 2	$C_4H_{10}S$	0.01	0.04
8	二甲二硫	624 − 92 − 0	$C_2H_6S_2$	0.01	0.04

干扰和消除　高浓度的其他种类挥发性有机物影响含硫有机化合物的测定时，可通过减少取样量、稀释样品或使用对含硫化合物高选择性检测器进行分析。

20. 二硫化碳

方法一：空气质量　二硫化碳的测定　二乙胺分光光度法 GB/T 14680 − 93

适用范围　本方法适用于恶臭源厂界环境及环境空气中二硫化碳的测定。

方法原理　用含铜盐、二乙胺的乙醇溶液采样。在铜离子存在下，二硫化碳与乙二胺作用，生成黄棕色的二乙基二硫代氨基甲酸铜，于 435 nm 波长处进行分光光度测定。

检出限　本方法检出限为 0.3 μg/10 mL，当采样体积为 10~30 L 时，最低检出浓度为 0.03 mg/m³。

干扰和消除　硫化氢与二硫化碳共存时干扰测定，可在采样时用乙酸铅棉过滤管排除。

方法二：环境空气　挥发性有机物的测定　罐采样/气相色谱-质谱法 HJ 759 − 2015

见 3.2.2　1. 苯、甲苯、乙苯、二甲苯、苯乙烯等苯系物　方法八。

方法三：固定污染源废气　甲硫醇等 8 种含硫有机化合物的测定　气袋采样-预浓缩　气相色谱-质谱法 HJ 1078 − 2019

见 3.2.2　19. 甲硫醇、甲硫醚、二甲二硫　方法三。

方法四：EPA TO − 15

见 3.2.2 2. 正己烷、丙酮 方法四。

21. 丙醛、正丁醛、正戊醛、醛酮类

方法一：环境空气 醛、酮类化合物的测定 高效液相色谱法 HJ 683 - 2014

见 3.2.2 2. 正己烷、丙酮 方法一。

方法二：天然气固定燃烧源中甲醛的测定 乙酰丙酮衍生法 EPA 方法 323

适用范围 本方法适用于天然气燃烧源、固定燃烧污染源的测定。

检出限 检测范围（液相）：0.2～7.5 μg/mL，气样中的检出限根据采样体积进行换算。

干扰和消除 乙醛、胺、甲醛聚合物、硫化物等会干扰甲醛与乙烯丙酮的反应过程。但根据以前检测来看，燃烧源中主要存在干扰物为乙醛，乙醛的浓度在 50 ppm[①] 以上时，干扰较大，因此检测时可使用 FTIR 检测乙醛浓度。经验表明，很少会有高浓度乙醛检测，影响可以忽略。

备注 EPA 只测有组织排放的甲醛。

22. 甲基乙基酮

方法一：环境空气 醛、酮类化合物的测定 高效液相色谱法 HJ 683 - 2014

见 3.2.2 2. 正己烷、丙酮 方法一。

方法二：环境空气 挥发性有机物的测定 罐采样/气相色谱-质谱法 HJ/T 759 - 2015

见 3.2.2 1. 苯、甲苯、乙苯、二甲苯、苯乙烯等苯系物 方法八。

方法三：EPA TO - 15

见 3.2.2 2. 正己烷、丙酮 方法四。

方法四：气态有机物浓度的测定 直接进样-气相色谱-质谱法 ASTM D6420 - 99（2010）

见 3.2.2 10. 三氯乙烯、三氯甲烷 方法五。

23. 甲基异丁基酮、甲基丙烯酸甲酯、甲基丙烯酸酯类

方法一：环境空气 挥发性有机物的测定 罐采样/气相色谱-质谱法 HJ/T 759 - 2015

见 3.2.2 1. 苯、甲苯、乙苯、二甲苯、苯乙烯等苯系物 方法八。

方法二：EPA TO - 15

---

① 1 ppm = 10^{-6}。

见 3.2.2　2. 正己烷、丙酮　方法四。

24. 三甲胺

方法一：空气质量　三甲胺的测定　气相色谱法 GB/T 14676－93

适用范围　本方法适用于恶臭污染源排气及厂界环境空气中三甲胺的测定。本方法测定以气体状态存在的三甲胺。

方法原理　采用涂着草酸的玻璃微珠作为吸附剂，装填在采样管中，用于采集恶臭污染源排气和厂界环境空气中的三甲胺。通过向采样管中注入饱和氢氧化钾溶液和氮气，使采集的三甲胺游离成气态并进入经真空处理的 100 mL 解吸瓶中，取瓶内气体 1~2 mL 直接注入气相色谱仪，根据三甲胺的色谱峰面积（或峰高）对其进行定量分析。

检出限　当采样体积为 10 L 时，本方法最低检出浓度为 2.5×10^{-3} mg/m^3。

干扰和消除　样品中的氨、甲胺、乙胺、二甲胺等胺类化合物在本方法选定的色谱条件下，均不干扰三甲胺的测定。

方法二：固定污染源废气三甲胺的测定抑制型离子色谱法 HJ 1041－2019

适用范围　本方法适用于固定污染源废气中三甲胺的测定。

方法原理　固定污染源废气中的三甲胺经酸性溶液吸收后，用离子色谱分离，抑制型电导检测器检测。根据保留时间定性，外标法定量。

检出限　当采样体积为 20 L（标准状态）、吸收液体积为 50 mL 时，方法检出限为 0.03 mg/m^3，测定下限为 0.12 mg/m^3。

干扰和消除

在本方法推荐的分析条件下，Li$^+$、Na$^+$、NH$_4^+$、K$^+$、Mg^{2+}、Ca^{2+} 6 种常见的阳离子，以及甲胺和二甲胺均可与三甲胺实现有效分离，不干扰测定。样品中的某些疏水性化合物，可能会影响色谱分离效果及色谱柱的使用寿命，可采用经活化的预处理柱消除或减少影响。

方法三：环境空气和废气　三甲胺的测定　溶液吸收-顶空气相色谱法 HJ 1042－2019

适用范围　本方法适用于环境空气、固定污染源无组织排放监控点空气和有组织排放废气中三甲胺的测定。

方法原理　环境空气和废气中的三甲胺经稀酸吸收后，将吸收液转移至顶空瓶内，加碱处理。在一定温度下，样品中三甲胺向液上空间挥发，在气液两相达到热力学动态平衡后，气相中的三甲胺浓度与液相中浓度成正比。经气相色谱分离，用氢火焰离子化检测器/氮磷检测器进行检测。根据色谱峰保留时间定性，外标法定量。

检出限 采用氢火焰离子化检测器时，当空气采样体积为 20 L（参比状态），吸收液体积为 10 mL 时，方法检出限为 0.004 mg/m³，测定下限为 0.016 mg/m³；当废气采样体积为 20 L（标准状态），吸收液体积为 50 mL 时，方法检出限为 0.04 mg/m³，测定下限为 0.16 mg/m³。

采用氮磷检测器时，当空气采样体积为 20 L（参比状态），吸收液体积为 10 mL 时，方法检出限为 0.000 7 mg/m³，测定下限为 0.002 8 mg/m³；当废气采样体积为 20 L（标准状态），吸收液体积为 50 mL 时，方法检出限为 0.006 mg/m³，测定下限为 0.024 mg/m³。

干扰和消除 在本方法推荐的分析条件下，氨、甲胺、二甲胺、乙胺、二乙胺和三乙胺均可与三甲胺实现有效分离，不干扰测定。

方法四：环境空气 氨、甲胺、二甲胺和三甲胺的测定 离子色谱法 HJ 1076－2019

见 3.2.1 14. 氨 方法六。

25. 乙酸乙酯

方法一：固定污染源废气 挥发性有机物的测定 固相吸附-热脱附/气相色谱-质谱法 HJ 734－2014

见 3.2.2 1. 苯、甲苯、乙苯、二甲苯、苯乙烯等苯系物 方法七。

方法二：环境空气 挥发性有机物的测定 罐采样/气相色谱-质谱法 HJ/T 759－2015

见 3.2.2 1. 苯、甲苯、乙苯、二甲苯、苯乙烯等苯系物 方法八。

方法三：EPA TO－15

见 3.2.2 2. 正己烷、丙酮 方法四。

26. 乙酸丁酯

方法一：固定污染源废气 挥发性有机物的测定 固相吸附-热脱附/气相色谱-质谱法 HJ 734－2014

见 3.2.2 1. 苯、甲苯、乙苯、二甲苯、苯乙烯等苯系物 方法七。

方法二：参考 EPA TO－15

见 3.2.2 2. 正己烷、丙酮 方法四。

27. 氯苯类

方法一：固定污染源废气　氯苯类化合物的测定气相色谱法 HJ 1079 - 2019

　适用范围　本方法适用于固定污染源废气和无组织排放监控点空气中氯苯、2 -氯甲苯、3 -氯甲苯、4 -氯甲苯、1,3 -二氯苯、1,4 -二氯苯、1,2 -二氯苯、1,3,5 -三氯苯、1,2,4 -三氯苯、1,2,3 -三氯苯等 10 种氯苯类化合物的测定。

　方法原理　固定污染源废气和无组织排放监控点空气中氯苯类化合物经 GDX - 103 吸附剂（苯乙烯-二乙烯基苯聚合物）或活性炭吸附剂富集后，用二硫化碳解吸，解吸液经毛细管气相色谱分离，以氢火焰离子化检测器检测，根据保留时间定性，外标法定量。

　检出限　当固定污染源废气采样体积为 10 L（标准状态）、解吸液体积为 2.00 mL 时，方法检出限为 0.02~0.04 mg/m³，测定下限为 0.08~0.16 mg/m³；当无组织排放监控点空气采样体积为 30 L（标准状态）、解吸液体积为 1.00 mL 时，方法检出限为 0.007~0.01 mg/m³，测定下限为 0.028~0.04 mg/m³。

　干扰和消除　暂不明确。

方法二：固定污染源废气　氯苯类化合物的测定　气袋采样-气相色谱法 DB 31/933 - 2015 标准附录 G

　适用范围　本方法适用于固定污染源废气中的氯苯、1,3 -二氯苯、1,4 -二氯苯、1,2 -二氯苯、1,3,5 -三氯苯、1,2,4 -三氯苯和 1,2,3 -三氯苯的测定。

　方法原理　氯苯类化合物（气体样品）用气袋采样，定量注入气相色谱仪，经毛细管色谱柱分离，用氢火焰离子化检测器测定，以标准样品色谱峰的保留时间定性，峰高（或峰面积）外标法定量。

　检出限　当采样体积为 1 L 时，氯苯类化合物的检出限为 0.1~0.2 mg/m³，为标态下的测定值。

　干扰和消除　在优化后的色谱条件下未见有明显的干扰物质，如对定性结果有疑问，可采用 GC/MS 或双柱定性。

方法三：环境空气　氯苯类化合物的测定　固相吸附-热脱附/气相色谱法 DB 31/933 - 2015 标准附录 H

　适用范围　本方法适用于环境空气中的氯苯、1,3 -二氯苯、1,4 -二氯苯、1,2 -二氯苯、1,3,5 -三氯苯、1,2,4 -三氯苯和 1,2,3 -三氯苯的测定。

　方法原理　使用填充了合适吸附剂的吸附管直接采集环境空气中氯苯类化合物，将吸附管置于热脱附仪中进行二级热脱附，脱附气体经气相色谱分离后，以标准样品色谱峰的保留时间定性，峰高（或峰面积）外标法定量。

检出限　当采样体积为 2 L 时，氯苯类化合物的检出限为 0.001 mg/m³，测定下限为 0.005 mg/m³。

干扰和消除　吸附管中残留的组分对测定干扰较大，严格执行老化程序和贮存方法能使此干扰降到最低。

28. 甲烷

方法一：固定污染源废气　总烃、甲烷和非甲烷总烃的测定　气相色谱法 HJ 38－2017

见 3.2.2　3. 总烃、甲烷和非甲烷总烃　方法一。

方法二：环境空气　总烃、甲烷和非甲烷总烃的测定　直接进样-气相色谱法　HJ 604－2017

见 3.2.2　3. 总烃、甲烷和非甲烷总烃　方法二。

方法三：生活垃圾填埋场环境监测技术标准 CJ/T 3037－1995

适用范围　本方法适用于生活垃圾填埋场环境监测。

29. 乙酸酯类

方法一：固定污染源废气　挥发性有机物的测定　固相吸附-热脱附/气相色谱-质谱法　HJ 734－2014

见 3.2.2　1. 苯、甲苯、乙苯、二甲苯、苯乙烯等苯系物　方法七。

方法二：参考 EPA TO－15

见 3.2.2　2. 正己烷、丙酮　方法四。

方法三：气态有机物浓度的测定　气相色谱法　EPA 方法 18

见 3.2.2　10. 三氯乙烯、三氯甲烷　方法四。

方法四：气态有机物浓度的测定　直接进样-气相色谱-质谱法 ASTM D6420－99（2010）

见 3.2.2　10. 三氯乙烯、三氯甲烷　方法五。

30. 酚类化合物

方法一：环境空气　酚类化合物的测定　高效液相色谱法 HJ 638－2012

适用范围　本方法适用于环境空气中 12 种酚类化合物的测定（具体测定组分见标准附录 A）。本方法不适用于颗粒物中酚类化合物的测定。

方法原理　用 XAD－7 树脂采集的气态酚类化合物经甲醇洗脱后，用高效液相色谱分离，紫外检测器或二极管阵列检测器检测，以保留时间定性，外标法定量。

检出限　当采样体积为 25 L 时，本方法检出限为 0.006 ~ 0.039 mg/m³，测定下限为 0.024 ~ 0.156 mg/m³；当采样体积为 75 L 时，本方法检出限为 0.002 ~ 0.013 mg/m³，测定下限为 0.008 ~ 0.052 mg/m³。

干扰和消除　环境空气中的苯、甲苯、乙苯、苯乙烯、三氯苯、四氯苯、苯并芘、苯胺、硝基苯等对酚类化合物的测定不产生干扰，其他干扰物可通过更换色谱柱或改变流动相的比例，使其与目标物分离。

方法二：固定污染源排气中酚类化合物的测定　4 - 氨基安替比林分光光度法 HJ/T 32 - 1999

适用范围　本方法适用于固定污染源有组织排放和无组织排放的酚类化合物测定。

方法原理　用氢氧化钠吸收液采集样品，在 pH = 10.0 ± 0.2、有铁氰化钾存在的情况下，酚类化合物与 4 -氨基安替比林反应，生成红色的安替比林染料，根据颜色的深浅进行比色测定。

检出限

在无组织排放样品分析中，当采样体积为 60 L、吸收液体积 20 mL 时，直接比色法测定酚类化合物的检出限为 0.03 mg/m³，定量测定的浓度为 0.083 ~ 6.0 mg/m³；萃取比色法测定酚类化合物的检出限为 0.003 mg/m³，定量测定的浓度为 0.008 3 ~ 0.17 mg/m³。

在有组织排放样品分析中，当采样体积为 10 L、吸收液体积为 50 mL，用蒸馏-直接比色法测定酚类化合物的检出限为 0.3 mg/m³。定量测定的浓度为 1.0 ~ 80 mg/m³。

干扰和消除　二氧化硫、硫化氢存在时，吸收液中以亚硫酸钠计的浓度达到 240 mg/L、以硫化钠计浓度达到 100 mg/L 以下时，用一次蒸馏预处理基本上可以除去上述干扰，碱性样品放置一天分析，上述干扰可以削弱。对有氯气存在的碱性样品，样品液中以次氯酸钠计的浓度达 21 mg/L 以下时，4 h 内分析对结果影响不大，否则，结果严重偏低。

31. 二甲基甲酰胺（DMF）

方法：工作场所空气有毒物质测定　酰胺类化合物　GBZ/T 160.62 - 2004

适用范围　本方法适用于工作场所空气中酰胺类化合物浓度的测定。

方法原理　空气中的二甲基甲酰胺和二甲基乙酰胺用多孔玻板吸收管采集，

直接进样；丙烯酰胺用冲击式吸收管采集，经溴化反应生成 α,β -二溴丙酰胺，用乙酸乙酯提取后进样，经色谱柱分离，检测器检测，以保留时间定性，峰高或峰面积定量。

检出限 本方法的检出限：二甲基甲酰胺为 5 $\mu g/mL$，二甲基乙酰胺为 10 $\mu g/mL$，丙烯酰胺为 7.5×10^{-3} $\mu g/mL$。最低检出浓度：二甲基甲酰胺为 3.3 mg/m^3，二甲基乙酰胺为 6.6 mg/m^3（以采集 15 L 空气样品计），丙烯酰胺为 8.3×10^{-4} mg/m^3（以采集 45 L 空气样品计）。测定范围：二甲基甲酰胺为 5 ~ 100 $\mu g/mL$，二甲基乙酰胺为 10 ~ 100 $\mu g/mL$，丙烯酰胺为 7.5×10^{-3} ~ 2 $\mu g/mL$。相对标准偏差为 3.4% ~ 4.7%。

干扰和消除 暂不明确。

32. 挥发性有机物（VOCs）

方法一： 合成革与人造革工业污染物排放标准 GB 21902 - 2008 附录 C

适用范围 本附录规定了有组织排放废气中 VOCs 的监测方法。环境空气中的 VOCs 和 DMF 监测也可参照本附录中的相关方法。

方法原理 根据情况选用一种方法采样，用气相色谱分离定性，并用相应的检测器定量，如 FID、PID、ECD 或其他合适的检测原则，必要时应用 GC/MS 鉴定有机物。

本方法不能检测高相对分子质量的聚合物、在分析之前会聚合的物质以及在排气筒或仪器条件下蒸气压过低的物质。

检出限 本方法的测定下限与采样方式和检测器的灵敏度有关。吸附采样方式可以浓缩样品从而降低检出限。不同的检测器的灵敏度会有所不同。对于直接式或气袋方式采样，要求检测器的检出限在 10^{-6}（体积分数）以下。方法的测定上限是由检测器的满量程和色谱柱的过载量决定的。用惰性气体稀释样品和减少进样体积可以扩展测定上限。另外，高沸点化合物的冷凝问题也会影响测定上限。

干扰和消除

（1）溶剂干扰的消除方法：选择合适的色谱柱；选择合适的检测器；通过改变流量和温升程序来改变保留时间。

（2）定期分析无烃空气或氮气的空白实验以保证分析系统没有被污染。

（3）高浓度和低浓度的样品或标准物质交替分析时可能出现交叉污染，最好的解决办法是在分析不同类型样品时彻底地清洗 GC 进样器。

（4）当样品中含有水蒸气时，测定水蒸气含量并修正气态有机物的浓度。

（5）每个样品的气相色谱分析时间必须足够长，以保证所有峰都能洗脱。

方法二：环境空气　挥发性有机物的测定　吸附管采样-热脱附/气相色谱-质谱法　HJ 644 − 2013

适用范围

本标准规定了测定环境空气中挥发性有机物（VOCs）的吸附管采样-热脱附/气相色谱-质谱法。本方法适用于环境空气中 35 种挥发性有机物的测定。若通过验证，本方法也可适用于其他非极性或弱极性挥发性有机物的测定。

方法原理　采用固体吸附剂富集环境空气中挥发性有机物，将吸附管置于热脱附仪中，经气相色谱分离后，用质谱进行检测。通过与待测目标物标准质谱图相比较和保留时间进行定性，外标法或内标法定量。

检出限　当采样体积为 2 L 时，本标准的方法检出限为 0.3 ~ 1.0 μg/m³，测定下限为 1.2 ~ 4.0 μg/m³。

干扰和消除　吸附管中残留的 VOCs 对测定的干扰较大，严格执行老化和保存程序能使此干扰降到最低。

方法三：固定污染源废气　挥发性有机物的测定　固相吸附-热脱附/气相色谱-质谱法　HJ 734 − 2014

见 3.2.2　1. 苯、甲苯、乙苯、二甲苯、苯乙烯等苯系物　方法七。

方法四：环境空气　挥发性有机物的测定　罐采样/气相色谱-质谱法　HJ 759 − 2015

见 3.2.2　1. 苯、甲苯、乙苯、二甲苯、苯乙烯等苯系物　方法八。

方法五：环境空气　挥发性有机物的测定　便携式傅里叶红外仪法　HJ 919 − 2017

适用范围

本标准规定了测定环境空气中挥发性有机物的便携式傅里叶红外仪法。

本标准为定性半定量方法，适用于环境空气中丙烷、乙烯、丙烯、乙炔、苯、甲苯、乙苯、苯乙烯等 8 种挥发性有机物在互不干扰情况下的突发环境事件应急监测。其他挥发性有机物若通过验证也可用本方法测定。

方法原理　当波长连续变化的红外光照射被测目标化合物分子时，与分子固有振动频率相同的特定波长的红外光被吸收，将照射分子的红外光用单色器色散，按其波数依序排列，并测定不同波数被吸收的强度，得到红外吸收光谱。根据样品的红外吸收光谱与标准物质的拟合程度定性，根据特征吸收峰的强度半定量。

检出限 本方法的检出限为 $0.3 \sim 2 \text{ mg/m}^3$，测定下限为 $1.2 \sim 8.0 \text{ mg/m}^3$。

干扰和消除

（1）混合样品中某一组分浓度相对其他组分过高，该组分过宽的吸收峰基部会对其他组分的分析产生干扰。

（2）当混合样品中两种或多种组分的红外光谱吸收峰出现相互重合时，会对分析结果产生干扰。

（3）当空气相对湿度大于 85% 时，样品中的过量水分会对分析结果造成干扰，可使用除湿装置或其他等效方式，降低空气中的湿度。

（4）当样品中含尘量较大时，会污染仪器管路和分析单元，对分析结果产生干扰，须在采样管前安装防尘滤芯。

方法六：环境空气挥发性有机物气相色谱连续监测系统技术要求及检测方法 HJ 1010 - 2018

适用范围

本标准规定了环境空气中挥发性有机物气相色谱连续监测系统的组成结构、技术要求、性能指标和检测方法。本方法适用于环境空气中挥发性有机物测定的气相色谱连续监测系统的设计、生产和检测。

方法原理 环境空气或标准气体以恒定流速进入采样系统，经低温或捕集阱等方式对挥发性有机物进行富集，通过热解析等方式经气相色谱分离，并由氢火焰离子化检测器（FID）或质谱检测器（MSD）进行检测，得到挥发性有机物各组分的浓度。

检出限 在仪器正常工作状态下，1 MDL<标准气体浓度<10 MDL，建议不高于 0.5 nmol/mol。

干扰和消除 暂不明确。

方法七：EPA TO - 15

见 3.2.2 2. 正己烷、丙酮 方法四。

33. 二氯乙烷

方法一：环境空气 挥发性有机物的测定 吸附管采样-热脱附/气相色谱-质谱法 HJ 644 - 2013

检出限 当采样体积为 2 L 时，本标准的方法检出限为 $0.8 \mu\text{g/m}^3$，测定下限为 $3.2 \mu\text{g/m}^3$。

适用范围、方法原理、干扰和消除　见3.2.2　32. 挥发性有机物（VOCs）方法二。

方法二：环境空气　挥发性卤代烃的测定　活性炭吸附-二硫化碳解吸/气相色谱法　HJ 645 - 2013

见3.2.2　10. 三氯乙烯、三氯甲烷　方法一。

方法三：环境空气　挥发性有机物的测定　罐采样/气相色谱-质谱法　HJ/T 759 - 2015

见3.2.2　1. 苯、甲苯、乙苯、二甲苯、苯乙烯等苯系物　方法八。

方法四：EPA TO - 15

见3.2.2　2. 正己烷、丙酮　方法四。

34. 1,2 - 二氯乙烷

方法一：环境空气　挥发性卤代烃的测定　活性炭吸附-二硫化碳解吸/气相色谱法　HJ 645 - 2013

见3.2.2　10. 三氯乙烯、三氯甲烷　方法一。

方法二：环境空气　挥发性有机物的测定　罐采样/气相色谱-质谱法　HJ/T 759 - 2015

见3.2.2　1. 苯、甲苯、乙苯、二甲苯、苯乙烯等苯系物　方法八。

方法三：EPA TO - 15

见3.2.2　2. 正己烷、丙酮　方法四。

方法四：气态有机物浓度的测定　气相色谱法　EPA方法18

见3.2.2　10. 三氯乙烯、三氯甲烷　方法四。

方法五：气态有机物浓度的测定　直接进样-气相色谱-质谱法　ASTM D6420 - 99（2010）

见3.2.2　10. 三氯乙烯、三氯甲烷　方法五。

35. 异氰酸酯类

方法一：工作场所空气中甲苯二异氰酸酯的测定　浸渍滤膜采集-高效液相色谱法　DB31/T 1017 - 2016

适用范围　本方法适用于工作场所空气异氰酸酯类浓度的测定。

方法原理　空气中甲苯二异氰酸酯（TDI）与玻璃纤维滤膜上浸渍的1 -（2 - 甲氧基苯基）哌嗪反应生成TDI -脲衍生物而被吸附于滤膜上，经乙腈洗脱，过滤后，用高效液相色谱仪测定，外标法定量。

检出限 以采集 30 L 空气样品计，2,4 - TDI 检出限 0.003 μg/m³，2,6 - TDI 检出限 0.006 μg/m³。

干扰和消除 暂不明确。

方法二：工作场所空气中异氰酸酯类化合物的测定 1 -（2 -甲氧基苯基） 哌嗪-液相色谱法 ISO 16702 - 2007

适用范围 本方法适用于工作场所空气异氰酸酯类浓度的测定。

方法原理 通过浸渍有 1 -（2 -甲氧基苯基） 哌嗪试剂的过滤器，吸收空气中的有机异氰酸酯，生成非挥发性尿素衍生物，用高效液相色谱法（HPLC）、紫外/可见光（UV）和电化学（EC）检测对所得溶液进行浓缩和分析。

检出限 以采集 15 L 空气样品计，检测范围为 0.1～140 μg/m³。

干扰和消除 相同的液相条件下，气样中其他化合物会与目标化合物出峰时间相近。特别是芳香胺类，可使用 DAD 的响应比例进行定性，必要时也可用 FTIR 或 MS 进行辅助定性。

备注 可以测定 MDI、HDI 和 TDI 及其聚合体，也可测 IPDI、HMDI、NDI 及其聚合体。

36. 异佛尔酮二氰酸酯（IPDI）、二苯基甲烷异氰酸酯（MDI）

方法一：工作场所空气有毒物质测定 第 132 部分：甲苯二异氰酸酯、二苯基甲烷二异氰酸酯和异佛尔酮二异氰酸酯 GBZ/T 300.132 - 2017

适用范围 本方法适用于工作场所空气中异佛尔酮二氰酸酯（IPDI）浓度的测定。

方法原理 空气中气溶胶态和蒸气态异氟尔酮二异氰酸酯（IPDI）用浸渍滤纸采集，与吡啶哌嗪反应生成 IPDI -脲，用乙酸铵-甲醇溶液洗脱后，C₁₈液相色谱柱分离，紫外光检测器检测，以保留时间定性、峰高或峰面积定量。

检出限 以采集 15 L 空气样品计，检出限为 0.013 μg/mL。

干扰和消除 暂不明确。

方法二：工作场所空气中异氰酸酯类化合物的测定 1 -（2 -甲氧基苯基） 哌嗪-液相色谱法 ISO 16702 - 2007

见 3.2.2 35. 异氰酸酯类 方法二。

37. 甲苯二异氰酸酯（TDI）

方法一：工作场所空气有毒物质测定 第 132 部分：甲苯二异氰酸酯、二苯基甲烷二异氰酸酯和异佛尔酮二异氰酸酯 GBZ/T 300.132 - 2017

检出限　以采集 45 L 空气样品计，0.001 μg/mL。

适用范围、方法原理、干扰和消除　见 3.2.2　36. 异佛尔酮二氰酸酯　方法一。

方法二：工作场所空气中甲苯二异氰酸酯的测定　浸渍滤膜采集-高效液相色谱法 DB31/T 1017 - 2016

见 3.2.2　35. 异氰酸酯类　方法一。

方法三：工作场所空气中异氰酸酯类化合物的测定　1 -（2 -甲氧基苯基）哌嗪-液相色谱法 ISO 16702 - 2007

见 3.2.2　35. 异氰酸酯类　方法二。

38. 多亚甲基多苯基异氰酸酯

备注　无分析方法。

39. 乙腈

方法：工作场所空气有毒物质测定　第 133 部分：乙腈、丙烯腈和甲基丙烯腈 GBZ/T 300. 133 - 2017

适用范围　本方法适用于工作场所空气中蒸气态乙腈、丙烯腈和甲基丙烯腈浓度的检测。

方法原理　空气中的蒸气态乙腈、丙烯腈和/或甲基丙烯腈用活性炭采集，丙酮-二硫化碳溶液解吸后进样，气相色谱柱分离，氢焰离子化检测器检测，以保留时间定性，峰高或峰面积定量。

检出限　以采集 7.5 L 空气样品计，检出限为 3 μg/mL。

干扰和消除　暂不明确。

40. 一甲胺、二甲胺

方法四：环境空气　氨、甲胺、二甲胺和三甲胺的测定　离子色谱法 HJ 1076 - 2019

见 3.2.2　14. 氨　方法六。

41. 溴乙烷

方法一：EPA TO - 15

见 3.2.2　2. 正己烷、丙酮　方法四。

方法二：气态有机物浓度的测定　直接进样-气相色谱-质谱法 ASTM D6420 - 99（2010）

备注　ASTM D6420 - 99（2010）的目标化合物中没有该参数，但可以参考 ASTM D6420 - 99（2010）。

42. 溴甲烷

方法： EPA TO - 15

见 3.2.2 2. 正己烷、丙酮 方法四。

43. 四氢呋喃

方法： EPA TO - 15

见 3.2.2 2. 正己烷、丙酮 方法四。

44. 四氯化碳

方法一： 环境空气 挥发性卤代烃的测定 活性炭吸附-二硫化碳解吸/气相色谱法 HJ 645 - 2013

见 3.2.2 10. 三氯乙烯、三氯甲烷 方法一。

方法二： 固定污染源废气挥发性卤代烃的测定气袋采样-气相色谱法 HJ 1006 - 2018

适用范围 本方法适用于固定污染源废气中氯甲烷、氯乙烯、溴甲烷、溴乙烷、氯丙烯、二氯甲烷、氯丁二烯、三氯甲烷、四氯化碳、1,2-二氯乙烷、三氯乙烯、1,2-二氯丙烷、环氧氯丙烷、四氯乙烯等 14 种挥发性卤代烃的测定。

方法原理 固定污染源废气中的挥发性卤代烃用气袋采集，直接进样，经气相色谱分离，电子捕获检测器（ECD）检测，根据保留时间定性，外标法定量。

检出限 当进样体积为 1.0 mL 时，14 种目标物的方法检出限和测定下限见表 3 - 14。

表 3 - 14 目标物的检出限和测定下限

序号	化合物名称	英 文 名 称	CAS 号	检出限 /（mg/m³）	测定下限 /（mg/m³）
1	氯甲烷	Methyl chloride	74 - 87 - 3	0.4	1.6
2	氯乙烯	Vinyl chloride	75 - 01 - 4	0.3	1.2
3	溴甲烷	Methyl bromide	74 - 83 - 9	0.2	0.8
4	溴乙烷	Bromoethane	74 - 96 - 4	0.2	0.8
5	氯丙烯	Allyl chloride	107 - 05 - 1	0.09	0.36
6	二氯甲烷	Dichloromethane	75 - 09 - 2	0.3	1.2
7	氯丁二烯	2 - Chloro - 1,3 - butadiene	126 - 99 - 8	0.02	0.08

续　表

序号	化合物名称	英　文　名　称	CAS 号	检出限 /（mg/m³）	测定下限 /（mg/m³）
8	三氯甲烷	Chloroform	67 – 66 – 3	0.003	0.012
9	四氯化碳	Carbon tetrachloride	56 – 23 – 5	0.000 3	0.001 2
10	1,2–二氯乙烷	1,2 – Dichloroethane	107 – 06 – 2	0.2	0.8
11	三氯乙烯	Trichloroethylene	79 – 01 – 6	0.005	0.02
12	1,2–二氯丙烷	1,2 – Dichloropropane	78 – 87 – 5	0.4	1.6
13	环氧氯丙烷	Epichlorohydrin	106 – 89 – 8	0.6	2.4
14	四氯乙烯	Tetrachloroethylene	127 – 18 – 4	0.000 4	0.001 6

干扰和消除　暂不明确。

方法三： 气态有机物浓度的测定　气相色谱法 EPA 方法 18

见 3.2.2　10. 三氯乙烯、三氯甲烷　方法四。

方法四： 气态有机物浓度的测定　直接进样-气相色谱-质谱法 ASTM D6420 – 99（2010）

见 3.2.2　10. 三氯乙烯、三氯甲烷　方法五。

45. 挥发性卤代烃

方法一： 固定污染源废气挥发性卤代烃的测定气袋采样-气相色谱法 HJ 1006 – 2018

见 3.2.2　44. 四氯化碳　方法二。

方法二： EPA TO – 15

见 3.2.2　2. 正己烷、丙酮　方法四。

见 3.2.2　10. 三氯乙烯、三氯甲烷方法二。

方法三： 气态有机物浓度的测定　气相色谱法 EPA 方法 18

见 3.2.2　10. 三氯乙烯、三氯甲烷　方法四。

方法四： 气态有机物浓度的测定　直接进样-气相色谱-质谱法 ASTM D6420 – 99（2010）

见 3.2.2　10. 三氯乙烯、三氯甲烷　方法五。

46. 环氧乙烷

方法一： 工作场所空气有毒物质测定环氧化合物 GBZ/T 160.58 – 2004

适用范围 本方法适用于工作场所空气中环氧化合物浓度的测定。

A：环氧乙烷、环氧丙烷和环氧氯丙烷的直接进样-气相色谱法

方法原理 空气中的环氧乙烷、环氧丙烷和环氧氯丙烷用注射器采集，直接进样，经色谱柱分离，氢焰离子化检测器检测，以保留时间定性，峰高或峰面积定量。

检出限 本方法的最低检出浓度：环氧乙烷、环氧丙烷和环氧氯丙烷分别为 1 mg/m³、1.8 mg/m³ 和 0.5 mg/m³（以进样 1 mL 空气样品计）。测定范围：环氧乙烷为 1 ~ 100 mg/m³，环氧丙烷为 1.8 ~ 160 mg/m³，环氧氯丙烷为 0.5 ~ 160 mg/m³。相对标准偏差：环氧乙烷和环氧丙烷为 1.1% ~ 3.7%，环氧氯丙烷为 2.1% ~ 6.7%。

B：环氧乙烷的热解吸-气相色谱法

方法原理 空气中的环氧乙烷用活性炭管采集，热解吸后进样，经色谱柱分离，氢焰离子化检测器检测，以保留时间定性，峰高或峰面积定量。

检出限 本方法检出限为 1×10^{-3} mg/mL；最低检出浓度为 0.07 mg/m³（以采集 1.5 L 空气样品）；测定范围为 0.07 ~ 7.7 mg/m³；相对标准偏差为 2.9% ~ 6.7%。

干扰和消除 暂不明确。

方法二：工作场所空气中环氧乙烷的测定 碳管法 ASTM D4413 - 1998（2009）

适用范围 本方法适用于工作场所环境中环氧乙烷浓度的测定。

检出限 检测范围 TWA（0.3 ~ 20 ppm） STE（1 ~ 1 000 ppm）。

干扰和消除 一些降解产物和其他挥发性有机物和环氧乙烷在相同保留时间出峰，这时候可以通过改变气相条件或者使用 GC/MS 进行定性。空气中湿度、温度抬升和其他有机化合物会影响吸附剂的效率，采样时要关注环境变化及吸附剂是否过载。

方法三：工作场所空气中环氧乙烷的测定 溴化氢衍生法 ASTM D5578 - 2004（2015）

适用范围 本方法适用于工作场所环境中环氧乙烷浓度的测定。

检出限 检测范围 TWA（0.2 ~ 4 ppm） STEL（1 ~ 25 ppm）。

干扰和消除 一些降解产物如 2-溴乙醇会和环氧乙烷在相同保留时间出峰，这时候可以通过改变气相条件或者使用 GC/MS 进行定性。

47. 环氧氯丙烷、环己烷

方法：EPA TO - 15

见 3.2.2　2. 正己烷、丙酮　方法四。

48. 环己酮

方法：工作场所空气有毒物质测定脂环酮和芳香族酮类化合物 GBZ／T 160.56－2004

适用范围　本标准规定了监测工作场所空气中脂环酮和芳香族酮类化合物浓度的方法。本方法适用于工作场所空气中脂环酮和芳香族酮类化合物浓度的测定。

方法原理　空气中的环己酮用活性炭管采集，二硫化碳解吸后进样，经色谱柱分离，氢焰离子化检测器检测，以保留时间定性，峰高或峰面积定量。

检出限　本方法的检出限为 0.5 μg／mL；最低检出浓度为 0.33 mg／m³（以采集 1.5 L 空气样品计）；测定范围为 10~1 000 μg／mL。

干扰和消除　暂不明确。

49. 丙烯酸酯类、丙烯酸甲酯

方法一：工作场所空气有毒物质测定　第 127 部分：丙烯酸酯类 GBZ／T 300.127－2017

适用范围　本方法适用于工作场所空气中蒸气态丙烯酸甲酯、丙烯酸乙酯、丙烯酸丙酯、丙烯酸丁酯和丙烯酸戊酯浓度的检测。

A：丙烯酸酯类的溶剂解吸-气相色谱法

方法原理　空气中的蒸气态丙烯酸酯类（包括丙烯酸甲酯、丙烯酸乙酯、丙烯酸丙酯、丙烯酸丁酯和丙烯酸戊酯等）用活性炭采集，二硫化碳解吸后进样，经气相色谱柱分离，氢焰离子化检测器检测，以保留时间定性，峰高或峰面积值定量。

检出限　本方法的检出限、定量下限、定量测定范围、最低检出浓度、最低定量浓度（以采集 1.5 L 空气样品计）、穿透容量（100 mg 活性炭）和相对标准偏差见表 3－15，为 89%~95%。应测定每批活性炭管的解吸效率。

表 3－15　丙烯酸酯类方法性能指标

性　能　指　标	化　学　物　质				
	丙烯酸甲酯	丙烯酸乙酯	丙烯酸丙酯	丙烯酸丁酯	丙烯酸戊酯
检出限／（μg／mL）	0.7	0.5	0.4	0.3	0.3
定量下限／（μg／mL）	2.3	1.6	1.4	0.9	0.9

性 能 指 标	化 学 物 质				
	丙烯酸甲酯	丙烯酸乙酯	丙烯酸丙酯	丙烯酸丁酯	丙烯酸戊酯
定量测定范围/(μg/mL)	2.3~500	1.6~500	1.4~500	0.9~500	0.9~500
最低检出浓度/(mg/m³)	0.5	0.3	0.3	0.2	0.2
最低定量浓度/(mg/m³)	1.6	1.1	0.9	0.6	0.6
穿透容量/mg	2.92	14.6	24.5	32.1	21
相对标准偏差/%	0.1~0.7	0.2~0.3	0.2~0.8	0.2~0.4	0.2~0.4
解析效率/%	89~95				

B：丙烯酸甲酯的热解吸-气相色谱法

方法原理 空气中的丙烯酸甲酯用硅胶采集，热解吸后进样，经气相色谱柱分离，氢焰离子化检测器检测，以保留时间定性，峰高或峰面积定量。

检出限 本方法的检出限为 0.014 μg/mL，定量下限为 0.046 μg/mL，定量测定范围为 0.046~0.50 μg/mL；以采集 1.5 L 空气样品计，最低检出浓度为 0.9 mg/m³，最低定量浓度为 3 mg/m³；相对标准偏差为 1.3%~6.1%，穿透容量（200 mg 硅胶）为 1.7 mg，解吸效率为 93%~97%。应测定每批硅胶管的解吸效率。

干扰和消除 暂不明确。

方法二： EPA TO-15

见 3.2.2 2. 正己烷、丙酮 方法四。

50. 1,2-环氧丙烷

方法一： 工作场所空气有毒物质测定 环氧化合物 GBZ/T 160.58-2004

适用范围 本方法适用于工作场所空气中环氧化合物浓度的测定。

方法原理 空气中的环氧乙烷、环氧丙烷和环氧氯丙烷用注射器采集，直接进样，经色谱柱分离，氢焰离子化检测器检测，以保留时间定性，峰高或峰面积定量。

干扰和消除 暂不明确。

检出限 1.8 mg/m³。

方法二： EPA TO-15

见 3.2.2　2. 正己烷、丙酮　方法四。

51. 多氯联苯

备注　无分析方法。

52. 丙烯酸

备注　无分析方法。

53. 邻苯二甲酸酐

方法：工作场所空气有毒物质测定　第 118 部分：乙酸酐、马来酸酐和邻苯二甲酸酐 GBZ/T 300.118－2017 6 邻苯二甲酸酐的溶剂洗脱-气相色谱法

适用范围　本方法适用于工作场所空气中乙酸酐、马来酸酐和邻苯二甲酸酐浓度的检测。

方法原理　空气中的气溶胶态邻苯二甲酸酐用超细玻璃纤维滤纸采集，丙酮洗脱后进样，经气相色谱柱分离，氢焰离子化检测器检测，以保留时间定性，峰高或峰面积定量。

检出限　以采集 30 L 空气样品计，最低检出浓度为 0.03 mg/m^3。

干扰和消除　暂不明确。

54. 1,2-二氯丙烷、四氯乙烯、氯丙烯、氯丁二烯

方法：固定污染源废气　挥发性卤代烃的测定　气袋采样-气相色谱法 HJ 1006－2018

见 3.2.2　44. 四氯化碳　方法二。

55. 二氯乙炔

方法一：固定污染源废气　挥发性卤代烃的测定　气袋采样-气相色谱法参考 HJ 1006－2018

见 3.2.2　44. 四氯化碳　方法二。

备注　参考 HJ 1006－2018，仅供科研调查。

方法二：EPA TO－15

见 3.2.2　2. 正己烷、丙酮　方法四。

56. 氯萘

备注　无分析方法。

57. 乙二醇

方法：工作场所空气有毒物质测定　第 86 部分：乙二醇 GBZ/T 300.86－2017

适用范围　本方法适用于工作场所空气中蒸气态乙二醇浓度的检测。

方法原理 空气中的蒸气态乙二醇用硅胶采集，甲醇解吸后进样，经气相色谱柱分离，氢焰离子化检测器检测，以保留时间定性，峰高或峰面积定量。

检出限 以采集 1.5 L 空气样品计，最低检出浓度为 0.7 mg/m³。

干扰和消除 暂不明确。

58. 氯乙酸

方法：工作场所空气有毒物质测定 第 115 部分：氯乙酸 GBZ/T 300.115 - 2017

适用范围 本方法适用于工作场所空气中蒸气态氯乙酸浓度的检测。

方法原理 空气中的蒸气态氯乙酸用硅胶采集，水解吸后进样，经气相色谱柱分离，氢焰离子化检测器检测，以保留时间定性，峰高或峰面积定量。

检出限 采集 15 L 空气时，最低检出浓度为 0.11 mg/m³。

干扰和消除 暂不明确。

59. 马来酸酐

方法：工作场所空气有毒物质测定 第 118 部分：乙酸酐、马来酸酐和邻苯二甲酸酐 GBZ/T 300.118 - 2017 5 马来酸酐的溶液吸收-高效液相色谱法

适用范围 本方法适用于工作场所空气中乙酸酐、马来酸酐和邻苯二甲酸酐浓度的检测。

方法原理 空气中的蒸气态和雾态马来酸酐用装有磷酸溶液的多孔玻板吸收管采集，直接进样，经 C_{18} 液相色谱柱分离，紫外检测器检测，以保留时间定性，峰高或峰面积定量。

检出限 采集 15 L 空气时，最低检出浓度为 0.09 mg/m³。

干扰和消除 暂不明确。

60. 异氰酸甲酯

备注 无分析方法。

61. 硫酸二甲酯

方法：工作场所空气有毒物质测定 第 126 部分：硫酸二甲酯和三甲苯磷酸酯 GBZ/T300.126 - 2017

适用范围 本方法适用于工作场所空气中硫酸二甲酯和三甲苯磷酸酯浓度的检测。

方法原理 空气中蒸气态硫酸二甲酯用硅胶采集，丙酮解吸后，在碱性加热的条件下与对硝基苯酚反应生成对硝基茴香醚。经 C_{18} 液相色谱柱分离，紫外检

测器检测，以保留时间定性，峰面积定量。

检出限　以采集 4.5 L 空气样品计，最低检出浓度为 0.09 mg/m³。

干扰和消除　暂不明确。

62. 二甲基甲酰胺

方法：环境空气和废气　酰胺类化合物的测定　液相色谱法　HJ 801 – 2016

适用范围　本方法适用于环境空气和固定污染源废气中甲酰胺、N,N – 二甲基酰胺、N,N – 二甲基乙酰胺和丙酰胺的测定。

方法原理　环境空气和固定污染源废气中的酰胺类化合物经水吸收后，用配备紫外检测器的高效液相色谱仪分离检测，以保留时间定性，外标法定量。

检出限　采样 30 L，检出限 0.1 mg/m³。

干扰和消除　在本方法规定的条件下，其他有机物可能会产生干扰，可采用不同辅助波长下的吸光度比值、紫外光谱或质谱图定性。根据干扰物的性质，采用合适的方法去除干扰。

63. 肼（联氨）

方法：工作场所空气有毒物质测定　第 140 部分：肼、甲基肼和偏二甲基肼　GBZ/T 300.140 – 2017

适用范围　本方法适用于工作场所空气中蒸气态肼、甲基肼和偏二甲基肼浓度的检测。

方法原理　空气中的蒸气态肼和偏二甲基肼用酸性硅胶采集，硫酸溶液解吸，经衍生和萃取后进样，气相色谱柱分离，氢焰离子化检测器检测，以保留时间定性，峰高或峰面积定量。

检出限　以采集 15 L 空气样品计，最低检出浓度为 0.007 mg/m³。

干扰和消除　暂不明确。

64. 甲肼

方法一：工作场所空气有毒物质测定　第 140 部分：肼、甲基肼和偏二甲基肼　GBZ/T 300.140 – 2017　5 甲基肼的溶剂解吸-气相色谱法

适用范围　本方法适用于工作场所空气中蒸气态肼、甲基肼和偏二甲基肼浓度的检测。

方法原理　空气中的蒸气态甲基肼用酸性硅胶采集，氢氧化钠溶液解吸，经衍生和萃取后进样，气相色谱柱分离，氢焰离子化检测器检测，以保留时间定性，峰高或峰面积定量。

检出限 以采集 15 L 空气样品计，最低检出浓度为 0.001 mg/m³。

干扰和消除 乙酸乙酯的纯度影响衍生效果。

方法二：甲肼的测定 EPA NIOSH 方法 3510

适用范围 本方法适用于空气样品中甲肼浓度的检测。

检出限 采集 20 L 时，检出限为 0.05 mg/m³。

干扰和消除 亚锡离子、亚铁离子、硫化氢等会造成正干扰。甲肼会被卤素氧化造成负干扰（特别是在有铜离子和过氧化氢时）。

65. 偏二甲肼

方法：工作场所空气有毒物质测定 第 140 部分：肼、甲基肼和偏二甲基肼 GBZ/T 300.140 - 2017 4 4 肼和偏二甲基肼的溶剂解吸-气相色谱法

适用范围 本方法适用于工作场所空气中蒸气态肼、甲基肼和偏二甲基肼浓度的检测。

方法原理 空气中的蒸气态肼和偏二甲基肼用酸性硅胶采集，硫酸溶液解吸，经衍生和萃取后进样，气相色谱柱分离，氢焰离子化检测器检测，以保留时间定性，峰高或峰面积定量。

检出限 以采集 15 L 空气样品计，最低检出浓度为 0.007 mg/m³。

干扰和消除 暂不明确。

66. 吡啶

方法：居住区大气中吡啶卫生检验标准方法 氯化氰-巴比妥酸分光光度法 GB/T 11732 - 1989

适用范围 本方法适用于居住区大气中吡啶浓度的测定。

方法原理 空气中吡啶被盐酸吸收后，在氯化氰的存在下，与巴比妥酸反应，生成二巴比妥酸戊烯二醛的红紫色化合物，根据颜色深浅，比色定量。

检出限 采样体积为 20 L 时，最低可测浓度为 0.02 mg/m³。

干扰和消除 测定的是总吡啶及其衍生物。一般情况下，氨、胺类、醇类和酮类对本方法无干扰（根据经验，本方法可能不适合污染源）。

第4章 周边环境质量监测指标和监测方法选择

4.1 土 壤

4.1.1 监测指标

《土壤环境质量 建设用地土壤污染风险管控标准（试行）》（GB 36600 - 2018）中控制因子有85个，见表4-1。

表4-1 土壤污染风险管控标准中控制因子列表

序号	污 染 物	序号	污 染 物	序号	污 染 物
1	镉	15	1,1-二氯乙烷	29	氯乙烯
2	汞	16	1,2-二氯乙烷	30	一溴二氯甲烷
3	砷	17	1,1-二氯乙烯	31	溴仿
4	铅	18	顺-1,2-二氯乙烯	32	二溴氯甲烷
5	铬（六价）	19	反-1,2-二氯乙烯	33	1,2-二溴乙烷
6	铜	20	二氯甲烷	34	氯甲烷
7	镍	21	1,2-二氯丙烷	35	苯
8	锑	22	四氯乙烯	36	氯苯
9	铍	23	1,1,1,2-四氯乙烷	37	乙苯
10	钴	24	1,1,2,2-四氯乙烷	38	苯乙烯
11	钒	25	1,1,1-三氯乙烷	39	甲苯
12	氰化物	26	1,1,2-三氯乙烷	40	间二甲苯+对二甲苯
13	四氯化碳	27	三氯乙烯	41	邻二甲苯
14	氯仿	28	1,2,3-三氯丙烷	42	1,2-二氯苯

序号	污　染　物	序号	污　染　物	序号	污　染　物
43	1,-二氯苯	58	二苯并[a,h]蒽	74	β-六六六
44	硝基苯	59	茚并[1,2,3-cd]芘	75	γ-六六六
45	六氯环戊二烯	60	萘	76	敌敌畏
46	2,4-二硝基甲苯	61	甲基汞	77	乐果
47	邻苯二甲酸二（2-乙基己基）酯	62	2,4-二氯酚	78	七氯
		63	2,4,6-三氯酚	79	六氯苯
48	邻苯二甲酸丁基苄酯	64	2,4-二硝基酚	80	多氯联苯（总量）
49	邻苯二甲酸二正辛酯	65	五氯酚	81	3,3′,4,4′,5-五氯联苯（PCB 126）
50	苯胺	66	阿特拉津		
51	3,3′-二氯联苯胺	67	氯丹	82	3,3′,4,4′,5,5′-六氯联苯（PCB 169）
52	2-氯酚	68	硫丹		
53	苯并[a]芘	69	灭蚁灵	83	二噁英类（总毒性当量）
54	苯并[a]蒽	70	p,p'-滴滴滴		
55	苯并[b]荧蒽	71	p,p'-滴滴伊	84	多溴联苯（总量）
56	苯并[k]荧蒽	72	滴滴涕	85	石油烃（$C_{10}-C_{40}$）
57	䓛	73	α-六六六		

4.1.2　监测方法

1. 镉

方法一：土壤质量　铅、镉的测定　KI-MIBK 萃取火焰原子吸收分光光度法　GB/T 17140-1997

适用范围　本标准规定了测定土壤中铅、镉的碘化钾-甲基异丁基甲酮（KI-MIBK）萃取火焰原子吸收分光光度法。

方法原理　采用盐酸-硝酸-氢氟酸-高氯酸全分解的方法，彻底破坏土壤的矿物晶格，使试样中的待测元素全部进入试液中。然后，在约1%的盐酸介质中，加入适量的KI，试液中的Pb^{2+}、Cd^{2+}与I^-形成稳定的离子缔合物，可被甲基异丁基甲酮（MIBK）萃取。将有机相喷入火焰，在火焰的高温下，铅、镉化合物离解为基态原子，该基态原子蒸气对相应的空心阴极灯发射的特征谱线产生选择性吸收。在选择的最佳测定条件下，测定铅、镉的吸光度。

当盐酸浓度为 1% ~ 2%、碘化钾浓度为 0.1 mol/L 时，甲基异丁基甲酮（MIBK）对铅、镉的萃取率分别是 99.4% 和 99.3% 以上。在浓缩试样中铅镉的同时，还达到与大量共存成分铁铝及碱金属、碱土金属分离的目的。

检出限　镉 0.05 mg/kg（按称取 0.5 g 试样消解定容至 50 mL 计算）。

干扰和消除　当试液中铜、锌的含量较高时，会消耗碘化钾，应酌情增加碘化钾的用量。

方法二：土壤质量　铅、镉的测定　石墨炉原子吸收分光光度法　GB/T 17141－1997

适用范围　本标准规定了测定土壤中铅、镉的石墨炉原子吸收分光光度法。

方法原理　采用盐酸-硝酸-氢氟酸-高氯酸全消解的方法，彻底破坏土壤的矿物晶格，使试样中的待测元素全部进入试液。然后，将试液注入石墨炉中。经过预先设定的干燥、灰化、原子化等升温程序使共存基体成分蒸发除去，同时在原子化阶段的高温下铅、镉化合物离解为基态原子蒸气，并对空心阴极灯发射的特征谱线产生选择性吸收。在选择的最佳测定条件下，通过背景扣除，测定试液中铅、镉的吸光度。

检出限　镉 0.01 mg/kg（按称取 0.5 g 试样消解定容至 50 mL 计算）。

干扰和消除　使用塞曼法、自吸收法和氘灯法扣除背景，并在磷酸氢二铵或氯化铵等基体改进剂存在下，直接测定试液中的痕量铅、镉未见干扰。

方法三：土壤和沉积物　12 种金属元素的测定　王水提取-电感耦合等离子体质谱法　HJ 803－2016

适用范围　本方法适用于土壤和沉积物中镉（Cd）、钴（Co）、铜（Cu）、铬（Cr）、锰（Mn）、镍（Ni）、铅（Pb）、锌（Zn）、钒（V）、砷（As）、钼（Mo）、锑（Sb）共 12 种金属元素的测定。若通过验证，本方法也可适用于其他金属元素的测定。

方法原理　土壤和沉积物样品用盐酸/硝酸（王水）混合溶液经电热板或微波消解仪消解后，用电感耦合等离子体质谱仪进行检测。根据元素的质谱图或特征离子进行定性，内标法定量。试样由载气带入雾化系统进行雾化后，目标元素以气溶胶形式进入等离子体的轴向通道，在高温和惰性气体中被充分蒸发、解离、原子化和电离，转化成带电荷的正离子经离子采集系统进入质谱仪，质谱仪根据离子的质荷比进行分离并定性、定量分析。在一定浓度范围内，离子的质荷比所对应的响应值与其浓度成正比。

检出限 当取样量为 0.10 g、消解后定容体积为 50 mL 时，电热板消解的方法检出限为 0.07 mg/kg，测定下限为 0.28 mg/kg；微波消解的方法检出限为 0.09 mg/kg，测定下限为 0.36 mg/kg。

干扰和消除

（1）质谱干扰

质谱干扰主要包括多原子离子干扰、同量异位素干扰、氧化物和双电荷离子干扰等。多原子离子干扰是 ICP-MS 最主要的干扰来源，可利用干扰校正方程、仪器优化以及碰撞反应池技术加以解决，常见的多原子离子干扰见本标准附录 A 中的表 A.1。同量异位素干扰可使用干扰校正方程进行校正，或在分析前对样品进行化学分离等方法进行消除，主要的干扰校正方程见本标准附录 A 中的表 A.2。氧化物干扰和双电荷干扰可通过调节仪器参数降低影响。

（2）非质谱干扰

非质谱干扰主要包括基体抑制干扰、空间电荷效应干扰、物理效应干扰等。其干扰程度与样品基体性质有关，可采用稀释样品、内标法、优化仪器条件等措施消除和降低干扰。

2. 汞

方法一：土壤质量 总汞的测定 冷原子吸收分光光度法 GB/T 17136-1997

适用范围 本标准规定了测定土壤中总汞的冷原子吸收分光光度法。

方法原理 汞原子蒸气对波长为 253.7 nm 的紫外光具有强烈的吸收作用，汞蒸气浓度与吸光度成正比。通过氧化分解试样中以各种形式存在的汞，使之转化为可溶态汞离子进入溶液，用盐酸羟胺还原过剩的氧化剂，用氯化亚锡将汞离子还原成汞原子，用净化空气作载气将汞原子载入冷原子吸收测汞仪的吸收池进行测定。

检出限 0.005 mg/kg（按称取 2 g 试样计算）。

干扰和消除 易挥发的有机物和水蒸气在 253.7 nm 处有吸收而产生干扰。易挥发有机物在样品消解时可除去，水蒸气用无水氯化钙、过氯酸镁除去。

方法二：土壤质量 总汞、总砷、总铅的测定 原子荧光法第 1 部分：土壤中总汞的测定 GB/T 22105.1-2008

适用范围 本方法适用于土壤中总汞的测定。

方法原理　采用硝酸-盐酸混合试剂在沸水浴中加热消解土壤试样，再用硼氢化钾（KBH₄）或硼氢化钠（NaBH₄）将样品中所含汞还原成原子态汞，由载气（氩气）导入原子化器中，在特制汞空心阴极灯照射下基态汞原子被激发至高能态，在去活化回到基态时，发射出特征波长的荧光，其荧光强度与汞的含量成正比。与标准系列比较，求得样品中汞的含量。

检出限　汞 0.002 mg/kg。

干扰和消除　暂不明确。

方法三：土壤和沉积物　汞、砷、硒、铋、锑的测定　微波消解/原子荧光法 HJ 680 - 2013

适用范围　本方法适用于土壤和沉积物中汞、砷、硒、铋、锑的测定。

方法原理　样品经微波消解后试液进入原子荧光光度计，在硼氢化钾溶液还原作用下，生成砷化氢、铋化氢、锑化氢和硒化氢气体，汞被还原成原子态。在氩氢火焰中形成基态原子，在元素灯（汞、砷、硒、铋、锑）发射光的激发下产生原子荧光，原子荧光强度与试液中元素含量成正比。

检出限　当取样品量为 0.5 g 时，汞的检出限为 0.002 mg/kg，测定下限为 0.008 mg/kg。

干扰和消除　暂不明确。

方法四：土壤和沉积物　总汞的测定　催化热解-冷原子吸收分光光度法 HJ 923 - 2017

适用范围　本方法适用于土壤和沉积物中总汞的测定。

方法原理　样品导入燃烧催化炉后，经干燥、热分解及催化反应，各形态汞被还原成单质汞，单质汞进入齐化管生成金汞齐，齐化管快速升温将金汞齐中的汞以蒸气形式释放出来，汞蒸气被载气带入冷原子吸收分光光度计，汞蒸气对 253.7 nm 特征谱线产生吸收，在一定浓度范围内，吸收强度与汞的浓度成正比。

检出限　方法检出限为 0.2 μg/kg，测定范围为 0.8~6.0×10³ μg/kg（按 0.1 g 取样量计算）。

干扰和消除　暂不明确。

3. 砷

方法一：土壤质量　总砷的测定　二乙基二硫代氨基甲酸银分光光度法 GB/T 17134 - 1997

适用范围　本标准规定了测定土壤中总砷的二乙基二硫代氨基甲酸银分光光

度法。

方法原理 通过化学氧化分解试样中以各种形式存在的砷，使之转化为可溶态砷离子进入溶液。锌与酸作用，产生新生态氢。在碘化钾和氯化亚锡存在下，使五价砷还原为三价砷，三价砷被新生态氢还原成气态砷化氢（肿）。用二乙基二硫代氨基甲酸银-三乙醇胺的三氯甲烷溶液吸收砷化氢，生成红色胶体银，在波长 510 nm 处，测定吸收液的吸光度。

检出限 0.5 mg/kg（按称取 1 g 试样计算）。

干扰和消除 锑和硫化物对测定有正干扰。锑在 300 μg 以下，可用 KI - SnCl₂ 掩蔽。在试样氧化分解时，硫已被硝酸氧化分解，不再有影响。试剂中可能存在的少量硫化物，可用乙酸铅脱脂棉吸收除去。

方法二：土壤质量 总砷的测定 硼氢化钾-硝酸银分光光度法 GB/T 17135-1997

适用范围 本标准规定了测定土壤中总砷的硼氢化钾-硝酸银分光光度法。

方法原理 通过化学氧化分解试样中以各种形式存在的砷，使之转化为可溶态砷离子进入溶液。硼氢化钾（或硼氢化钠）在酸性的溶液中产生新生态的氢，在一定酸度下，可使五价砷还原为三价砷，三价砷还原成气态砷化氢（肿）。用硝酸-硝酸银-聚乙烯醇-乙醇溶液为吸收液，银离子被砷化氢还原成单质银，使溶液呈黄色，在波长 400 nm 处测量吸光度。

检出限 0.2 mg/kg（按称取 0.5 g 试样计算）。

干扰和消除 能形成共价氢化物的锑、铋、锡、硒和碲的含量为砷的 20 倍时可用二甲基甲酰胺-乙醇胺浸渍的脱脂棉除去，否则不能使用本方法。硫化物对测定有正干扰，在试样氧化分解时，硫化物已被硝酸氧化分解，不再有影响。试剂中可能存在的少量硫化物，可用乙酸铅脱脂棉吸收除去。

方法三：土壤质量 总汞、总砷、总铅的测定 原子荧光法第 2 部分：土壤中总砷的测定 GB/T 22105.2-2008

适用范围 本方法适用于土壤中总砷的测定。

方法原理 样品中的砷经加热消解后，加入硫脲使五价砷还原为三价砷，再加入硼氢化钾将其还原为砷化氢，由氩气导入石英原子化器分解为原子态砷，在特制砷空心阴极灯的发射光激发下产生原子荧光，产生的荧光强度与试样中被测元素含量成正比。与标准系列比较，求得样品中砷的含量。

检出限 砷 0.01 mg/kg。

干扰和消除　暂不明确。

方法四：土壤和沉积物　汞、砷、硒、铋、锑的测定　微波消解／原子荧光法　HJ 680－2013

检出限　当取样品量为 0.5 g 时，砷的检出限为 0.01 mg／kg，测定下限为 0.04 mg／kg。

适用范围、方法原理、干扰和消除　见 4.1.2　2. 汞　方法三。

方法五：土壤和沉积物　无机元素的测定　波长色散 X 射线荧光光谱法　HJ 780－2015

适用范围　本方法适用于土壤和沉积物中 25 种无机元素和 7 种氧化物的测定，包括砷（As）、钡（Ba）、溴（Br）、铈（Ce）、氯（Cl）、钴（Co）、铬（Cr）、铜（Cu）、镓（Ga）、铪（Hf）、镧（La）、锰（Mn）、镍（Ni）、磷（P）、铅（Pb）、铷（Rb）、硫（S）、钪（Sc）、锶（Sr）、钍（Th）、钛（Ti）、钒（V）、钇（Y）、锌（Zn）、锆（Zr）、二氧化硅（SiO_2）、三氧化二铝（Al_2O_3）、三氧化二铁（Fe_2O_3）、氧化钾（K_2O）、氧化钠（Na_2O）、氧化钙（CaO）、氧化镁（MgO）。

方法原理　土壤或沉积物样品经过衬垫压片或铝环（或塑料环）压片后，试样中的原子受到适当的高能辐射激发后，放射出该原子所具有的特征 X 射线，其强度大小与试样中该元素的质量分数成正比。通过测量特征 X 射线的强度来定量分析试样中各元素的质量分数。

检出限　砷的检出限为 2.0 mg／kg，测定下限为 6.0 mg／kg。

干扰和消除

（1）试样中待测元素的原子受辐射激发后产生的 X 射线荧光强度值与元素的质量分数及原级光谱的质量吸收系数有关。某元素特征谱线被基体中另一元素光电吸收，会产生基体效应（即元素间吸收-增强效应）。可通过集体参数法、影响系数法或两者相结合的方法（即经验系数法）进行准确的计算处理后消除这种基体效应（见标准附录 B）。

（2）试样的均匀性和表面特征均会对分析线测量强度造成影响，试样与标准样粒度等保持一致，则这些影响可以减至最小甚至可忽略不计。

（3）用干扰校正系数校正谱线重叠干扰（见标准附录 B）。重叠干扰校正系数计算方法：通过元素扫描，分析与待测元素分析线有关的干扰线，确定参加谱线重叠校正的干扰元素；利用标准样品直接测定干扰线校正 X 射线强度的方法，求出谱线重叠校正系数。

方法六：土壤和沉积物　12 种金属元素的测定　王水提取-电感耦合等离子体质谱法　HJ 803 - 2016

检出限　当取样量为 0.10 g、消解后定容体积为 50 mL 时，电热板消解的方法检出限为 0.6 mg/kg，测定下限为 2.4 mg/kg；微波消解的方法检出限为 0.4 mg/kg，测定下限为 1.6 mg/kg。

适用范围、方法原理、干扰和消除　见 4.1.2　1. 镉　方法三。

4. 铅

方法一：土壤质量　铅、镉的测定　KI - MIBK 萃取火焰原子吸收分光光度法 GB/T 17140 - 1997

检出限　铅 0.2 mg/kg（按称取 0.5 g 试样消解定容至 50 mL 计算）。

适用范围、方法原理、干扰和消除　见 4.1.2　1. 镉　方法一。

方法二：土壤质量　铅、镉的测定　石墨炉原子吸收分光光度法　GB/T 17141 - 1997

检出限　铅 0.1 mg/kg（按称取 0.5 g 试样消解定容至 50 mL 计算）。

适用范围、方法原理、干扰和消除　见 4.1.2　1. 镉　方法二。

方法三：土壤质量　总汞、总砷、总铅的测定　原子荧光法　第 3 部分：土壤中总铅的测定　GB/T 22105.3 - 2008

适用范围　本方法适用于土壤中总铅的测定。

方法原理　采用盐酸-硝酸-氢氟酸-高氯酸全消解的方法，消解后的样品中铅与还原剂硼氢化钾反应生成挥发性铅的氢化物（PbH_4）。以氩气为载体，将氢化物导入电热石英原子化器中进行原子化。在特制铅空心阴极灯照射下，基态铅原子被激发至高能态，在去活化回到基态时，发射出特征波长的荧光，其荧光强度与铅的含量成正比，最后根据标准系列进行定量计算。

检出限　本方法检出限为 0.06 mg/kg。

干扰和消除　暂不明确。

方法四：土壤和沉积物　铜、锌、铅、镍、铬的测定　火焰原子吸收分光光度法　HJ 491 - 2019

适用范围　本方法适用于土壤和沉积物中铜、锌、铅、镍和铬的测定。

方法原理　土壤和沉积物经酸消解后，试样中铜、锌、铅、镍和铬在空气-乙炔火焰中原子化，其基态原子分别对铜、锌、铅、镍和铬的特征谱线产生选择性吸收，其吸收强度在一定范围内与铜、锌、铅、镍和铬的浓度成正比。

检出限　当取样量为 0.2 g、消解后定容体积为 25 mL 时，铅的方法检出限为 10 mg/kg，测定下限为 40 mg/kg。

干扰和消除

（1）低于 1 000 mg/L 的铁对锌的测定无干扰。

（2）低于 2 000 mg/L 的钾、钠、镁、铁、铝和低于 1 000 mg/L 的钙对铅的测定无干扰。

（3）使用 232.0 nm 作测定镍的吸收线时，存在波长相近的镍三线光谱影响，选择 0.2 nm 的光谱通带可减少影响。

（4）本标准条件下，使用还原性火焰，土壤和沉积物中共存的常见元素对铬的测定无干扰。

方法五：土壤和沉积物　无机元素的测定　波长色散 X 射线荧光光谱法　HJ 780－2015

检出限　铅的检出限为 2.0 mg/kg，测定下限为 6.0 mg/kg。

适用范围、方法原理、干扰和消除　见 4.1.2　3. 砷　方法五。

方法六：土壤和沉积物　12 种金属元素的测定　王水提取-电感耦合等离子体质谱法　HJ 803－2016

检出限　当取样量为 0.10 g、消解后定容体积为 50 mL 时，电热板消解的方法检出限为 2 mg/kg，测定下限为 8 mg/kg；微波消解的方法检出限为 2 mg/kg，测定下限为 8 mg/kg。

适用范围、方法原理、干扰和消除　见 4.1.2　1. 镉　方法三。

5. 铬、铬（六价）

方法一：土壤和沉积物　铜、锌、铅、镍、铬的测定　火焰原子吸收分光光度法　HJ 491－2019

检出限　当取样量为 0.2 g、消解后定容体积为 25 mL 时，铬的方法检出限为 4 mg/kg，测定下限为 16 mg/kg。

适用范围、方法原理、干扰和消除　见 4.1.2　4. 铅　方法四。

方法二：土壤和沉积物　无机元素的测定　波长色散 X 射线荧光光谱法　HJ 780－2015

检出限　铬的检出限为 3.0 mg/kg，测定下限为 9.0 mg/kg。

适用范围、方法原理、干扰和消除　见 4.1.2　3. 砷　方法五。

方法三：土壤和沉积物 12 种金属元素的测定 王水提取-电感耦合等离子体质谱法 HJ 803－2016

检出限 当取样量为 0.10 g，消解后定容体积为 50 mL 时，电热板消解的方法检出限为 2 mg/kg，测定下限为 8 mg/kg；微波消解的方法检出限为 2 mg/kg，测定下限为 8 mg/kg。

适用范围、方法原理、干扰和消除 见 4.1.2 1. 镉 方法三。

方法四：土壤和沉积物 六价铬的测定 碱溶液提取-火焰原子吸收分光光度法 HJ 1082－2019

适用范围 本方法适用于土壤和沉积物中六价铬的测定。

方法原理 用 pH 不小于 11.5 的碱性提取液，提取出样品中的六价铬，喷入空气-乙炔火焰，在高温火焰中形成的铬基态原子对铬的特征谱线产生吸收，在一定范围内，其吸光度值与六价铬的质量浓度成正比。

检出限 当土壤和沉积物取样量为 5.0 g、定容体积为 100 mL 时，本方法测定的六价铬的检出限为 0.5 mg/kg，测定下限为 2.0 mg/kg。

干扰和消除 在碱性环境（pH≥11.5）中，经氯化镁和磷酸氢二钾-磷酸二氢钾缓冲溶液抑制，样品中三价铬的存在对六价铬的测定无干扰。

6. 铜

方法一：土壤和沉积物 铜、锌、铅、镍、铬的测定 火焰原子吸收分光光度法 HJ 491－2019

检出限 当取样量为 0.2 g、消解后定容体积为 25 mL 时，铜的方法检出限为 1 mg/kg，测定下限为 4 mg/kg。

适用范围、方法原理、干扰和消除 见 4.1.2 4. 铅 方法四。

方法二：土壤和沉积物 无机元素的测定 波长色散 X 射线荧光光谱法 HJ 780－2015

检出限 铜的检出限为 1.2 mg/kg，测定下限为 3.6 mg/kg。

适用范围、方法原理、干扰和消除 见 4.1.2 3. 砷 方法五。

方法三：土壤和沉积物 12 种金属元素的测定 王水提取-电感耦合等离子体质谱法 HJ 803－2016

检出限 当取样量为 0.10 g、消解后定容体积为 50 mL 时，电热板消解的方法检出限为 0.5 mg/kg，测定下限为 2 mg/kg；微波消解的方法检出限为 0.6 mg/kg，测定下限为 2.4 mg/kg。

适用范围、方法原理、干扰和消除　见 4.1.2　1. 镉　方法三。

7. 镍

方法一：土壤和沉积物　铜、锌、铅、镍、铬的测定　火焰原子吸收分光光度法　HJ 491 - 2019

检出限　当取样量为 0.2 g、消解后定容体积为 25 mL 时，镍的方法检出限为 3 mg/kg，测定下限为 12 mg/kg。

适用范围、方法原理、干扰和消除　见 4.1.2　4. 铅　方法四。

方法二：土壤和沉积物　无机元素的测定　波长色散 X 射线荧光光谱法 HJ 780 - 2015

检出限　镍的检出限为 1.5 mg/kg，测定下限为 4.5 mg/kg。

适用范围、方法原理、干扰和消除　见 4.1.2　3. 砷　方法五。

方法三：土壤和沉积物　12 种金属元素的测定　王水提取-电感耦合等离子体质谱法　HJ 803 - 2016

检出限　当取样量为 0.10 g、消解后定容体积为 50 mL 时，电热板消解的方法检出限为 2 mg/kg，测定下限为 8 mg/kg；微波消解的方法检出限为 1 mg/kg，测定下限为 4 mg/kg。

适用范围、方法原理、干扰和消除　见 4.1.2　1. 镉　方法三。

8. 锑

方法一：土壤和沉积物　汞、砷、硒、铋、锑的测定　微波消解/原子荧光法　HJ 680 - 2013

检出限　当取样品量为 0.5 g 时，锑的检出限为 0.01 mg/kg，测定下限为 0.04 mg/kg。

适用范围、方法原理、干扰和消除　见 4.1.2　2. 汞　方法三。

方法二：土壤和沉积物　12 种金属元素的测定　王水提取-电感耦合等离子体质谱法　HJ 803 - 2016

检出限　当取样量为 0.10 g、消解后定容体积为 50 mL 时，电热板消解的方法检出限为 0.3 mg/kg，测定下限为 1.2 mg/kg；微波消解的方法检出限为 0.08 mg/kg，测定下限为 0.32 mg/kg。

适用范围、方法原理、干扰和消除　见 4.1.2　1. 镉　方法三。

9. 铍

方法：土壤和沉积物　铍的测定　石墨炉原子吸收分光光度法　HJ 737 - 2015

适用范围 本方法适用于土壤和沉积物中铍的测定。

方法原理 土壤或沉积物经消解后，注入石墨炉原子化器中，经过干燥、灰化和原子化，铍化合物形成的铍基态原子对 234.9 nm 特征谱线产生吸收，其吸收强度在一定范围内与铍浓度成正比。

检出限 当称取 0.2 g 样品消解、定容至 50 mL 时，铍的检出限为 0.03 mg/kg，测定下限为 0.12 mg/kg。

干扰和消除 20 mg/L 的铁对铍的测定产生负干扰；75 mg/L 的镁对铍的测定产生正干扰。加入氯化钯基体改进剂，可消除干扰。

10. 钴

方法一：土壤和沉积物 无机元素的测定 波长色散 X 射线荧光光谱法 HJ 780-2015

检出限 钴的检出限为 1.6 mg/kg，测定下限为 4.8 mg/kg。

适用范围、方法原理、干扰和消除 见 4.1.2 3. 砷 方法五。

方法二：土壤和沉积物 12 种金属元素的测定 王水提取-电感耦合等离子体质谱法 HJ 803-2016

检出限 当取样量为 0.10 g、消解后定容体积为 50 mL 时，电热板消解的方法检出限为 0.03 mg/kg，测定下限为 0.12 mg/kg；微波消解的方法检出限为 0.04 mg/kg，测定下限为 0.16 mg/kg。

适用范围、方法原理、干扰和消除 见 4.1.2 1. 镉 方法三。

方法三：土壤和沉积物 钴的测定 火焰原子吸收分光光度法 HJ 1081-2019

适用范围 本方法适用于土壤和沉积物中总量钴的测定。

方法原理 土壤或沉积物样品经酸消解后，喷入贫燃性空气-乙炔火焰中，在高温火焰中形成的钴基态原子，对钴锐线光源或连续光源发射的 240.7 nm 特征谱线产生选择性吸收，在一定浓度范围内，其吸光度与钴的质量浓度成正比。

检出限 当取样量为 0.5 g、定容体积为 50 mL 时，方法检出限为 2 mg/kg，测定下限为 8 mg/kg。

干扰和消除 试样中浓度低于 10 mg/L 的 Zn 和 Ni、20 mg/L 的 Ba 和 Pb、60 mg/L 的 Mn、400 mg/L 的 Mg、500 mg/L 的 K、900 mg/L 的 Ti、3 000 mg/L 的 Al、5 000 mg/L 的 Ca 和 7 000 mg/L 的 Na 对钴的测定无干扰。

11. 钒

方法一：土壤和沉积物 无机元素的测定 波长色散 X 射线荧光光谱法 HJ

780 - 2015

检出限　钒的检出限为 4.0 mg/kg，测定下限为 12.0 mg/kg。

适用范围、方法原理、干扰和消除　见 4.1.2　3. 砷　方法五。

方法二：土壤和沉积物 12 种金属元素的测定　王水提取-电感耦合等离子体质谱法 HJ 803 - 2016

检出限　当取样量为 0.10 g、消解后定容体积为 50 mL 时，电热板消解的方法检出限为 0.7 mg/kg，测定下限为 2.8 mg/kg；微波消解的方法检出限为 0.4 mg/kg，测定下限为 1.6 mg/kg。

适用范围、方法原理、干扰和消除　见 4.1.2　1. 镉　方法三。

方法三：土壤和沉积物 11 种元素的测定碱熔-电感耦合等离子体　发射光谱法 HJ 974 - 2018

适用范围　本方法适用于土壤和沉积物中锰（Mn）、钡（Ba）、钒（V）、锶（Sr）、钛（Ti）、钙（Ca）、镁（Mg）、铁（Fe）、铝（Al）、钾（K）和硅（Si）等 11 种元素的测定。

方法原理　样品与碱性熔剂熔融，熔融物经酸溶解后注入电感耦合等离子体发射光谱仪，目标元素在等离子炬中被气化、电离、激发并辐射出特征谱线。在一定浓度范围内，其特征谱线的强度与元素的浓度成正比。

检出限　当取样量为 0.2 g、定容体积为 500 mL 时，钒（V）在 292.402 nm 处的方法检出限为 0.02 g/kg，测定下限为 0.08 g/kg。

干扰和消除

（1）光谱干扰

光谱干扰主要包括连续背景干扰和谱线重叠干扰。校正光谱干扰常用的方法是背景扣除法（根据单元素试验确定扣除背景的位置及方式）及干扰系数扣除法。当存在单元素干扰时，可通过配制一系列已知干扰元素含量的溶液，在分析元素测定波长下测定其 ρ'，根据公式求出干扰系数 K_t，不同仪器测定的干扰系数会有区别，分析元素测定波长下共存元素的干扰见本标准附录 B。

$$K_t = (\rho' - \rho) / \rho_t$$

式中　K_t——干扰系数；

ρ'——干扰元素加分析元素在分析元素测定波长下测定的浓度，mg/L；

ρ——分析元素的浓度，mg/L；

ρ_t——干扰元素的浓度，mg/L。

（2）非光谱干扰

非光谱干扰主要包括化学干扰、物理干扰以及去溶剂干扰等，在实际分析过程中各类干扰可能共同存在，是否予以补偿和校正，与样品中干扰元素的浓度有关。当样品中含有大量可溶盐或样品酸度过高时，会对测定产生干扰。可采用稀释样品（但应保证待测元素的含量高于测定下限）、内标法、优化仪器条件和基体匹配法（配制与待测样品基体成分相似的标准溶液）等措施消除和降低上述干扰。

（3）电感耦合等离子体发射光谱法在 292.402 nm 波长下测定钒（V）的谱线干扰元素为钼、钛、铬、铁、铈。

12. 氰化物

方法：土壤　氰化物和总氰化物的测定　分光光度法　HJ 745-2015

适用范围　本方法适用于土壤中氰化物和总氰化物的测定。

方法原理

（1）异烟酸-巴比妥酸分光光度法

试样中的氰离子在弱酸性条件下与氯胺 T 反应生成氯化氰，然后与异烟酸反应，经水解后生成戊烯二醛，最后与巴比妥酸反应生成紫蓝色化合物，该物质在 600 nm 波长处有最大吸收。

（2）异烟酸-吡唑啉酮分光光度法

试样中的氰离子在中性条件下与氯胺 T 反应生成氯化氰，然后与异烟酸反应，经水解后生成戊烯二醛，最后与吡唑啉酮反应生成蓝色染料，该物质在 638 nm 波长处有最大吸收。

检出限　当样品量为 10 g 时，异烟酸-巴比妥酸分光光度法的检出限为 0.01 mg/kg，测定下限为 0.04 mg/kg；异烟酸-吡唑啉酮分光光度法的检出限为 0.04 mg/kg，测定下限为 0.16 mg/kg。

干扰和消除　当试样微粒不能完全在水中均匀分散，而是积聚在试剂-空气表面或试剂-玻璃器壁界面时，将导致准确度和精密度降低，可在蒸馏前加 5 mL 乙醇消除影响。试样中存在的硫化物会干扰测定，蒸馏时加入的硫酸铜可以抑制硫化物的干扰。试料中酚的含量低于 500 mg/L 时不影响氰化物的测定。油脂类的干扰可在显色前加入十二烷基硫酸钠予以消除。

13. 四氯化碳、氯仿、1,1-二氯乙烷、1,2-二氯乙烷、1,1-二氯乙烯、顺-1,2-二氯乙烯、反-1,2-二氯乙烯、二氯甲烷、1,2-二氯丙烷、四氯乙烯、1,1,1,2-四氯乙烷、1,1,2,2-四氯乙烷、1,1,1-三氯乙烷、1,1,2-三氯乙烷、三氯乙烯、1,2,3-三氯丙烷、氯乙烯、一溴二氯甲烷、溴仿、二溴氯甲烷、1,2-二溴乙烷

方法一：土壤和沉积物　挥发性有机物的测定　吹扫捕集/气相色谱-质谱法 HJ 605-2011

适用范围　本方法适用于土壤和沉积物中 71 种挥发性有机物的测定。若通过验证，本方法也可适用于其他挥发性有机物的测定。

方法原理　样品中的挥发性有机物经高纯氦气（或氮气）吹扫富集于捕集管中，将捕集管加热并以高纯氦气反吹，被热脱附出来的组分进入气相色谱并分离后，用质谱仪进行检测。通过与待测目标物标准质谱图相比较和保留时间进行定性，内标法定量。

检出限　当取样量为 5 g、用标准四极杆质谱进行全扫描分析时，目标物的方法检出限为 0.2~3.2 μg/kg，测定下限为 0.8~12.8 μg/kg，详见表 4-2。

表 4-2　目标物的方法检出限和测定下限

序号	目标物中文名称	目标物英文名称	检出限 /(μg/kg)	测定下限 /(μg/kg)	最小相对响应因子
1	二氯二氟甲烷	dichlorodifluoromethane	0.4	1.6	0.1
2	氯甲烷	chloromethane	1	4	0.1
3	氯乙烯	chloroethene	1	4	0.1
4	溴甲烷	bromomethane	1.1	4.4	0.1
5	氯乙烷	chloroethane	0.8	3.2	0.1
6	三氯氟甲烷	trichlorofluoromethane	1.1	4.4	0.1
7	1,1-二氯乙烯	1,1-dichloroethene	1	4	0.1
8	丙酮	acetone	1.3	5.2	0.1
9	碘甲烷	iodo-methane	1.1	4.4	—
10	二硫化碳	carbon disulfide	1	4	0.1
11	二氯甲烷	methylene chloride	1.5	6	0.1
12	反式-1,2-二氯乙烯	*trans*-1,2-dichloroethene	1.4	5.6	0.1

续　表

序号	目标物中文名称	目标物英文名称	检出限/（μg/kg）	测定下限/（μg/kg）	最小相对响应因子
13	1,1-二氯乙烷	1,1-dichloroethane	1.2	4.8	0.2
14	2,2-二氯丙烷	2,2-dichloropropane	1.3	4.2	—
15	顺式-1,2-二氯乙烯	cis-1,2-dichloroethene	1.3	4.2	0.1
16	2-丁酮	2-butanone	3.2	13	0.1
17	溴氯甲烷	bromochloromethane	1.4	5.2	—
18	氯仿	chloroform	1.1	4.4	0.2
19	二溴氟甲烷	dibromofluoromethane	—	—	—
20	1,1,1-三氯乙烷	1,1,1-trichloroethane	1.3	5.2	—
21	四氯化碳	carbon tetrachloride	1.3	5.2	0.1
22	1,1-二氯丙烯	1,1-dichloropropene	1.2	4.8	—
23	苯	benzene	1.9	7.6	0.5
24	1,2-二氯乙烷	1,2-dichloroethane	1.3	5.2	0.1
25	氟苯	fluorobenzene	—	—	—
26	三氯乙烯	trichloroethylene	1.2	4.8	0.2
27	1,2-二氯丙烷	1,2-dichloropropane	1.1	4.4	0.1
28	二溴甲烷	dibromomethane	1.2	4.8	—
29	一溴二氯甲烷	bromodichloromethane	1.1	4.4	—
30	4-甲基-2-戊酮	4-methyl-2-pentanone	1.8	7.2	—
31	甲苯-D8	toluene-D8	—	—	—
32	甲苯	toluene	1.3	5.2	0.4
33	1,1,2-三氯乙烷	1,1,2-trichloroethane	1.2	4.8	—
34	四氯乙烯	tetrachloroethylene	1.4	5.6	0.2
35	1,3-二氯丙烷	1,3-dichloropropane	1.1	4.4	—
36	2-己酮	2-hexanone	3	12	—
37	二溴氯甲烷	dibromochloromethane	1.1	4.4	0.1

续　表

序号	目标物中文名称	目标物英文名称	检出限 /(μg/kg)	测定下限 /(μg/kg)	最小相对 响应因子
38	1,2-二溴乙烷	1,2-dibromoethane	1.1	4.4	—
39	氯苯-D5	chlorobenzene-D5	—	—	—
40	氯苯	chlorobenzene	1.2	4.8	0.5
41	1,1,1,2-四氯乙烷	1,1,1,2-tetrachloroethane	1.2	4.8	—
42	乙苯	ethylbenzene	1.2	4.8	0.1
43	1,1,2-三氯丙烷	1,1,2-trichloropropane	1.2	4.8	—
44/45	间,对-二甲苯	*m,p*-xylene	1.2	4.8	0.1
46	邻-二甲苯	*o*-xylene	1.2	4.8	0.3
47	苯乙烯	styrene	1.1	4.4	0.3
48	溴仿	bromoform	1.5	6	0.1
49	异丙苯	isopropylbenzene	1.2	4.8	0.1
50	4-溴氟苯	4-bromofluorobenzene	—	—	—
51	溴苯	bromobenzene	1.3	5.2	—
52	1,1,2,2-四氯乙烷	1,1,2,2-tetrachloroethane	1.2	4.8	0.3
53	1,2,3-三氯丙烷	1,2,3-trichloropropane	1.2	4.8	—
54	正丙苯	*n*-propylbenzene	1.2	4.8	—
55	2-氯甲苯	2-chlorotoluene	1.3	5.2	—
56	1,3,5-三甲基苯	1,3,5-trimethylbenzene	1.4	5.6	—
57	4-氯甲苯	4-chlorotoluene	1.3	5.2	—
58	叔丁基苯	tert-butylbenzene	1.2	4.8	—
59	1,2,4-三甲基苯	1,2,4-trimethylbenzene	1.3	5.2	—
60	仲丁基苯	sec-butylbenzene	1.1	4.4	—
61	1,3-二氯苯	1,3-dichlorobenzene	1.5	6	0.6
62	4-异丙基甲苯	*p*-isopropyltoluene	1.3	5.2	—
63	1,4-二氯苯-D4	1,4-dichlorobenzene-D4	—	—	—

序号	目标物中文名称	目标物英文名称	检出限 /(μg/kg)	测定下限 /(μg/kg)	最小相对 响应因子
64	1,4-二氯苯	1,4-dichlorobenzene	1.5	6	0.5
65	正丁基苯	*n*-butylbenzene	1.7	6.8	—
66	1,2-二氯苯	1,2-dichlorobenzene	1.5	6	0.4
67	1,2-二溴-3-氯 丙烷	1,2-dibromo-3- chloropropane	1.9	7.6	0.05
68	1,2,4-三氯苯	1,2,4-trichlorobenzene	0.3	1.2	0.2
69	六氯丁二烯	hexachlorobutadiene	1.6	6.4	—
70	萘	naphthalene	0.4	1.6	—
71	1,2,3-三氯苯	1,2,3-trichlorobenzene	0.2	0.8	—

注：没有规定最小相对响应因子的化合物，其最小相对响应因子不作限值规定。

干扰和消除　暂不明确。

方法二：土壤和沉积物　挥发性有机物的测定　顶空/气相色谱-质谱法　HJ 642-2013

适用范围　本方法适用于土壤和沉积物中 35 种挥发性有机物的测定。若通过验证，本方法也可适用于其他挥发性有机物的测定。

方法原理　在一定的温度条件下，顶空瓶内样品中挥发性组分向液上空间挥发，产生蒸气压，在气液固三相达到热力学动态平衡。气相中的挥发性有机物进入气相色谱分离后，用质谱仪进行检测。通过与标准物质保留时间和质谱图相比较进行定性，内标法定量。

检出限　当样品量为 2 g 时，35 种目标物的方法检出限为 0.8~4 μg/kg，测定下限为 3.2~14 μg/kg，详见表 4-3。

表 4-3　目标物的方法检出限和测定下限

序号	目标物中文名称	目标物英文名称	检出限 /(μg/kg)	测定下限 /(μg/kg)	相对最小 响应因子
1	氯乙烯	Vinyl chloride	1.5	6	0.1
2	1,1-二氯乙烯	1,1-dichloroethene	0.8	3.2	0.1

续　表

序号	目标物中文名称	目标物英文名称	检出限 /（μg/kg）	测定下限 /（μg/kg）	相对最小响应因子
3	二氯甲烷	Methylene chloride	2.6	10.4	0.1
4	反-1,2-二氯乙烯	Trans-1,2-dichloroethene	0.9	3.6	0.2
5	1,1-二氯乙烷	1,1-dichloroethane	1.6	6.4	0.2
6	顺-1,2-二氯乙烯	Cis-1,2-dichloroethene	0.9	3.6	0.1
7	氯仿	Chloroform	1.5	6	0.2
8	1,1,1-三氯乙烷	1,1,1-trichloroethane	1.1	4.4	—
9	四氯化碳	Carbon tetrachloride	2.1	8.4	0.1
10	1,2-二氯乙烷	1,2-dichloroethane	1.3	5.2	0.1
11	苯	Benzene	1.6	6.4	0.5
12	三氯乙烯	Trichloroethene	0.9	3.6	0.2
13	1,2-二氯丙烷	1,2-dichloropropane	1.9	7.6	0.1
14	一溴二氯甲烷	Bromodichloromethane	1.1	4.4	—
15	甲苯	Toluene	2	7.9	0.4
16	1,1,2-三氯乙烷	1,1,2-trichloroethane	1.4	5.6	—
17	四氯乙烯	Tetrachloroethylene	0.8	3.2	0.2
18	二溴氯甲烷	Dibromochloromethane	0.9	3.6	0.1
19	1,2-二溴乙烷	1,2-dibromoethane	1.5	6	
20	氯苯	Chlorobenzene	1.1	4.4	0.5
21	1,1,1,2-四氯乙烷	1,1,1,2-tetrachloroethane	1	4	—
22	乙苯	Ethylbenzene	1.2	4.8	0.1
23	间,对-二甲苯	m,p-xylene	3.6	14.4	0.1
24	邻-二甲苯	o-xylene	1.3	5.2	0.3
25	苯乙烯	Styrene	1.6	6.4	0.3
26	溴仿	Bromoform	1.7	6.8	0.1
27	1,1,2,2-四氯乙烷	1,1,2,2-tetrachloroethane	1	4	0.3

续 表

序号	目标物中文名称	目标物英文名称	检出限/(μg/kg)	测定下限/(μg/kg)	相对最小响应因子
28	1,2,3-三氯丙烷	1,2,3-trichloropropane	1	4	—
29	1,3,5-三甲基苯	1,3,5-trimethylbenzene	1.5	6	—
30	1,2,4-三甲基苯	1,2,4-trimethylbenzene	1.5	6	—
31	1,3-二氯苯	1,3-dichlorobenzene	1.1	4.4	0.3
32	1,4-二氯苯	1,4-dichlorobenzene	1.2	4.8	0.5
33	1,2-二氯苯	1,2-dichlorobenzene	1	4	0.4
34	1,2,4-三氯苯	1,2,4-trichlorobenzene	0.8	3.2	0.2
35	六氯丁二烯	Hexachlorobutadiene	1	4	—

干扰和消除　暂不明确。

方法三：土壤和沉积物　挥发性卤代烃的测定　吹扫捕集/气相色谱-质谱法 HJ 735-2015

适用范围　本方法适用于土壤和沉积物中氯甲烷等 35 种挥发性卤代烃的测定。其他挥发性卤代烃如果通过验证也适用于本方法。

方法原理　样品中的挥发性卤代烃用高纯氦气（或氮气）吹扫出来，吸附于捕集管中，将捕集管加热并用氦气（或氮气）反吹，捕集管中的挥发性卤代烃被热脱附出来，组分进入气相色谱分离后，用质谱仪进行检测。根据保留时间、碎片离子质荷比及不同离子丰度比定性，内标法定量。

检出限　当取样量为 5 g 时，35 种挥发性卤代烃的方法检出限为 0.3 ~ 0.4 μg/kg，测定下限为 1.2 ~ 1.6 μg/kg，详见表 4-4。

表 4-4　目标物的检出限和测定下限

序号	目标物中文名称	目标物英文名称	检出限/(μg/kg)	测定下限/(μg/kg)
1	二氯二氟甲烷	Dichlorodifluoromethane	0.3	1.2
2	氯甲烷	Chloromethane	0.3	1.2
3	氯乙烯	Chloroethene	0.3	1.2
4	溴甲烷	Bromomethane	0.3	1.2

续　表

序号	目标物中文名称	目标物英文名称	检出限/（μg/kg）	测定下限/（μg/kg）
5	氯乙烷	Chlorethane	0.3	1.2
6	三氯氟甲烷	Trichlorofluoromethane	0.3	1.2
7	1,1-二氯乙烯	1,1-Dichloroethene	0.3	1.2
8	二氯甲烷	Dichloromethane	0.3	1.2
9	反-1,2-二氯乙烯	Trans-1,2-dichloroethene	0.3	1.2
10	1,1-二氯乙烷	1,1-Dichloroethane	0.3	1.2
11	2,2-二氯丙烷	Cis-1,2-dichloroethene	0.3	1.2
12	顺-1,2-二氯乙烯	2,2-Dichloropropane	0.3	1.2
13	溴氯甲烷	Bromochloromethane	0.3	1.2
14	氯仿	Chloroform	0.3	1.2
15	1,1,1-三氯乙烷	1,1,1-Trichloroethane	0.3	1.2
16	1,1-二氯丙烯	1,1-Dichloropropene	0.3	1.2
17	四氯化碳	Carbon tetrachloride	0.3	1.2
18	1,2-二氯乙烷	1,2-Dichloroethane	0.3	1.2
19	三氯乙烯	Trichloroethylene	0.3	1.2
20	1,2-二氯丙烷	1,2-Dichloropropane	0.3	1.2
21	二溴甲烷	Dibromomethane	0.3	1.2
22	一溴二氯甲烷	Bromodichloromethane	0.3	1.2
23	顺-1,3-二氯丙烯	1,3-Dichloropropene	0.3	1.2
24	反-1,3-二氯丙烯	cis-1,3-Dichloropropene	0.3	1.2
25	1,1,2-三氯乙烷	1,1,2-Trichloroethane	0.3	1.2
26	四氯乙烯	Tetrachloroethylene	0.3	1.2
27	1,3-二氯丙烷	1,3-Dichloropropane	0.3	1.2
28	二溴一氯甲烷	Dibromochloromethane	0.3	1.2
29	1,2-二溴乙烷	1,2-Dibromoethane	0.4	1.1
30	1,1,1,2-四氯乙烷	1,1,1,2-Tetrachloroethane	0.3	1.2

序号	目标物中文名称	目标物英文名称	检出限/(μg/kg)	测定下限/(μg/kg)
31	溴仿	Bromoform	0.3	1.2
32	1,1,2,2-四氯乙烷	1,1,2,2-Tetrachloroethane	0.3	1.2
33	1,2,3-三氯丙烷	1,2,3-Trichloropopropane	0.3	1.2
34	1,2-二溴-3-氯丙烷	1,2-Dibromo-3-chloropre	0.3	1.2
35	六氯丁二烯	Hexachlorobutadiene	0.3	1.2

干扰和消除　暂不明确。

方法四：土壤和沉积物　挥发性卤代烃的测定　顶空/气相色谱-质谱法　HJ 736-2015

适用范围　本方法适用于土壤和沉积物中氯甲烷等 35 种挥发性卤代烃的测定。其他挥发性卤代烃如果通过验证也适用于本方法。

方法原理　在一定的温度条件下，顶空瓶内样品中的挥发性卤代烃向液上空间挥发，产生一定的蒸气压，并达到气液固三相平衡，取气相样品进入气相色谱分离后，用质谱仪进行检测。根据保留时间、碎片离子质荷比及不同离子丰度比定性，内标法定量。

检出限　当取样量为 2 g 时，35 种挥发性卤代烃的方法检出限为 2~3 μg/kg，测定下限为 8~12 μg/kg，详见表 4-5。

表 4-5　目标物的方法检出限和测定下限

序号	目标物中文名称	目标物英文名称	检出限/(μg/kg)	测定下限/(μg/kg)
1	二氯二氟甲烷	Dichlorodifluoromethane	3	12
2	氯甲烷	Chloromethane	3	12
3	氯乙烯	Chloroethene	2	8
4	溴甲烷	Bromomethane	3	12
5	氯乙烷	Chlorethane	2	8
6	三氯氟甲烷	Trichlorofluoromethane	2	8
7	1,1-二氯乙烯	1,1-Dichloroethene	2	8

续　表

序号	目标物中文名称	目标物英文名称	检出限 /（μg/kg）	测定下限 /（μg/kg）
8	二氯甲烷	Dichloromethane	3	12
9	反－1,2－二氯乙烯	Trans－1,2－dichloroethene	3	12
10	1,1－二氯乙烷	1,1－Dichloroethane	2	8
11	2,2－二氯丙烷	2,2－Dichloropropane	2	8
12	顺－1,2－二氯乙烯	Cis－1,2－dichloroethene	3	12
13	溴氯甲烷	Bromochloromethane	3	12
14	氯仿	Chloroform	2	8
15	1,1,1－三氯乙烷	1,1,1－Trichloroethane	2	8
16	1,1－二氯丙烯	1,1－Dichloropropene	2	8
17	四氯化碳	Carbon tetrachloride	2	8
18	1,2－二氯乙烷	1,2－Dichloroethane	3	12
19	三氯乙烯	Trichloroethylene	2	8
20	1,2－二氯丙烷	1,2－Dichloropropane	2	8
21	二溴甲烷	Dibromomethane	2	8
22	一溴二氯甲烷	Bromodichloromethane	3	12
23	顺－1,3－二氯丙烯	cis－1,3－Dichloropropene	2	8
24	反－1,3－二氯丙烯	Trans－1,3－Dichloropropene	2	8
25	1,1,2－三氯乙烷	1,1,2－Trichloroethane	2	8
26	四氯乙烯	Tetrachloroethylene	2	8
27	1,3－二氯丙烷	1,3－Dichloropropane	3	12
28	二溴一氯甲烷	Dibromochloromethane	3	12
29	1,2－二溴乙烷	1,2－Dibromoethane	2	8
30	1,1,1,2－四氯乙烷	1,1,1,2－Tetrachloroethane	3	12
31	溴仿	Bromoform	3	12
32	1,1,2,2－四氯乙烷	1,1,2,2,－Tetrachloroethane	3	12

序号	目标物中文名称	目标物英文名称	检出限 /(μg/kg)	测定下限 /(μg/kg)
33	1,2,3-三氯丙烷	1,2,3-Trichloropopropane	3	12
34	1,2-二溴-3-氯丙烷	1,2-Dibromo-3-chloropre	3	12
35	六氯丁二烯	Hexachlorobutadiene	2	8

干扰和消除　暂不明确。

方法五：土壤和沉积物　挥发性有机物的测定　顶空/气相色谱法　HJ 741-2015

适用范围　本方法适用于土壤和沉积物中 34 种挥发性有机物的测定。其他挥发性有机物若通过验证也可适用于本方法。

方法原理　在一定的温度下，顶空瓶内样品中挥发性有机物向液上空间挥发，在气液固三相达到热力学动态平衡后。气相中的挥发性有机物经气相色谱分离，用火焰离子化检测器检测。以保留时间定性，外标法定量。

检出限　当土壤和沉积物样品量为 2 g 时，34 种挥发性有机物的方法检出限为 0.005~0.03 mg/kg，测定下限为 0.02~0.12 mg/kg，详见表 4-6。

表 4-6　34 种挥发性有机物的方法检出限和测定下限

序号	化 合 物 名 称	CAS 号	检出限 /(mg/kg)	测定下限 /(mg/kg)
1	氯乙烯	75-01-4	0.02	0.08
2	1,1-二氯乙烯	75-35-4	0.01	0.04
3	二氯甲烷	75-09-2	0.02	0.08
4	反-1,2-二氯乙烯	156-60-5	0.02	0.08
5	1,1-二氯乙烷	75-34-3	0.02	0.08
6	顺-1,2-二氯乙烯	156-59-2	0.008	0.032
7	氯仿	67-66-3	0.02	0.08
8	1,1,1-三氯乙烷	71-55-6	0.02	0.08
9	四氯化碳	56-23-5	0.03	0.12

序号	化 合 物 名 称	CAS 号	检出限 /（mg/kg）	测定下限 /（mg/kg）
10	1,2-二氯乙烷+苯	107-06-2/71-43-2	0.01	0.04
11	三氯乙烯	79-01-6	0.009	0.036
12	1,2-二氯丙烷	78-87-5	0.008	0.032
13	溴二氯甲烷	75-27-4	0.03	0.12
14	甲苯	108-88-3	0.006	0.024
15	1,1,2-三氯乙烷	79-00-5	0.02	0.08
16	四氯乙烯	127-18-4	0.02	0.08
17	二溴一氯甲烷	124-48-1	0.03	0.12
18	1,2-二溴乙烷	106-93-4	0.02	0.08
19	氯苯	108-90-7	0.005	0.02
20	1,1,1,2-四氯乙烷	79-34-5	0.02	0.08
21	乙苯	100-41-4	0.006	0.024
22	间+对-二甲苯	108-38-3/106-42-3	0.009	0.036
23	邻-二甲苯+苯乙烯	95-47-6/100-42-5	0.02	0.08
24	溴仿	75-25-2	0.03	0.12
25	1,1,2,2-四氯乙烷	79-34-5	0.02	0.08
26	1,2,3-三氯丙烷	96-18-4	0.02	0.08
27	1,3,5-三甲基苯	108-67-8	0.007	0.028
28	1,2,4-三甲基苯	95-63-6	0.008	0.032
29	1,3-二氯苯	541-73-1	0.007	0.028
30	1,4-二氯苯	106-46-7	0.008	0.032
31	1,2-二氯苯	95-50-1	0.02	0.08
32	1,2,4-三氯苯	120-82-1	0.005	0.02
33	六氯丁二烯	87-68-3	0.02	0.08
34	萘	91-20-3	0.007	0.028

干扰和消除 暂不明确。

14. 氯甲烷

方法一：土壤和沉积物 挥发性有机物的测定 吹扫捕集/气相色谱-质谱法 HJ 605－2011

见 4.1.2 13. 四氯化碳、氯仿等 方法一。

方法二：土壤和沉积物 挥发性卤代烃的测定 吹扫捕集/气相色谱-质谱法 HJ 735－2015

见 4.1.2 13. 四氯化碳、氯仿等 方法三。

方法三：土壤和沉积物 挥发性卤代烃的测定 顶空/气相色谱-质谱法 HJ 736－2015

见 4.1.2 13. 四氯化碳、氯仿等 方法四。

15. 苯、氯苯、乙苯、苯乙烯、甲苯、间二甲苯+对二甲苯、邻二甲苯

方法一：土壤和沉积物 挥发性有机物的测定 吹扫捕集/气相色谱-质谱法 HJ 605－2011

见 4.1.2 13. 四氯化碳、氯仿等 方法一。

方法二：土壤和沉积物 挥发性有机物的测定 顶空/气相色谱-质谱法 HJ 642－2013

见 4.1.2 13. 四氯化碳、氯仿等 方法二。

方法三：土壤和沉积物 挥发性有机物的测定 顶空/气相色谱法 HJ 741－2015

见 4.1.2 13. 四氯化碳、氯仿等 方法五。

方法四：土壤和沉积物 挥发性芳香烃的测定 顶空/气相色谱法 HJ 742－2015

适用范围 本方法适用于土壤和沉积物中 12 种挥发性芳香烃的测定。其他挥发性芳香烃如果通过验证也适用于本方法。

方法原理 在一定的温度下，顶空瓶内样品中挥发性芳香烃向液上空间挥发，在气液固三相达到热力学动态平衡后。气相中的挥发性芳香烃经气相色谱分离，用火焰离子化检测器检测。以保留时间定性，外标法定量。

检出限 当取样量为 2 g 时，12 种挥发性芳香烃的方法检出限为 3.0～4.7 μg/kg，测定下限为 12.0～18.8 μg/kg，详见表 4－7。

干扰和消除 暂不明确。

表 4-7　12 种挥发性芳香烃的方法检出限和测定下限

序号	化合物名称	英 文 名 称	检出限 /(μg/kg)	测定下限 /(μg/kg)
1	苯	benzene	3.1	12.4
2	甲苯	toluene	3.2	12.8
3	乙苯	ethylbenzene	4.6	18.4
4	对-二甲苯	p-xylene	3.5	14
5	间-二甲苯	m-xylene	4.4	17.6
6	异丙苯	isopropylbenzene	3.4	13.6
7	邻-二甲苯	o-xylene	4.7	18.8
8	氯苯	chlorobenzene	3.9	15.6
9	苯乙烯	styrene	3	12
10	1,3-二氯苯	1,3-dichlorobenzene	3.4	13.6
11	1,4-二氯苯	1,4-dichlorobenzene	4.3	17.2
12	1,2-二氯苯	1,2-dichlorobenzene	3.6	14.4

16. 1,2-二氯苯、1,4-二氯苯

方法一：土壤和沉积物　挥发性有机物的测定　吹扫捕集/气相色谱-质谱法 HJ 605-2011

见 4.1.2　13. 四氯化碳、氯仿等　方法一。

方法二：土壤和沉积物　挥发性有机物的测定　顶空/气相色谱-质谱法　HJ 642-2013

见 4.1.2　13. 四氯化碳、氯仿等　方法二。

方法三：土壤和沉积物　挥发性有机物的测定　顶空/气相色谱法 HJ 741-2015

见 4.1.2　13. 四氯化碳、氯仿等　方法五。

方法四：土壤和沉积物　挥发性芳香烃的测定　顶空/气相色谱法 HJ 742-2015

见 4.1.2　15. 苯、氯苯等　方法四。

方法五：土壤和沉积物　半挥发性有机物的测定　气相色谱-质谱法　HJ 834-

2017

适用范围 本方法适用于土壤和沉积物中氯代烃类、邻苯二甲酸酯类、亚硝胺类、醚类、卤醚类、酮类、苯胺类、吡啶类、喹啉类、硝基芳香烃类、酚类包括硝基酚类、有机氯农药类、多环芳烃类等半挥发性有机物的筛查鉴定和定量分析，对于特定类别的化合物，应在此筛选基础上选用专属的分析方法测定。

方法原理 土壤或沉积物中半挥发性有机物采用适合的萃取方法（索氏提取、加压流体萃取等）提取，根据样品基体干扰情况选择合适的净化方法（凝胶渗透色谱或柱净化）对提取液净化、浓缩、定容，经气相色谱分离、质谱检测。根据保留时间、碎片离子质荷比及其丰度定性，内标法定量。

检出限 取样量为 20.0 g，定容体积为 1.0 mL，采用全扫描方式测定时，方法检出限为 0.06~0.3 mg/kg，测定下限为 0.24~1.20 mg/kg，详见表 4-8。

表 4-8 70 种半挥发性有机物的方法检出限和测定下限

序号	化 合 物 名 称	检出限/（mg/kg）	测定下限/（mg/kg）
1	N-亚硝基二甲胺	0.08	0.32
2	2-氟酚（替代物）	0.1	0.4
3	苯酚-d_6（替代物）	0.1	0.4
4	苯酚	0.1	0.4
5	二（2-氯乙基）醚	0.09	0.36
6	2-氯苯酚	0.06	0.24
7	1,3-二氯苯	0.08	0.32
8	1,4-二氯苯	0.08	0.32
9	1,2-二氯苯	0.08	0.32
10	2-甲基苯酚	0.1	0.4
11	二（2-氯异丙基）醚	0.1	0.4
12	六氯乙烷	0.1	0.4
13	N-亚硝基二正丙胺	0.07	0.28
14	4-甲基苯酚	0.1	0.4
15	硝基苯-d_5（替代物）	0.1	0.4

序号	化 合 物 名 称	检出限/（mg/kg）	测定下限/（mg/kg）
16	硝基苯	0.09	0.36
17	异佛尔酮	0.07	0.28
18	2-硝基苯酚	0.2	0.8
19	2,4-二甲基苯酚	0.09	0.36
20	二（2-氯乙氧基）甲烷	0.08	0.32
21	2,4-二氯苯酚	0.07	0.28
22	1,2,4-三氯苯	0.07	0.28
23	萘	0.09	0.36
24	4-氯苯胺	0.09	0.36
25	六氯丁二烯	0.06	0.24
26	4-氯-3-甲基苯酚	0.06	0.24
27	2-甲基萘	0.08	0.32
28	六氯环戊二烯	0.1	0.4
29	2,4,6-三氯苯酚	0.1	0.4
30	2,4,5-三氯苯酚	0.1	0.4
31	2-氟联苯（替代物）	0.1	0.4
32	2-氯萘	0.1	0.4
33	2-硝基苯胺	0.08	0.32
34	苊烯	0.09	0.36
35	邻苯二甲酸二甲酯	0.07	0.28
36	2,6-二硝基甲苯	0.08	0.36
37	3-硝基苯胺	0.1	0.4
38	2,4-二硝基苯酚	0.1	0.4
39	苊	0.1	0.4
40	二苯并呋喃	0.09	0.36

序号	化　合　物　名　称	检出限/（mg/kg）	测定下限/（mg/kg）
41	4-硝基苯酚	0.09	0.36
42	2,4-二硝基甲苯	0.2	0.8
43	芴	0.08	0.32
44	邻苯二甲酸二乙酯	0.3	1.2
45	4-氯苯基苯基醚	0.1	0.4
46	4-硝基苯胺	0.1	0.4
47	4,6-二硝基-2-甲基苯酚	0.1	0.4
48	偶氮苯	0.1	0.4
49	2,4,6-三溴苯酚（替代物）	0.2	0.8
50	4-溴二苯基醚	0.1	0.4
51	六氯苯	0.1	0.4
52	五氯苯酚	0.2	0.8
53	菲	0.1	0.4
54	蒽	0.1	0.4
55	咔唑	0.1	0.4
56	邻苯二甲酸二正丁酯	0.1	0.4
57	荧蒽	0.2	0.8
58	芘	0.1	0.4
59	4,4′-三联苯-d_{14}（替代物）	0.1	0.4
60	邻苯二甲酸丁基苄基酯	0.2	0.8
61	苯并[a]蒽	0.1	0.4
62	䓛	0.1	0.4
63	邻苯二甲酸二(2-二乙基己基)酯	0.1	0.4
64	邻苯二甲酸二正辛酯	0.2	0.8
65	苯并[b]荧蒽	0.2	0.8
66	苯并[k]荧蒽	0.1	0.4

续　表

序号	化 合 物 名 称	检出限／(mg/kg)	测定下限／(mg/kg)
67	苯并[a]芘	0.1	0.4
68	茚并[1,2,3-cd]芘	0.1	0.4
69	二苯并[ah]蒽	0.1	0.4
70	苯并[ghi]苝	0.1	0.4

注：试验为 20 g 空白样品，提取方法加压流体萃取，浓缩为旋转蒸发和氮吹浓缩，净化为凝胶渗透色谱。

干扰和消除　暂不明确。

17. 硝基苯、六氯环戊二烯、2,4-二硝基甲苯、邻苯二甲酸二(2-乙基己基)酯、邻苯二甲酸丁基苄酯、邻苯二甲酸二正辛酯

方法：土壤和沉积物　半挥发性有机物的测定　气相色谱-质谱法　HJ 834-2017

见 4.1.2　16. 1,2-二氯苯、1,4-二氯苯等　方法五。

18. 苯胺、3,3′-二氯联苯胺

方法一：土壤和沉积物　半挥发性有机物的测定　气相色谱-质谱法　HJ 834-2017

见 4.1.2　16. 1,2-二氯苯、1,4-二氯苯等　方法五。

方法二：土壤和沉积物　苯胺类和联苯胺类的测定　液相色谱-三重四极杆质谱法（征求意见稿）

适用范围　本方法适用于土壤和沉积物中联苯胺、苯胺、4-甲基苯胺、2-甲氧基苯胺、3-甲基苯胺、2-甲基苯胺、2,4-二甲基苯胺、4-硝基苯胺、3-硝基苯胺、4-氯苯胺、2-萘胺、2,6-二甲基苯胺、3-氯苯胺、3,3′-二氯联苯胺和 N-亚硝基二苯胺共 15 种苯胺类和联苯胺类化合物的测定。其他苯胺类和联苯胺类化合物，如果通过验证也可用本方法测定。

方法原理　土壤或沉积物中的苯胺类和联苯胺类化合物，经提取、净化、浓缩、定容后，用液相色谱-三重四极杆质谱仪分离检测。根据保留时间和特征离子定性，内标法定量。

检出限　当取样量为 5 g、定容体积为 1 mL 时，15 种苯胺类和联苯胺类化合物的方法检出限为 2~3 μg/kg，测定下限为 8~12 μg/kg，详见表 4-9。

表 4-9　15 种苯胺类和联苯胺类化合物的方法检出限和测定下限

序号	化合物名称	英 文 名 称	CAS 号	检出限 /(μg/kg)	测定下限 /(μg/kg)
1	联苯胺	Benzidine	92-87-5	2	8
2	苯胺	Aniline	62-53-3	2	8
3	4-甲基苯胺	p-Toluidine	106-49-0	2	8
4	2-甲氧基苯胺	o-Anisidine	90-04-0	2	8
5	3-甲基苯胺	m-Toluidine	108-44-1	2	8
6	2-甲基苯胺	o-Toluidine	95-53-4	2	8
7	2,4-二甲基苯胺	2,4-Dimethylaniline	95-68-1	2	8
8	4-硝基苯胺	p-Nitroaniline	100-01-6	2	8
9	3-硝基苯胺	m-Nitroaniline	99-09-2	3	12
10	4-氯苯胺	4-Chloroaniline	106-47-8	2	8
11	2-萘胺	2-Aminonaphthalene	91-59-8	2	8
12	2,6-二甲基苯胺	2,6-Dimethylaniline	87-62-7	2	8
13	3-氯苯胺	3-Chloroaniline	108-42-9	2	8
14	3,3'-二氯联苯胺	3,3'-Dichlorobenzidine	91-94-1	2	8
15	N-亚硝基二苯胺	N-Nitrosodiphenylamine	86-30-6	2	8

干扰和消除　液相色谱-三重四极杆质谱法存在基质效应干扰测定，可通过对样品进行净化、优化色谱条件、减少取样量或进样体积等方法降低或消除干扰。

19. 2-氯酚

方法一：土壤和沉积物　酚类化合物的测定　气相色谱法 HJ 703-2014

适用范围　本方法适用于土壤和沉积物中 21 种酚类化合物的测定。其他酚类化合物如果通过验证，也可适用于本方法。

方法原理　土壤或沉积物用合适的有机溶剂提取，提取液经酸碱分配净化，酚类化合物进入水相后，将水相调节至酸性，用合适的有机溶剂萃取水相，萃取液经脱水、浓缩、定容后进气相色谱分离，氢火焰检测器测定。以保留时间定性，外标法定量。

检出限　当取样量为 10.0 g 时，21 种酚类化合物的方法检出限为 0.02～0.08 mg/kg，测定下限为 0.08～0.32 mg/kg，详见表 4 - 10。

表 4 - 10　21 种酚类化合物的方法检出限和测定下限

序号	组　分　名　称	检出限/（mg/kg）	测定下限/（mg/kg）
1	苯酚	0.04	0.16
2	2-氯酚	0.04	0.16
3	邻-甲酚	0.02	0.08
4/5	对/间-甲酚	0.02	0.08
6	2-硝基酚	0.02	0.08
7	2,4-二甲酚	0.02	0.08
8	2,4-二氯酚	0.03	0.12
9	2,6-二氯酚	0.03	0.12
10	4-氯-3-甲酚	0.02	0.08
11	2,4,6-三氯酚	0.03	0.12
12	2,4,5-三氯酚	0.03	0.12
13	2,4-二硝基酚	0.08	0.32
14	4-硝基酚	0.04	0.16
15	2,3,4,6-四氯酚	0.02	0.08
16/17	2,3,4,5-四氯酚/2,3,5,6-四氯酚	0.03	0.12
18	2-甲基-4,6-二硝基酚	0.03	0.12
19	五氯酚	0.07	0.28
20	2-（1-甲基-正丙基）-4,6-二硝基酚（地乐酚）	0.02	0.08
21	2-环己基-4,6-二硝基酚	0.02	0.08

干扰和消除　暂不明确。

方法二：土壤和沉积物　半挥发性有机物的测定　气相色谱-质谱法　HJ 834 - 2017

见 4.1.2　16. 1,2-二氯苯、1,4-二氯苯等　方法五。

20. 苯并[a]芘、苯并[a]蒽、苯并[b]荧蒽、苯并[k]荧蒽、䓛、二苯并[a,h]蒽、茚并[1,2,2-cd]芘

方法一：土壤和沉积物 多环芳烃的测定 高效液相色谱法 HJ 784-2016

适用范围 本方法适用于土壤和沉积物中 16 种多环芳烃的测定，包括萘、苊烯、苊、芴、菲、蒽、荧蒽、芘、苯并[a]蒽、䓛、苯并[b]荧蒽、苯并[k]荧蒽、苯并[a]芘、二苯并[a,h]蒽、苯并[g,h,i]芘和茚并[1,2,3-c,d]芘。

方法原理 土壤和沉积物样品中的多环芳烃用合适的萃取方法（索氏提取、加压流体萃取等）提取，根据样品基体干扰情况采取合适的净化方法（硅胶层析柱、硅胶或硅酸镁固相萃取柱等）对萃取液进行净化、浓缩、定容，用配备紫外/荧光检测器的高效液相色谱仪分离检测，以保留时间定性，外标法定量。

检出限 当取样量为 10.0 g，定容体积为 1.0 mL 时，用紫外检测器测定 16 种多环芳烃的方法检出限为 3~5 μg/kg，测定下限为 12~20 μg/kg；用荧光检测器测定 16 种多环芳烃的方法检出限为 0.3~0.5 μg/kg，测定下限为 1.2~2.0 μg/kg，详见表 4-11。

表 4-11 16 种多环芳烃的方法检出限和测定下限

出峰顺序	化 合 物 名 称	检出限/(μg/kg)		测定下限/(μg/kg)	
		荧光检测器	紫外检测器	荧光检测器	紫外检测器
1	萘	0.3	3	1.2	12
2	苊烯	—	3	—	12
3	苊	0.5	3	2	12
4	芴	0.5	5	2	20
5	菲	0.4	5	1.6	20
6	蒽	0.3	4	1.2	16
7	荧蒽	0.5	5	2	20
8	芘	0.3	3	1.2	12
9	苯并[a]蒽	0.3	4	1.2	16
10	䓛	0.3	3	1.2	12
11	苯并[b]荧蒽	0.5	5	2	20
12	苯并[k]荧蒽	0.4	5	1.6	20

续　表

出峰顺序	化 合 物 名 称	检出限/(μg/kg)		测定下限/(μg/kg)	
		荧光检测器	紫外检测器	荧光检测器	紫外检测器
13	苯并[a]芘	0.4	5	1.6	20
14	二苯并[a,h]蒽	0.5	5	2	20
15	苯并[g,h,i]芘	0.5	5	2	20
16	茚并[1,2,3-c,d]芘	0.5	4	2	16

干扰和消除　暂不明确。

方法二：土壤和沉积物　多环芳烃的测定　气相色谱-质谱法 HJ 805－2016

适用范围　本方法适用于土壤和沉积物中 16 种多环芳烃的测定。目标物包括：萘、苊烯、苊、芴、菲、蒽、荧蒽、芘、苯并[a]蒽、䓛、苯并[b]荧蒽、苯并[k]荧蒽、苯并[a]芘、二苯并[a,h]蒽、苯并[g,h,i]芘和茚并[1,2,3-c,d]芘。

方法原理　土壤或沉积物中的多环芳烃采用适合的萃取方法（索氏提取、加压流体萃取等）提取，根据样品基体干扰情况选择合适的净化方法（铜粉脱硫、硅胶层析柱、硅酸镁小柱或凝胶渗透色谱）对提取液净化、浓缩、定容，经气相色谱分离、质谱检测。通过与标准物质质谱图、保留时间、碎片离子质荷比及其丰度比较进行定性，内标法定量。

检出限　当取样量为 20.0 g、浓缩后定容体积为 1.0 mL 时，采用全扫描方式测定，目标物的方法检出限为 0.08~0.17 mg/kg，测定下限为 0.32~0.68 mg/kg，详见表 4－12。

表 4－12　目标物的方法检出限和测定下限

序号	化 合 物	全扫描检测方法	
		检出限/(mg/kg)	测定下限/(mg/kg)
1	萘	0.09	0.36
2	苊烯	0.09	0.36
3	苊	0.12	0.48
4	芴	0.08	0.32
5	菲	0.10	0.40
6	蒽	0.12	0.48

序号	化　合　物	全扫描检测方法	
		检出限/（mg/kg）	测定下限/（mg/kg）
7	荧蒽	0.14	0.56
8	芘	0.13	0.52
9	苯并[a]蒽	0.12	0.48
10	䓛	0.14	0.56
11	苯并[b]荧蒽	0.17	0.68
12	苯并[k]荧蒽	0.11	0.44
13	苯并[a]芘	0.17	0.68
14	茚并[1,2,3-c,d]芘	0.13	0.52
15	二苯并[a,h]蒽	0.13	0.52
16	苯并[g,h,i]芘	0.12	0.48

干扰和消除　暂不明确。

方法三：土壤和沉积物　半挥发性有机物的测定　气相色谱-质谱法　HJ 834－2017

见 4.1.2　16. 1,2-二氯苯、1,4-二氯苯等　方法三。

21. 萘

方法一：土壤和沉积物　挥发性有机物的测定　吹扫捕集/气相色谱-质谱法 HJ 605－2011

见 4.1.2　13. 四氯化碳、氯仿等　方法一。

方法二：土壤和沉积物　挥发性有机物的测定　顶空/气相色谱法　HJ 741－2015

见 4.1.2　13. 四氯化碳、氯仿等　方法五。

方法三：土壤和沉积物　多环芳烃的测定　气相色谱-质谱法　HJ 805－2016

见 4.1.2　20. 苯并[a]芘、苯并[a]蒽等　方法二。

方法四：土壤和沉积物　半挥发性有机物的测定　气相色谱-质谱法　HJ 834－2017

见 4.1.2　16. 1,2-二氯苯、1,4-二氯苯等　方法五。

22. 甲基汞

方法：土壤和沉积物　烷基汞的测定　吹扫捕集/气相色谱原子荧光法

备注　生态环境部监测司 2018 年新立项。

23. 2,4-二氯酚、2,4,6-三氯酚、2,4-二硝基酚、五氯酚

方法一：土壤和沉积物　酚类化合物的测定　气相色谱法 HJ 703 – 2014

见 4.1.2　19. 2-氯酚　方法一。

方法二：土壤和沉积物　半挥发性有机物的测定　气相色谱-质谱法 HJ 834 – 2017

见 4.1.2　16. 1,2-二氯苯、1,4-二氯苯等　方法二。

24. 阿特拉津

方法：土壤和沉积物 11 种三嗪类农药的测定高效液相色谱法 HJ 1052 – 2019

适用范围　本方法适用于土壤和沉积物中西玛津、莠去通、西草净、阿特拉津、仲丁通、扑灭通、莠灭净、扑灭津、特丁津、扑草净和去草净 11 种三嗪类农药的测定。

方法原理　以丙酮-二氯甲烷为提取剂，用索氏提取或加压流体萃取法提取土壤或沉积物中的三嗪类农药，提取液经固相萃取净化、浓缩、定容后用高效液相色谱分离，紫外检测器检测，以保留时间定性，外标法定量。

检出限　当样品量为 10 g、定容体积为 1.0 mL、进样体积为 10 μL 时，11 种三嗪类农药的方法检出限为 0.02 ~ 0.08 mg/kg，测定下限为 0.08 ~ 0.32 mg/kg。详见表 4 – 13。

表 4 – 13　11 种三嗪类农药的方法检出限和测定下限

序号	化合物名称	CAS 号	检出限 /(mg/kg)	测定下限 /(mg/kg)
1	西玛津	122 – 34 – 9	0.02	0.08
2	莠去通	1610 – 17 – 9	0.08	0.32
3	西草净	1014 – 70 – 6	0.03	0.12
4	阿特拉津	1912 – 24 – 9	0.03	0.12
5	仲丁通	26259 – 45 – 0	0.05	0.2
6	扑灭通	1610 – 18 – 0	0.04	0.16
7	莠灭净	834 – 12 – 8	0.05	0.2

序号	化合物名称	CAS 号	检出限 /(mg/kg)	测定下限 /(mg/kg)
8	扑灭津	139 - 40 - 2	0.05	0.2
9	特丁津	5915 - 41 - 3	0.08	0.32
10	扑草净	7287 - 19 - 6	0.03	0.12
11	去草净	886 - 50 - 0	0.04	0.16

干扰和消除 多环芳烃、邻苯二甲酸酯类和酚类等有机化合物对测定可能产生干扰，可通过色谱分离或固相萃取净化等方式消除。

25. 氯丹、硫丹、灭蚁灵

方法一：土壤和沉积物 有机氯农药的测定 气相色谱-质谱法 HJ 835 - 2017

适用范围 本方法适用于土壤和沉积物中 23 种有机氯农药的测定，目标物包括 α -六六六、六氯苯、β -六六六、γ -六六六、δ -六六六、七氯、艾氏剂、环氧化七氯、α -氯丹、α -硫丹、γ -氯丹、狄氏剂、p,p'- DDE、异狄氏剂、β -硫丹、p,p'- DDD、硫丹硫酸酯、异狄氏剂醛、o,p'- DDT、异狄氏剂酮、p,p'- DDT、甲氧滴滴涕、灭蚁灵。如果通过验证，其他有机氯农药也可适用本方法。

方法原理 土壤或沉积物中的有机氯农药采用适合的萃取方法（索氏提取、加压流体萃取等）提取，根据样品基体干扰情况选择合适的净化方法（铜粉脱硫、硅酸镁柱或凝胶渗透色谱），对提取液净化，再浓缩、定容，经气相色谱分离、质谱检测。根据标准物质质谱图、保留时间、碎片离子质荷比及其丰度定性，内标法定量。

检出限 当取样量为 20.0 g、浓缩后定容体积为 1.0 mL 时，采用全扫描方式测定，方法检出限为 0.02~0.09 mg/kg，测定下限为 0.08~0.36 mg/kg，详见表 4 - 14。

表 4 - 14 23 种有机氯农药的方法检出限和测定下限

序 号	化 合 物	全 扫 描	
		检出限/(mg/kg)	测定下限/(mg/kg)
1	α -六六六	0.07	0.28
2	六氯苯	0.03	0.12

续　表

序　号	化　合　物	全　扫　描	
		检出限/（mg/kg）	测定下限/（mg/kg）
3	β-六六六	0.06	0.24
4	γ-六六六	0.06	0.24
5	δ-六六六	0.1	0.4
6	七氯	0.04	0.16
7	艾氏剂	0.04	0.16
8	环氧化七氯	0.09	0.36
9	α-氯丹	0.02	0.08
10	α-硫丹	0.06	0.24
11	γ-氯丹	0.02	0.08
12	狄氏剂	0.02	0.08
13	p,p′-DDE	0.04	0.16
14	异狄氏剂	0.06	0.24
15	β-硫丹	0.09	0.36
16	p,p′-DDD	0.08	0.32
17	硫丹硫酸酯	0.07	0.28
18	异狄氏剂醛	0.08	0.32
19	o,p′-DDT	0.08	0.32
20	异狄氏剂酮	0.05	0.2
21	p,p′-DDT	0.09	0.36
22	甲氧滴滴涕	0.08	0.32
23	灭蚁灵	0.06	0.24

注：试验采用 20 g 空白样品，加压流体萃取、旋转蒸发、氮吹浓缩、凝胶渗透色谱等前处理方法。

干扰和消除　暂不明确。

方法二：土壤和沉积物　有机氯农药的测定　气相色谱法 HJ 921-2017

适用范围　本方法适用于土壤和沉积物中 α-六六六、六氯苯、γ-六六六、

β-六六六、δ-六六六、硫丹 I、艾氏剂、硫丹 II、环氧七氯、外环氧七氯、o,p'-滴滴伊、γ-氯丹、α-氯丹、反式-九氯、p,p'-滴滴伊、o,p'-滴滴滴、狄氏剂、异狄氏剂、o,p'-滴滴涕、p,p'-滴滴滴、顺式-九氯、p,p'-滴滴涕、灭蚁灵等 23 种有机氯农药的测定。其他有机氯农药若通过验证，也可采用本方法测定。

方法原理 土壤或沉积物中的有机氯农药经提取、净化、浓缩、定容后，用具电子捕获检测器的气相色谱检测。根据保留时间定性，外标法定量。

检出限 当取样量为 10.0 g 时，23 种有机氯农药的方法检出限为 0.04 ~ 0.09 μg/kg，测定下限为 0.16 ~ 0.36 μg/kg，详见表 4-15。

表 4-15 23 种有机氯农药的方法检出限和测定下限

序号	化合物名称	CAS 号	检出限 /(μg/kg)	测定下限 /(μg/kg)
1	α-六六六	319-84-6	0.06	0.24
2	六氯苯	118-74-1	0.07	0.28
3	γ-六六六	58-89-9	0.06	0.24
4	β-六六六	319-85-7	0.05	0.2
5	δ-六六六	319-86-8	0.06	0.24
6	硫丹 I	959-98-8	0.07	0.28
7	艾氏剂	309-00-2	0.09	0.36
8	硫丹 II	33213-65-9	0.05	0.2
9	环氧七氯	1024-57-3	0.05	0.2
10	外环氧七氯	28044-83-9	0.06	0.24
11	o,p'-滴滴伊	3424-82-6	0.06	0.24
12	α-氯丹	5103-71-9	0.05	0.2
13	γ-氯丹	5103-74-2	0.05	0.2
14	反式-九氯	39765-80-5	0.05	0.2
15	p,p'-滴滴伊	72-55-9	0.05	0.2
16	o,p'-滴滴滴	53-19-0	0.06	0.24
17	狄氏剂	60-57-1	0.04	0.16
18	异狄氏剂	72-20-8	0.07	0.28

续　表

序号	化合物名称	CAS 号	检出限 /（μg/kg）	测定下限 /（μg/kg）
19	o,p'-滴滴涕	789 - 02 - 6	0.09	0.36
20	p,p'-滴滴滴	72 - 54 - 8	0.06	0.24
21	顺式-九氯	5103 - 73 - 1	0.05	0.2
22	p,p'-滴滴涕	50 - 29 - 3	0.06	0.24
23	灭蚁灵	2385 - 85 - 5	0.07	0.28

干扰和消除　暂不明确。

26. p,p'-滴滴滴、p,p'-滴滴伊、滴滴涕、α-六六六、β-六六六、γ-六六六

方法一：土壤质量　六六六和滴滴涕的测定　气相色谱法 GB/T 14550 - 2003

适用范围　本方法适用于土壤样品中有机氯农药残留量的分析。

方法原理　土壤样品中的六六六和滴滴涕农药残留量分析采用有机溶剂提取，经液、液分配及浓硫酸净化或柱层析净化除去干扰物质，用电子捕获检测器（ECD）检测，根据色谱峰的保留时间定性，外标法定量。

检出限　最小检测浓度为 $0.49 \times 10^{-4} \sim 4.87 \times 10^{-4}$ mg/kg，详见表 4-16。

表 4-16　检测限（土壤）

农药名称	最小检测量/g	最小检测浓度/（mg/kg）
α - BHC	3.75×10^{-12}	0.49×10^{-4}
β - BHC	3.73×10^{-12}	0.80×10^{-4}
γ - BHC	1.18×10^{-12}	0.74×10^{-4}
δ - BHC	9.79×10^{-12}	0.18×10^{-3}
p,p' - DDE	1.76×10^{-12}	0.17×10^{-3}
o,p' - DDT	7.56×10^{-12}	1.90×10^{-3}
p,p' - DDD	5.57×10^{-12}	0.48×10^{-3}
p,p' - DDT	1.47×10^{-12}	4.87×10^{-3}

干扰和消除　暂不明确。

方法二：土壤和沉积物　有机氯农药的测定　气相色谱-质谱法 HJ 835 - 2017

见 4.1.2 26. 氯丹、硫丹 方法一。

方法三：土壤和沉积物 有机氯农药的测定 气相色谱法 HJ 921 - 2017

见 4.1.2 26. 氯丹、硫丹 方法二。

27. 敌敌畏、乐果

方法：土壤和沉积物 有机磷类和拟除虫菊酯类等 47 种农药的测定 气相色谱-质谱法 HJ 1023 - 2019

适用范围 本方法适用于土壤和沉积物中有机磷类、拟除虫菊酯类等 47 种农药的测定。

方法原理 土壤和沉积物中的有机磷类和拟除虫菊酯类农药，用正己烷/丙酮混合溶剂提取，提取液经净化、浓缩、定容后，用气相色谱分离，质谱检测。根据保留时间、碎片离子质荷比及其丰度比定性，内标法定量。

检出限 当取样量为 10.0 g、定容体积为 1.0 mL、采用选择离子扫描定量时，本方法的检出限为 0.2~0.8 mg/kg，测定下限为 0.8~3.2 mg/kg，详见表 4 - 17。

表 4 - 17 47 种农药的方法检出限和测定下限

序号	化 合 物	英 文 名 称	CAS 号	检出限 /（mg/kg）	测定下限 /（mg/kg）
1	反式丙烯菊酯	s - Bioallethrin	28434 - 00 - 6	0.2	0.8
2	联苯菊酯	Bifenthrin	82657 - 04 - 3	0.2	0.8
3	胺菊酯	Tetramethrin	7696 - 12 - 0	0.2	0.8
4	甲氰菊酯	Fenpropathrin	39515 - 41 - 8	0.2	0.8
5	除虫菊酯	Pyrethrins	8003 - 34 - 7	0.8	3.2
6	氯菊酯	Permethrin	52645 - 53 - 1	0.2	0.8
7	顺式氯氟氰菊酯	l - Cyhalothrin	91465 - 08 - 6	0.2	0.8
8	氯氰菊酯	Cypermethrin	52315 - 07 - 8	0.5	2
9	氰戊菊酯	Fenvalerate	51630 - 58 - 1	0.4	1.6
10	溴氰菊酯	Deltamethrin	52918 - 63 - 5	0.8	3.2
11	敌敌畏	Dichlorvos	62 - 73 - 7	0.3	1.2
12	速灭磷	Mevinphos	7786 - 34 - 7	0.4	1.6
13	内吸磷（O+S）	Demeton（O+S）	8065 - 48 - 3	0.3	1.2

续　表

序号	化 合 物	英 文 名 称	CAS 号	检出限 /（mg/kg）	测定下限 /（mg/kg）
14	虫线磷	Thionazin	297 - 97 - 2	0.5	2
15	灭克磷	Ethoprop	13194 - 48 - 4	0.2	0.8
16	甲拌磷	Phorate	298 - 02 - 2	0.4	1.6
17	治螟磷	Sulfotep	3689 - 24 - 5	0.2	0.8
18	二嗪农	Diazinon	333 - 41 - 5	0.3	1.2
19	乙拌磷	Disulfoton	298 - 04 - 4	0.3	1.2
20	乐果	Dimethoate	60 - 51 - 5	0.6	2.4
21	皮蝇磷	Ronnel	299 - 84 - 3	0.2	0.8
22	毒死蜱	Chlorpyrifos	2921 - 88 - 2	0.2	0.8
23	甲基对硫磷	Methyl parathion	298 - 00 - 0	0.3	1.2
24	毒壤磷	Trichloronate	327 - 98 - 0	0.2	0.8
25	安硫磷	Formothion	2540 - 82 - 1	0.6	2.4
26	倍硫磷	Fenthion	55 - 38 - 9	0.2	0.8
27	马拉硫磷	Malathion	121 - 75 - 5	0.3	1.2
28	粉锈宁	Triadimefon	43121 - 43 - 3	0.3	1.2
29	对硫磷	Parathion	56 - 38 - 2	0.4	1.6
30	育畜磷	Crufomate	299 - 86 - 5	0.6	2.4
31	甲拌磷砜	Phorate sulfone	2588 - 04 - 7	0.3	1.2
32	灭蚜磷	Mecarbam	2595 - 54 - 2	0.4	1.6
33	丙硫磷	Tokuthion	34643 - 46 - 4	0.2	0.8
34	脱叶亚磷	Merphos	150 - 50 - 5	0.4	1.6
35	杀虫畏	Tetrachlorvinphos	22248 - 79 - 9	0.3	1.2
36	地胺磷	Mephosfolan	950 - 10 - 7	0.4	1.6
37	三硫磷	Carbophenothion	786 - 19 - 6	0.3	1.2
38	增效醚	Piperonyl butoxide	51 - 03 - 6	0.3	1.2

序号	化 合 物	英 文 名 称	CAS 号	检出限 /(mg/kg)	测定下限 /(mg/kg)
39	氟虫腈	Fipronil	120068 – 37 – 3	0.3	1.2
40	丰索磷	Fensulfothion	115 – 90 – 2	0.4	1.6
41	倍硫磷砜	Fenthione sulfone	3761 – 42 – 0	0.3	1.2
42	硫丹硫酸酯	Endosulfan sulfate	1031 – 07 – 8	0.3	1.2
43	溴螨酯	Bromopropylate	18181 – 80 – 1	0.3	1.2
44	溴苯磷	Leptophos	21609 – 90 – 5	0.3	1.2
45	苯硫磷	EPN	2104 – 64 – 5	0.4	1.6
46	吡唑硫磷	Pyraclofos	77458 – 01 – 6	0.3	1.2
47	蝇毒磷	Coumaphos	56 – 72 – 4	0.4	1.6

干扰和消除 暂不明确。

28. 七氯

方法：土壤和沉积物 有机氯农药的测定 气相色谱-质谱法 HJ 835 – 2017

见 4.1.2 26. 氯丹、硫丹 方法一。

29. 六氯苯

方法一：土壤和沉积物 半挥发性有机物的测定 气相色谱-质谱法 HJ 834 – 2017

见 4.1.2 16. 1,2 -二氯苯、1,4 -二氯苯等 方法五。

方法二：土壤和沉积物 有机氯农药的测定 气相色谱-质谱法 HJ 835 – 2017

见 4.1.2 26. 氯丹、硫丹 方法一。

方法三：土壤和沉积物 有机氯农药的测定 气相色谱法 HJ 921 – 2017

见 4.1.2 26. 氯丹、硫丹 方法二。

30. 多氯联苯（总量）、3,3′,4,4′,5 -五氯联苯（PCB 126）、3,3′,4,4′,5,5′-六氯联苯（PCB 169）

方法一：土壤和沉积物 多氯联苯的测定 气相色谱-质谱法 HJ 743 – 2015

适用范围 本方法适用于土壤和沉积物中 7 种指示性多氯联苯和 12 种共平

面多氯联苯的测定。其他多氯联苯如果通过验证也可用本方法测定。

方法原理　采用合适的萃取方法（微波萃取、超声波萃取等）提取土壤或沉积物中的多氯联苯，根据样品基体干扰情况选择合适的净化方法（浓硫酸磺化、铜粉脱硫、弗罗里硅土柱、硅胶柱等凝胶渗透净化小柱），对提取液净化、浓缩、定容后，用气相色谱-质谱仪分离、检测，内标法定量。

检出限　当取样量为 10.0 g、采用选择的离子扫描模式时，多氯联苯的方法检出限为 0.4~0.6 μg/kg，测定下限为 1.6~2.4 μg/kg，详见表 4-18。

表 4-18　多氯联苯的方法检出限和测定下限

序号	目标物中文名称	目标物简称	检出限/(μg/kg)	测定下限/(μg/kg)
1	2,4,4′-三氯联苯*	PCB 28	0.4	1.6
2	2,2′,5,5′-四氯联苯*	PCB 52	0.4	1.6
3	2,2′,4,5,5′-五氯联苯*	PCB 101	0.6	2.4
4	3,4,4′,5-四氯联苯	PCB81	0.5	2.0
5	3,3′,4,4′-四氯联苯	PCB 77	0.5	2.0
6	2′,3,4,4′,5-五氯联苯	PCB 123	0.5	2.0
7	2,3′,4,4′,5-五氯联苯**	PCB 118	0.6	2.4
8	2,3,4,4′,5-五氯联苯	PCB 114	0.5	2.0
9	2,2′,4,4′,5,5′-六氯联苯*	PCB 153	0.6	2.4
10	2,3,3′,4,4′-五氯联苯	PCB 105	0.4	1.6
11	2,2′,3,4,4′,5′-六氯联苯*	PCB 138	0.4	1.6
12	3,3′,4,4′,5-五氯联苯	PCB 126	0.5	2.0
13	2,3′,4,4′,5,5′-六氯联苯	PCB 167	0.4	1.6
14	2,3,3′,4,4′,5-六氯联苯	PCB 156	0.4	1.6
15	2,3,3′,4,4′,5′-六氯联苯	PCB 157	0.4	1.6
16	2,2′,3,4,4′,5,5′-七氯联苯*	PCB 180	0.6	2.4
17	3,3′,4,4′,5,5′-六氯联苯	PCB 169	0.5	2.0
18	2,3,3′,4,4′,5,5′-七氯联苯	PCB 189	0.4	1.6

注："*"为指示性多氯联苯；未标识为共平面多氯联苯；"* *"既为指示性多氯联苯，又为共平面多氯联苯。

干扰和消除 暂不明确。

方法二：土壤和沉积物 多氯联苯混合物的测定 气相色谱法 HJ 890 - 2017

适用范围 本方法适用于土壤和沉积物中 PCB1221、PCB1242、PCB1248、PCB1254 和 PCB1260 共 5 种多氯联苯工业品的测定，其他多氯联苯工业品若通过验证也可用本方法测定。

方法原理 土壤和沉积物样品中的多氯联苯用有机溶剂提取，提取液经浓硫酸、硅胶柱净化，浓缩定容后用气相色谱分离，电子捕获检测器检测。通过样品色谱峰的保留时间和峰形与标准样品进行比对定性，选择 5~10 个特征识别峰，用外标法定量。

检出限 当取样量为 5 g、定容体积为 1.0 mL 时，本方法测定 5 种多氯联苯工业品的检出限为 5 μg/kg，测定下限为 20 μg/kg。

干扰和消除 土壤和沉积物中可能存在的六六六、有机磷农药、含氧化合物等不会干扰 PCBs 的测定。浓度大于 5 μg/kg 的 DDE、DDD 和 DDE 会干扰定量，在选择特征识别峰时须避开这些化合物的出峰时间。

方法三：土壤和沉积物 多氯联苯的测定 气相色谱法 HJ 922 - 2017

适用范围 本方法适用于土壤和沉积物中 7 种指示性多氯联苯和 12 种共平面多氯联苯的测定。其他多氯联苯如果通过验证也可用本方法测定。

方法原理 土壤或沉积物中的多氯联苯（PCBs）经提取、净化、浓缩、定容后，用具电子捕获检测器的气相色谱检测。根据保留时间定性，外标法定量。

检出限 当取样量为 10.0 g 时，多氯联苯的方法检出限为 0.03~0.07 μg/kg，测定下限为 0.12~0.28 μg/kg，详见表 4 - 19。

表 4 - 19 多氯联苯的方法检出限和测定下限

序号	化 合 物 名 称	简 称	CAS 号	检出限 /(μg/kg)	测定下限 /(μg/kg)
1	2,4,4′-三氯联苯	PCB28	7012 - 37 - 5	0.04	0.16
2	2,2′,5,5′-四氯联苯	PCB52	35693 - 99 - 3	0.05	0.20
3	2,2′,4,5,5′-五氯联苯	PCB101	37680 - 73 - 2	0.04	0.16
4	3,4,4′,5-四氯联苯	PCB81	70362 - 50 - 4	0.05	0.20
5	3,3′,4,4′-四氯联苯	PCB77	32598 - 13 - 3	0.05	0.20
6	2′,3,4,4′,5-五氯联苯	PCB123	65510 - 44 - 3	0.04	0.16

续　表

序号	化　合　物　名　称	简　称	CAS 号	检出限/(μg/kg)	测定下限/(μg/kg)
7	2,3′,4,4′,5-五氯联苯	PCB118	31508-00-6	0.04	0.16
8	2,3,4,4′,5-五氯联苯	PCB114	74472-37-0	0.06	0.24
9	2,2′,4,4′,5,5′-六氯联苯	PCB153	36065-27-1	0.07	0.28
10	2,3,3′,4,4′-五氯联苯	PCB105	32598-14-4	0.04	0.16
11	2,2′,3,4,4′,5′-六氯联苯	PCB138	35065-28-2	0.04	0.16
12	3,3′,4,4′,5-五氯联苯	PCB126	57465-28-8	0.04	0.16
13	2,3′,4,4′,5,5′-六氯联苯	PCB167	52663-72-6	0.04	0.16
14	2,3,3′,4,4′,5-六氯联苯	PCB156	38380-08-4	0.04	0.16
15	2,3,3′,4,4′,5′-六氯联苯	PCB157	69782-90-7	0.04	0.16
16	2,2′,3,4,4′,5,5′-七氯联苯	PCB180	35065-29-3	0.04	0.16
17	3,3′,4,4′,5,5′-六氯联苯	PCB169	32774-16-6	0.04	0.16
18	2,3,3′,4,4′,5,5′-七氯联苯	PCB189	39635-31-9	0.03	0.12

干扰和消除　暂不明确。

31. 二噁英（总毒性当量）

方法：土壤和沉积物　二噁英类的测定　同位素稀释高分辨气相色谱-高分辨质谱法　HJ 77.4-2008

适用范围　本方法适用于全国区域土壤背景、农田土壤环境、建设项目土壤环境评价、土壤污染事故以及河流、湖泊与海洋沉积物的环境调查中的二噁英类分析。

方法原理　本方法采用同位素稀释高分辨气相色谱-高分辨质谱法测定土壤及沉积物中的二噁英类，规定了土壤及沉积物中二噁英类的采样、样品处理及仪器分析等过程的标准操作程序以及整个分析过程的质量管理措施。按相应采样规范采集样品并干燥。加入提取内标后使用盐酸处理。分别对盐酸处理液和盐酸处理后样品进行液液萃取和索氏提取，萃取液和提取液溶剂置换为正己烷后合并，进行净化、分离及浓缩操作。加入进样内标后使用高分辨色谱-高分辨质谱法（HRGC—HRMS）进行定性和定量分析。

检出限 方法检出限取决于所使用的分析仪器的灵敏度、样品中的二噁英质量分数以及干扰水平等多种因素。2,3,7,8 - T4DD 仪器检出限应低于 0.1 pg，当土壤沉积物取样量为 100 g 时，本方法对 2,3,7,8 - T4DD 的最低检出限应低于 0.05 ng/kg。

干扰和消除 暂不明确。

32. 多溴联苯（总量）

暂无方法。

33. 石油烃（$C_{10} - C_{40}$）

方法： 土壤和沉积物 石油烃（$C_{10} - C_{40}$）的测定 气相色谱法 HJ 1021 - 2019

适用范围 本方法适用于土壤和沉积物中石油烃（$C_{10} - C_{40}$）的测定。

方法原理 土壤和沉积物中的石油烃（$C_{10} - C_{40}$）经提取、净化、浓缩、定容后，用带氢火焰离子化检测器（FID）的气相色谱仪检测，根据保留时间窗定性，外标法定量。

检出限 当取样量为 10.0 g、定容体积为 1.0 mL、进样体积为 1.0 μL 时，本标准测定石油烃（$C_{10} - C_{40}$）的方法检出限为 6 mg/kg，测定下限为 24 mg/kg。

干扰和消除 暂不明确。

4.2 地 下 水

4.2.1 监测指标

《地下水质量标准》（GB 14848 - 2017）中控制因子有 93 个，见表 4 - 20。

表 4 - 20 地下水质量标准中控制因子列表

序号	污 染 物	序号	污 染 物	序号	污 染 物
1	色（铂钴色度单位）	7	溶解性总固体	13	锌
2	嗅和味	8	硫酸盐	14	铝
3	浑浊度/NTU	9	氯化物	15	挥发性酚类
4	肉眼可见物	10	铁	16	阴离子表面活性剂
5	pH	11	锰	17	耗氧量
6	总硬度	12	铜	18	氨氮

续 表

序号	污 染 物	序号	污 染 物	序号	污 染 物
19	硫化物	45	三氯甲烷	71	荧蒽
20	钠	46	四氯化碳	72	苯并［b］荧蒽
21	总大肠菌群	47	苯	73	苯并［a］芘
22	菌落总数	48	甲苯	74	多氯联苯（总量）
23	亚硝酸盐（以 N 计）	49	二氯甲烷	75	邻苯二甲酸二（2 - 乙基己基）酯
24	硝酸盐（以 N 计）	50	1,2 - 二氯乙烷		
25	氰化物	51	1,1,1 - 三氯乙烷	76	2,4,6 - 三氯酚
26	氟化物	52	1,1,2 - 三氯乙烷	77	五氯酚
27	碘化物	53	1,2 - 二氯丙烷	78	六六六（总量）
28	汞	54	三溴甲烷	79	γ - 六六六（林丹）
29	砷	55	氯乙烯	80	滴滴涕（总量）
30	硒	56	1,1 - 二氯乙烯	81	六氯苯
31	镉	57	1,2 - 二氯乙烯	82	七氯
32	铬（六价）	58	三氯乙烯	83	2,4 - 滴
33	铅	59	四氯乙烯	84	克百威
34	总 α 放射性	60	氯苯	85	涕灭威
35	总 β 放射性	61	邻二氯苯	86	敌敌畏
36	铍	62	对二氯苯	87	甲基对硫磷
37	硼	63	三氯苯	88	马拉硫磷
38	锑	64	乙苯	89	乐果
39	钡	65	二甲苯（总量）	90	毒死蜱
40	镍	66	苯乙烯	91	百菌清
41	钴	67	2,4 - 二硝基甲苯	92	莠去津
42	钼	68	2,6 - 二硝基甲苯	93	草甘膦
43	铊	69	萘		
44	银	70	蒽		

4.2.2 监测方法

1. 色

方法一：水质 色度的测定 GB 11903－1989

见 2.2.1 2. 色度铂钴比色法方法。

方法二：生活饮用水标准检验方法 感官性状和物理指标 1.1 铂-钴标准比色法 GB/T 5750.4－2006

适用范围 本方法适用于生活饮用水及其水源水中色度的测定。

方法原理 用氯铂酸钾和氯化钴配制成与天然水黄色色调相似的标准色列，用于水样目视比色测定。规定 1 mg/L 铂（以 $PtCl_6^{2-}$ 形式存在）所具有的颜色作为 1 个色度单位，称为 1 度。即使轻微的浑浊度也干扰测定，浑浊水样测定时须先离心使之清澈。

检出限 水样不经稀释，本方法最低检测色度为 5 度，测定范围为 5~50 度。

干扰和消除 测定前应除去水中的悬浮物。

2. 嗅和味

方法：生活饮用水标准检验方法 感官性状和物理指标 3 嗅气和尝味法 GB/T 5750.4－2006

适用范围 本方法适用于生活饮用水及其水源水中嗅和味的测定。

干扰和消除 暂不明确。

3. 浑浊度/NTU

方法：生活饮用水标准检验方法 感官性状和物理指标 2 浑浊度 GB/T 5750.4－2006

A：散射法——福尔马肼标准

适用范围 本方法适用于生活饮用水及其水源水中浑浊度的测定。

方法原理 在相同条件下用福尔马肼标准混悬液散射光的强度和水样散射光的强度进行比较。散射光的强度越大，表示浑浊度越高。

检出限 本方法最低检测浑浊度为 0.5，散射浊度单位（NTU）。

干扰和消除 暂不明确。

B：目视比浊法——福尔马肼标准

适用范围 本方法适用于生活饮用水及其水源水中浑浊度的测定。

方法原理 硫酸肼与环六亚甲基四胺在一定温度下可聚合生成一种白色的高

分子化合物，可用作浑浊度标准，用目视比浊法测定水样的浑浊度。

检出限　本方法最低检测浑浊度为 1，散射浊度单位（NTU）。

干扰和消除　暂不明确。

4. 肉眼可见物

方法：生活饮用水标准检验方法　感官性状和物理指标　4 直接观察法 GB／T 5750.4 - 2006

适用范围　本方法适用于生活饮用水及其水源水中肉眼可见物的测定。

干扰和消除　暂不明确。

5. pH

方法一：水质　pH 的测定　玻璃电极法 GB 6920 - 1986

见 2.2.1　1. pH 测定方法。

方法二：生活饮用水标准检验方法　感官性状和物理指标　5.1 玻璃电极法 GB／T 5750.4 - 2006

适用范围　本方法适用于饮用水及其水源水中 pH 的测定。

方法原理　以玻璃电极为指示电极，饱和甘汞电极为参比电极，插入溶液中组成原电池。当氢离子浓度发生变化时，玻璃电极和甘汞电极之间的电动势也随之变化，在 25℃ 时，每单位 pH 标度相当于 59.1 mV 电动势变化值，在仪器上直接以 pH 的读数表示。在仪器上有温度差异补偿装置。

检出限　用本方法测定 pH 可准确到 0.01。

干扰和消除　水的色度、浑浊度、游离氯、氧化剂、还原剂、较高含盐量均不干扰测定，但在较强的碱性溶液中，当有大量钠离子存在时会产生误差，使读数偏低。

6. 总硬度

方法一：水质　钙和镁总量的测定　EDTA 滴定法 GB 7477 - 1987

适用范围　本标准规定用 EDTA 滴定法测定地下水和地面水中钙和镁的总量。本方法不适用于含盐量高的水，诸如海水。

方法原理　在 pH 为 10 的条件下，用 EDTA 溶液络合滴定钙和镁离子。铬黑 T 作指示剂，与钙和镁生成紫红或紫色溶液。滴定中，游离的钙和镁离子首先与 EDTA 反应，跟指示剂络合的钙和镁离子随后与 EDTA 反应，到达终点时溶液的颜色由紫变为天蓝色。

检出限　本方法测定的最低浓度为 0.05 mmol／L。

干扰和消除 如试样含铁离子为 30 mg/L 或以下，在临滴定前加入 250 mg 氰化钠，或数毫升三乙醇胺掩蔽。氰化物使锌、铜、钴的干扰减至最小。加氰化物前必须保证溶液呈碱性。

试样如含正磷酸盐和碳酸盐，在滴定的 pH 条件下，可能使钙生成沉淀，一些有机物可能干扰测定。

如上述干扰未能消除，或存在铝、钡、铅、锰等离子干扰时，须改用原子吸收法测定。

方法二：生活饮用水标准检验方法 感官性状和物理指标 7.1 乙二胺四乙酸二钠滴定法 GB/T 5750.4 - 2006

适用范围 本方法适用于生活饮用水及其水源水总硬度的测定。

方法原理 水样中的钙、镁离子与铬黑 T 指示剂形成紫红色螯合物，这些螯合物的不稳定常数大于乙二胺四乙酸钙和镁螯合物的不稳定常数。当 pH = 10 时，乙二胺四乙酸二钠先与钙离子，再与镁离子形成螯合物，滴定至终点时，溶液呈现出铬黑 T 指示剂的纯蓝色。

检出限 本方法最低检测质量 0.5 mg，若取 50 mL 水样测定，则最低检测质量浓度为 1.0 mg/L。

干扰和消除 本方法主要干扰元素铁、锰、铝、铜、镍、钴等金属离子能使指示剂褪色或终点不明显。硫化钠及氰化钾可隐蔽重金属的干扰，盐酸羟胺可使高铁离子及高价锰离子还原为低价离子而消除其干扰。

由于钙离子与铬黑 T 指示剂在滴定到达终点时的反应不能呈现出明显的颜色转变，所以当水样中镁含量很少时，需要加入已知量的镁盐，使滴定终点颜色转变清晰，在计算结果时，再减去加入的镁盐量，或者在缓冲溶液中加入少量 MgEDTA，以保证明显的终点。

7. 溶解性总固体

方法：生活饮用水标准检验方法 感官性状和物理指标 8.1 称量法 GB/T 5750.4 - 2006

适用范围 本方法适用于生活饮用水及其水源水中溶解性总固体的测定。

方法原理 水样经过滤后，在一定温度下烘干，所得的固体残渣称为溶解性总固体，包括不易挥发的可溶性盐类、有机物及能通过滤器的不溶性微粒等。

烘干温度一般采用 $(105±3)℃$，但 $105℃$ 的烘干温度不能彻底除去高矿化水样中盐类所含的结晶水。采用 $(180±3)℃$ 的烘干温度，可得到较为准确的结果。

干扰和消除　当水样的溶解性总固体中含有多量氯化钙、硝酸钙、氯化镁、硝酸镁时，由于这些化合物具有强烈的吸湿性使称量不能恒定质量。此时可在水中加入适量碳酸钠溶液予以改进。

8. 硫酸盐

方法一：生活饮用水标准检验方法　无机非金属指标　1.1 硫酸钡比浊法 GB/T 5750.5 – 2006

适用范围　本方法适用于生活饮用水及其水源水中可溶性硫酸盐的测定。

方法原理　水中硫酸盐和钡离子生成硫酸钡沉淀，形成浑浊，其浑浊程度和水样中硫酸盐含量成正比。

检出限　本方法最低检测质量为 0.25 mg，若取 50 mL 水样测定，则最低检测质量浓度为 5.0 mg/L。

干扰和消除　本方法适用于测定低于 40 mg/L 硫酸盐的水样。搅拌速度、时间、温度及试剂加入方式均能影响比浊法的测定结果，因此要求严格控制操作条件的一致。

方法二：生活饮用水标准检验方法　无机非金属指标　1.2 离子色谱法 GB/T 5750.5 – 2006

适用范围　本方法适用于生活饮用水及其水源水中可溶性氟化物、氯化物、硝酸盐和硫酸盐的含量。

方法原理　水样中待测阴离子随碳酸盐-重碳酸盐淋洗液进入离子交换柱系统（由保护柱和分离柱组成），根据分离柱对各阴离子的不同的亲和度进行分离，已分离的阴离子流经阳离子交换柱或抑制器系统转换成具高电导度的强酸，淋洗液则转变为弱电导度的碳酸。由电导检测器测量各阴离子组分的电导率，以相对保留时间和峰高或面积定性和定量。

检出限　本方法最低检测质量浓度决定于不同进样量和检测器灵敏度，一般情况下，进样 50 μL，电导检测器量程为 10 μS 时适宜的检测范围为：0.1 ~ 1.5 mg/L（以 F^- 计）；0.15 ~ 2.5 mg/L（以 Cl^- 和 $NO_3^- – N$ 计）；0.75 ~ 12 mg/L（以 SO_4^{2-} 计）。

干扰和消除　水样中存在较高浓度的低相对分子质量有机酸时，由于其保留时间与被测组分相似而干扰测定，用加标后测量可以帮助鉴别此类干扰，水样中某一阴离子含量过高时，将影响其他被测离子的分析，将样品稀释可以改善此类干扰。

不同浓度离子同时分析时的相互干扰，或存在其他组分干扰时可采取水样预浓缩，梯度淋洗或将流出液分部收集后再进行的方法消除干扰，但必须对所采取的方法的精密度及偏性进行确认。

方法三：生活饮用水标准检验方法　无机非金属指标　1.5 硫酸钡烧灼称量法　GB/T 5750.5 - 2006

适用范围　本方法适用于生活饮用水及其水源水中可溶性硫酸盐的测定。

方法原理　硫酸盐和氯化钡在强酸性的盐酸溶液中生成白色硫酸钡沉淀，经陈化后过滤，洗涤沉淀至滤液不含氯离子，灼烧至恒重，根据硫酸钡质量计算硫酸盐的质量浓度。

检出限　本方法最低检测质量为 5 mg，若取 500 mL 水样测定，则最低检测质量浓度为 10 mg/L。

干扰和消除　水中悬浮物、二氧化硅、水样处理过程中形成的不溶性硅酸盐及由亚硫酸盐氧化形成的硫酸盐，因操作不当包埋在硫酸钡沉淀中的氯化钡、硝酸钡等可造成测定结果的偏高。铁和铬影响硫酸钡的完全沉淀使结果偏低。

方法四：水质　无机阴离子（F^-、Cl^-、NO_2^-、Br^-、NO_3^-、PO_4^{3-}、SO_3^{2-}、SO_4^{2-}）的测定　离子色谱法　HJ 84 - 2016

见 2.2.2　4. 氯化物、活性氯、氯离子　方法二。

9. 氯化物

方法一：水质　氯化物的测定　硝酸银滴定法　GB 11896 - 1989

见 2.2.2　4. 氯化物、活性氯、氯离子　方法一。

方法二：生活饮用水标准检验方法　无机非金属指标　1.2 离子色谱法　GB/T 5750.5 - 2006

见 4.2.2　8. 硫酸盐　方法二。

方法三：水质　无机阴离子（F^-、Cl^-、NO_2^-、Br^-、NO_3^-、PO_4^{3-}、SO_3^{2-}、SO_4^{2-}）的测定　离子色谱法　HJ 84 - 2016

见 2.2.2　4. 氯化物、活性氯、氯离子　方法二。

方法四：水质　氯化物的测定　硝酸汞滴定法（试行）HJ/T 343 - 2007

见 2.2.2　4. 氯化物、活性氯、氯离子　方法三。

10. 铁

方法一：水质　铁、锰的测定　火焰原子吸收分光光度法　GB 11911 - 1989

见 2.2.4　13. 总锰　方法二。

方法二：生活饮用水标准检验方法　金属指标　1.4 电感耦合等离子体发射光谱法 GB/T 5750.6-2006

适用范围　本方法适用于生活饮用水及其水源水中的铝、锑、砷、钡、铍、硼、镉、钙、铬、钴、铜、铁、铅、锂、镁、锰、钼、镍、钾、硒、硅、银、钠、锶、铊、钒和锌含量的测定。

方法原理　ICP 源是由离子化的氩气流组成，氩气经电磁波为 27.1 MHz 射频磁场离子化。磁场通过一个绕在石英炬管上的水冷却线圈得以维持，离子化的气体被定义为等离子体。样品气溶胶是由一个合适的雾化器和雾室产生并通过安装在炬管上的进样管引入等离子体。样品气溶胶直接进入 ICP 源，温度大约为 6 000~80 000 K。由于温度很高，样品分子几乎完全解离，从而大大降低了化学干扰。此外，等离子体的高温使原子发射更为有效，原子的高电离度减少了离子发射谱线。可以说 ICP 提供了一个典型的"细"光源，它没有自吸现象，除非样品浓度很高。许多元素的动态线性范围达 4 至 6 个数量级。

ICP 的高激活效率使许多元素有较低的最低检测质量浓度。这一特点与较宽的动态线性范围使金属多元素测定成为可能。ICP 发出的光可聚集在单色器和复色器的入口狭缝，散射。用光电倍增管测定光谱强度时，精确调节出口狭缝可用于分离发射光谱部分。单色器一般用一个出口狭缝或光电倍增管，还可以使用计算机控制的示值读数系统同时监测所有检测的波长。这一方法提供了更大的波长范围，同时此方法也增大了样品量。

检出限　本方法对各种元素的最低检测质量浓度、所用测量波长见表 4-21。

表 4-21　推荐的波长、最低检测质量浓度

元　素	波长/nm	最低检测质量浓度/(μg/L)	元　素	波长/nm	最低检测质量浓度/(μg/L)
铝	308.22	40	钙	317.93	11
锑	206.83	30	铬	267.72	19
砷	193.70	35	钴	228.62	2.5
钡	455.40	1	铜	324.75	9
铍	313.04	0.2	铁	259.94	4.5
硼	249.77	11	铅	220.35	20
镉	226.50	4	锂	670.78	1

元　素	波长/nm	最低检测质量浓度/(μg/L)	元　素	波长/nm	最低检测质量浓度/(μg/L)
镁	279.08	13	银	328.07	13
锰	257.61	0.5	钠	589.00	5
钼	202.03	8	锶	407.77	0.5
镍	231.60	6	铊	190.86	40
钾	766.49	20	钒	292.40	5
硒	196.03	50	锌	213.86	1
硅（SiO_2）	212.41	20			

干扰和消除

A：光谱干扰

来自谱源的光发射产生的干扰要比关注的元素对净信号强度的贡献大。光谱干扰包括谱线直接重叠、强谱线的拓宽、复合原子-离子的连续发射、分子带发射、高浓度时元素发射产生的光散射。要避免谱线重叠可以选择适宜的分析波长。避免或减少其他光谱干扰，可用正确的背景校正。元素线区域波长扫描对于可能存在的光谱干扰和背景校正位置的选择都是有用的。要校正残存的光谱干扰可用经验决定校正系数和光谱制造厂家提供的计算机软件共同作用或用下面详述的方法。如果分析线不能准确分开，则经验校正方法不能用于扫描光谱仪系统。此外，如果使用复色器，因为检测器中没有通道设置，所以可以证明样品中某一元素光谱干扰的存在。要做到这一点，可分析浓度为 100 mg/L 的单一元素溶液，注意每个元素通道，干扰物质的浓度是否明显大于元素的仪器最低检测质量浓度。

B：非光谱干扰

（1）物理干扰是指与样品雾化和迁移有关的影响。样品物理性质方面的变化，如黏度、表面张力，可引起较大的误差，这种情况一般发生在样品中酸含量为 10%（体积）或所用的标准校准溶液酸含量不大于 5%，或溶解性固体大于 1 500 mg/L。无论何时遇到一个新的或不常见的样品基体，要用方法中 1.4.5 步骤检测。物理干扰的存在一般通过稀释样品，使用基体匹配的标准校准溶液或标准加入法进行补偿。

溶解性固体含量高，则盐在雾化器气孔尖端上沉积，导致仪器基线漂移。可用潮湿的氩气使样品雾化，减少这一问题。使用质量流速控制器可以更好地控制氩气到雾化器的流速，提高仪器性能。

（2）化学干扰是由分子化合物的形成、离子化效应和热化学效应引起的，它们与样品在等离子体中蒸发、原子化等有关。一般而言，这些影响是不显著的，可通过认真选择操作条件（入射功率、等离子体观察位置）来减小影响。化学干扰很大程度上依赖于样品基体和关注的元素，与物理干扰相似，可用基体匹配的标准或标准加入法予以补偿。

方法三：生活饮用水标准检验方法　金属指标　2.2 二氮杂菲分光光度法 GB/T 5750.6 - 2006

适用范围　本方法适用于生活饮用水及其水源水中铁的测定。

方法原理　在 pH 为 3~9 的条件下，低价铁离子与二氮杂菲生成稳定的橙色络合物，在波长 510 nm 处有最大吸收。二氮杂菲过量时，控制溶液 pH 为 2.9~3.5，可使显色加快。

水样先经加酸煮沸溶解难溶的铁化合物，同时消除氰化物、亚硝酸盐、多磷酸盐的干扰。加入盐酸羟胺将高价铁还原为低价铁，消除氧化剂的干扰。水样过滤后，不加盐酸羟胺，可测定溶解性低价铁含量。水样过滤后，加盐酸溶液和盐酸羟胺，测定结果为溶解性总铁含量。水样先经加酸煮沸，使难溶性铁的化合物溶解，经盐酸羟胺处理后，测定结果为总铁含量。

检出限　本方法最低检测质量为 2.5 μg（以 Fe 计），若取 50 mL 水样，则最低检测质量浓度为 0.05 mg/L。

干扰和消除　钴、铜超过 5 mg/L，镍超过 2 mg/L，锌超过铁的 10 倍时有干扰。铋、镉、汞、钼和银可与二氮杂菲试剂产生浑浊。

方法四：生活饮用水标准检验方法　金属指标　4.2 火焰原子吸收分光光度法 GB/T 5750.6 - 2006

A：直接法

适用范围　本方法适用于生活饮用水及水源水较高浓度的铜、铁、锰、锌、镉和铅的测定。

方法原理　水样中金属离子被原子化后，吸收来自同种金属元素空心阴极灯发出的共振线（铜，324.7 nm；铅，283.3 nm；铁，248.3 nm；锰，279.5 nm；锌，213.9 nm；镉，228.8 nm 等），吸收共振线的量与样品中该元素的含量成正比。在其他条件不变的情况下，根据测量被吸收后的谱线强度，与标准系列比较定量。

检出限　本方法适宜的测定范围：铜，0.2～5 mg/L，铁，0.3～5 mg/L，锰，0.1～3 mg/L，锌，0.05～1 mg/L，镉，0.05～2 mg/L，铅，1.0～20 mg/L。

干扰和消除　暂不明确。

B：萃取法

适用范围　本方法适用于生活饮用水及其水源水中较低浓度的铜、铁、锰、锌、镉和铅的测定。

方法原理　于微酸性水样中加入吡咯烷二硫代氨基甲酸铵（APDC）和金属离子形成络合物，用甲基异丁基甲酮（MIBK）萃取，萃取液喷雾进入原子化器，测定各自波长下的吸光度，求出待测金属离子的浓度。

检出限　本方法最低检测质量：铁、锰、铅，2.5 μg；铜，0.75 μg；锌、镉，0.25 μg。若取 100 mL 水样萃取，则最低检测质量浓度分别为 25 μg/L、7.5 μg/L 和 2.5 μg/L。

本方法适宜的测定范围：铁、锰、铅，25～300 μg/L；铜，7.5～90 μg/L；锌、镉，2.5～30 μg/L。

干扰和消除　暂不明确。

C：共沉淀法

适用范围　本方法适用于生活饮用水及其水源水中较低浓度的铜、铁、锰、锌、镉和铅的测定。

方法原理　水样中的铜、铁、锌、锰、镉、铅等金属离子经氢氧化镁共沉淀捕集后，加硝酸溶解沉淀，酸液喷雾进入原子化器，测定各自波长下的吸光度，求出待测金属离子的浓度。

检出限　本方法最低检测质量：铜、锰，2 μg；锌、铁，2.5 μg；镉，1 μg；铅，5 μg。若取 250 mL 水样共沉淀，则最低检测质量浓度分别为铜、锰，0.008 mg/L；锌、铁，0.01 mg/L；镉，0.004 mg/L；铅，0.02 mg/L。

本方法适宜的测定范围：铜、锰，0.008～0.04 mg/L；锌、铁，0.01～0.05 mg/L；镉，0.004～0.02 mg/L；铅，0.02～0.1 mg/L。

干扰和消除　暂不明确。

方法五：水质　32 种元素的测定　电感耦合等离子体发射光谱法　HJ 776－2015

见 2.2.4 3. 总钡、总钒、总镉等方法。

11. 锰

方法一：水质 铁、锰的测定 火焰原子吸收分光光度法 GB 11911 - 1989

见 2.2.4 13. 总锰 方法二。

方法二：生活饮用水标准检验方法 金属指标 1.4 电感耦合等离子发射光谱法 GB/T 5750.6 - 2006

见 4.2.2 10. 铁 方法二。

方法三：生活饮用水标准检验方法 金属指标 1.5 电感耦合等离子体质谱法 GB/T 5750.6 - 2006

适用范围 本方法适用于生活饮用水及其水源水中银、铝、砷、硼、钡、铍、钙、镉、钴、铬、铜、铁、钾、锂、镁、锰、钼、钠、镍、铅、锑、硒、锶、锡、铊、铊、钛、铀、钒、锌、汞的测定。

方法原理 ICP - MS 由离子源和质谱仪两个主要部分构成。样品溶液经过雾化由载气送入 ICP 炬焰中，经过蒸发、解离、原子化、电离等过程，转化为带正电荷的正离子，经离子采集系统进入质谱仪，质谱仪根据质荷比进行分离。对于一定的质荷比，质谱积分面积与进入质谱仪中的离子数成正比。即样品的浓度与质谱的积分面积成正比，通过测量质谱的峰面积来测定样品中元素的浓度。

检出限 本方法最低检测质量浓度（μg/L）分别为：银，0.03；铝，0.6；砷，0.09；硼，0.9；钡，0.3；铍，0.03；钙，6.0；镉，0.06；钴，0.03；铬，0.09；铜，0.09；铁，0.9；钾，3.0；锂，0.3；镁，0.4；锰，0.06；钼，0.06；钠，7.0；镍，0.07；铅，0.07；锑，0.07；硒，0.09；锶，0.09；锡，0.09；铊，0.06；铊，0.01；钛，0.4；铀，0.04；钒，0.07；锌，0.8；汞，0.07。

干扰和消除

（1）同量异位素干扰：相邻元素间的异序素有相同的质荷比，不能被四极质谱分辨，可能引起异序素严重干扰。一般的仪器会自动校正。

（2）丰度较大的同位素对相邻元素的干扰：丰度较大的同位素会产生拖尾峰，影响相邻质量峰的测定。可调整质谱仪的分辨率以减少这种干扰。

（3）多原子（分子）离子干扰：由两个或三个原子组成的多原子离子，并且具有和某待测元素相同的质荷比所引起的干扰，见标准表 3。由于氯化物离子对检测干扰严重，所以不要用盐酸制备样品。多原子（分子）离子干扰很大程度上受仪器操作条件的影响，通过调整可以减少这种干扰。

（4）物理干扰：包括检测样品与标准溶液的黏度、表面张力和溶解性总固体的差异所引起的干扰。用内标物可校正物理干扰。

（5）基体抑制（电离干扰）：易电离的元素增加将大大增加电子数量而引起等离子体平衡转变，通常会减少分析信号，称基体抑制。用内标法可以校正基体干扰。

（6）记忆干扰：经常清洗样品导入系统以减少记忆干扰。

方法四：生活饮用水标准检验方法 金属指标 4.2 火焰原子吸收分光光度法 GB/T 5750.6－2006

见 4.2.2 10. 铁 方法四。

方法五：水质 32 种元素的测定 电感耦合等离子体发射光谱法 HJ 776－2015

见 2.2.4 3. 总钡、总钒、总镉等方法。

12. 铜

方法一：生活饮用水标准检验方法 金属指标 1.5 电感耦合等离子体质谱法 GB/T 5750.6－2006

见 4.2.2 11. 锰 方法三。

方法二：生活饮用水标准检验方法 金属指标 4.2 火焰原子吸收分光光度法 GB/T 5750.6－2006

A、B、C 方法见 4.2.2 10. 铁 方法四。

D：巯基棉富集法

适用范围 本方法适用于生活饮用水及其水源水中较低浓度的铅、镉和铜的测定。

方法原理 水中痕量的铅、镉、铜经巯基棉富集分离后，在盐酸介质中用火焰原子吸收分光光度法测定，以吸光度或峰高定量。

检出限 本方法最低检测质量：铅，1 μg；镉，0.1 μg；铜，1 μg。若取 500 mL 水样富集，则最低检测质量浓度（mg/L）为：铅，0.004；镉，0.000 4；铜，0.004。

干扰和消除 大多数阳离子不干扰测定。

方法三：水质 铜、锌、铅、镉的测定 原子吸收分光光度法 GB/T 7475－1987

见 2.2.4 7. 总镉、总铅、总铜、总锌方法。

方法四：水质　32 种元素的测定　电感耦合等离子体发射光谱法　HJ 776 – 2015

见 2.2.4　3. 总钡、总钒、总镉等方法。

13. 锌

方法一：生活饮用水标准检验方法　金属指标　1.5 电感耦合等离子体质谱法　GB/T 5750.6 – 2006

见 4.2.2　11. 锰　方法三。

方法二：生活饮用水标准检验方法　金属指标　4.2 火焰原子吸收分光光度法　GB/T 5750.6 – 2006

见 4.2.2　110. 铁　方法四。

方法三：水质　铜、锌、铅、镉的测定　原子吸收分光光度法　GB/T 7475 – 1987

见 2.2.4　7. 总镉、总铅、总铜、总锌方法。

方法四：水质　32 种元素的测定　电感耦合等离子体发射光谱法　HJ 776 – 2015

见 2.2.4　3. 总钡、总钒、总镉等方法。

14. 铝

方法一：生活饮用水标准检验方法　金属指标　1.4 电感耦合等离子发射光谱法　GB/T 5750.6 – 2006

见 4.2.2　10. 铁　方法二。

方法二：生活饮用水标准检验方法　金属指标　1.5 电感耦合等离子体质谱法　GB/T 5750.6 – 2006

见 4.2.2　11. 锰　方法三。

方法三：水质　32 种元素的测定　电感耦合等离子体发射光谱法　HJ 776 – 2015

见 2.2.4　3. 总钡、总钒、总镉等方法。

15. 挥发性酚类

方法一：生活饮用水标准检验方法　感观性状和物理指标　9.1 4 – 氨基安替吡啉三氯甲烷萃取分光光度法　GB/T 5750.4 – 2006

适用范围　本方法适用于测定生活饮用水及其水源水中的挥发酚。

方法原理　在 pH = 10.0±0.2 和有氧化剂铁氰化钾存在的溶液中，酚与 4 – 氨基安替吡啉形成红色的安替吡啉染料，用三氯甲烷萃取后比色定量。

酚的对位取代基可阻止酚与安替吡啉的反应，但羟基（—OH）、卤素、磺酰基（—SO₂H）、羧基（—COOH）、甲氧基（—OCH₃）除外。此外，邻位硝基也阻止反应，间位硝基部分地阻止反应。

检出限　本方法最低检测质量为 0.5 μg 挥发酚（以苯酚计）。若取 250 mL 水样，则其最低检测质量浓度为 0.002 mg/L 挥发酚（以苯酚计）。

干扰和消除　水中还原性硫化物、氧化剂、苯胺类化合物及石油等干扰酚的测定。硫化物经酸化及加入硫酸铜在蒸馏时与挥发酚分离；余氯等氧化剂可在采样时加入硫酸亚铁或亚砷酸钠还原。苯胺类在酸性溶液中形成盐类不被蒸出。石油可在碱性条件下用有机溶剂萃取后出去。

方法二：生活饮用水标准检验方法　感观性状和物理指标　9.2 4-氨基安替吡啉直接分光光度法　GB/T 5750.4-2006

适用范围　本方法适用于生活饮用水及其水源水中含量在 0.1~5.0 mg/L 的挥发酚的测定。

方法原理　在 pH=10.0±0.2 和有氧化剂铁氰化钾存在的溶液中，酚与 4-氨基安替吡啉形成红色的安替吡啉染料，直接比色定量。

酚的其他取代基对酚与 4-氨基安替吡啉的反应情况见 15. 挥发性酚类方法一的方法原理。

检出限　本方法最低检测质量为 5.0 μg 挥发酚（以苯酚计）。若取 50 mL 水样测定，则最低检测质量浓度为 0.10 mg/L 挥发酚（以苯酚计）。

干扰和消除　见 15. 挥发性酚类方法一的干扰和消除。

方法三：水质　挥发酚的测定 4-氨基安替比林分光光度法　HJ503-2009

见 2.2.5　2. 挥发酚方法　方法二。

方法四：水质　挥发酚的测定　流动注射-4 氨基安替比林分光光度法　HJ 825-2017

见 2.2.5　2. 挥发酚方法　方法三。

16. 阴离子表面活性剂

方法：水质　阴离子表面活性剂的测定　亚甲蓝分光光度法　GB/T7494-1987

见 2.2.5　52. 阴离子表面活性剂　方法一。

17. 耗氧量

方法一：生活饮用水标准检验方法　有机物综合指标　1.1 酸性高锰酸钾滴

定法　GB／T 5750.7 - 2006

适用范围　本标准规定了用酸性高锰酸钾滴定法测定生活饮用水及其水源水中的耗氧量。本方法适用于氯化物质量浓度低于 300 mg／L（以 Cl⁻ 计）的生活饮用水及其水源水中耗氧量的测定。

方法原理　高锰酸钾在酸性溶液中将还原性物质氧化，过量的高锰酸钾用草酸还原。根据高锰酸钾消耗量表示耗氧量（以 O_2 计）。

检出限　本方法最低检测质量浓度（取 100 mL 水样时）为 0.05 mg／L，最高可测定耗氧量为 5.0 mg／L（以 O_2 计）。

干扰和消除　暂不明确。

方法二：生活饮用水标准检验方法　有机物综合指标　1.2 碱性高锰酸钾滴定法　GB／T 5750.7 - 2006

适用范围　本标准规定了用碱性高锰酸钾滴定法测定生活饮用水及其水源水中的耗氧量。本方法适用于氯化物质量浓度高于 300 mg／L（以 Cl⁻ 计）的生活饮用水及其水源水中耗氧量的测定。

方法原理　高锰酸钾在碱性溶液中将还原性物质氧化，酸化后过量高锰酸钾用草酸钠溶液滴定。

检出限　本方法最低检测质量浓度（取 100 mL 水样时）为 0.05 mg／L，最高可测定耗氧量为 5.0 mg／L（以 O_2 计）

干扰和消除　暂不明确。

18. 氨氮

方法一：生活饮用水标准检验方法　无机非金属指标　9.1 纳氏试剂分光光度法　GB／T 5750.5 - 2006

适用范围　本方法适用生活饮用水及其水源水中氨氮的测定。

方法原理　水中氨与纳氏试剂（K_2HgI_4）在碱性条件下生成黄至棕色的化合物（NH_2Hg_2OI），其色度与氨氮含量成正比。

检出限　本方法最低检测质量为 1 μg 氨氮，若取 50 mL 水样测定，则最低检测质量浓度为 0.02 mg／L。

干扰和消除　水中常见的钙、镁、铁等离子能在测定过程中生成沉淀，可加入酒石酸钾钠掩蔽。水样中余氯与氨结合成氯胺，可用硫代硫酸钠脱氯。水中悬浮物可用硫酸锌和氢氧化钠混凝沉淀除去。

硫化物、铜、醛等亦可引起溶液浑浊。脂肪胺、芳香胺、亚铁等可与碘化汞钾产生颜色。水中带有颜色的物质，亦能发生干扰。遇此情况，可用蒸馏法除去。

方法二：生活饮用水标准检验方法　无机非金属指标　9.2 酚盐分光光度法 GB/T 5750.5－2006

适用范围　本方法适用于无色澄清的生活饮用水及其水源水中氨氮的测定。

方法原理　氨在碱性溶液中与次氯酸盐生成一氯胺，在亚硝基铁氧化钠催化下与酚生成吲哚酚蓝染料，比色定量。一氯胺和吲哚酚蓝的形成均与溶液 pH 有关。次氯酸与氨在 pH 为 7.5 以上的条件下主要生成二氯胺，当 pH 降低到 5~7 和 4.5 以下时，则分别生成二氯胺和三氯胺，在 pH 为 10.5~11.5 时，生成的一氯胺和吲哚酚蓝都较为稳定，且呈色最深。用直接法比色测定时，须加入柠檬酸防止水中钙、镁离子生成沉淀。

检出限　本方法最低检测质量为 0.25 μg，若取 10 mL 水样测定，则最低检测质量浓度为 0.025 mg/L。

干扰和消除　单纯的悬浮物可通过 0.45 μm 滤膜过滤。干扰物较多的水样须经蒸馏后再进行测定。

方法三：生活饮用水标准检验方法　无机非金属指标　9.3 水杨酸盐分光光度法 GB/T 5750.5－2006

适用范围　本方法适用生活饮用水及其水源水中氨氮的测定。

方法原理　在亚硝基铁氰化钠存在下，氨氮在碱性溶液中与水杨酸盐-次氯酸盐生成蓝色化合物，其色度与氨氮含量成正比。

检出限　本方法最低检测质量为 0.25 μg，若取 10 mL 水样测定，则最低检测质量浓度为 0.025 mg/L。

干扰和消除　暂不明确。

方法四：水质　氨氮的测定　纳氏试剂分光光度法　HJ 535－2009

见 2.2.3　6. 氨氮　方法一。

方法五：水质　氨氮的测定　水杨酸分光光度法　HJ 536－2009

见 2.2.3　6. 氨氮　方法二。

方法六：水质　氨氮的测定　连续流动-水杨酸分光光度法　HJ 665－2013

见 2.2.3　6. 氨氮　方法五。

方法七：水质　氨氮的测定　流动注射-水杨酸分光光度法　HJ 666－2013

见 2.2.3　6. 氨氮　方法六。

方法八：水质　氨氮的测定　气相分子吸收光谱法　HJ/T 195 - 2005

见 2.2.3　6. 氨氮　方法七。

19. 硫化物

方法一：生活饮用水标准检验方法　无机非金属指标　6.2 碘量法　GB/T 5750.5 - 2006

适用范围　本标准规定了用碘量法测定生活饮用水及其水源水中的硫化物。本法适用于生活饮用水及其水源中浓度高于 1 mg/L 的硫化物的测定。

方法原理　水中硫化物与乙酸锌作用，生成硫化锌沉淀，将此沉淀溶解于酸中，在酸性溶液中，硫离子与碘反应，然后用硫代硫酸钠滴定过量的碘。

检出限　若取 500 mL 水样经处理后测定，本方法最低检测质量浓度为 1 mg/L。

干扰和消除　暂不明确。

方法二：水质　硫化物的测定　亚甲蓝分光光度法　GB/T 16489 - 1996

见 2.2.2　2. 硫化物　方法一。

方法三：水质　硫化物的测定　流动注射-亚甲基蓝分光光度法　HJ 824 - 2017

见 2.2.2　2. 硫化物　方法三。

方法四：水质　硫化物的测定　气相分子吸收光谱法　HJ/T 200 - 2005

见 2.2.2　2. 硫化物　方法五。

20. 钠

方法一：生活饮用水标准检验方法　金属指标　1.4 电感耦合等离子体发射光谱法　GB/T 5750.6 - 2006

见 4.2.2　10. 铁　方法二。

方法二：生活饮用水标准检验方法　金属指标　22.1 火焰原子吸收分光光度法　GB/T 5750.6 - 2006

适用范围　本方法适用于生活饮用水及其水源水中钠和钾的测定。

方法原理　利用钠、钾基态原子能吸收来自同种金属元素空心阴极灯发射的共振线，且其吸收强度与钠、钾原子的浓度成正比。

检出限　本方法测钠和钾的最低检测质量浓度分别为 0.01 mg/L 和 0.05 mg/L。

干扰和消除　在大量钠存在时，钾的电离受到抑制，从而使钾的吸收强度增大。测定钾时可在标准溶液中添加相应的钠离子，予以校正。铁稍有干扰，磷酸盐产生较大的负干扰，添加一定量镧盐后可以消除。在测定钠时，盐酸和氯离子可使钠的吸收强度降低，可在标准溶液中添加相应量盐酸加以校正。

方法三：水质　32 种元素的测定　电感耦合等离子体发射光谱法　HJ 776 - 2015

见 2.2.4　3. 总钡、总钒、总镉等方法。

21. 总大肠菌群

方法一：生活饮用水标准检验方法　微生物指标　2.1 多管发酵法　GB/T 5750.12 - 2006

适用范围　本方法适用于生活饮用水及其水源水中总大肠菌群的测定。

干扰和消除　暂不明确。

方法二：生活饮用水标准检验方法　微生物指标　2.2 滤膜法　GB/T 5750.12 - 2006

适用范围　本方法适用于生活饮用水及其水源水中总大肠菌群的测定。

方法原理　总大肠菌群滤膜法是指用孔径为 0.45 μm 的微孔滤膜过滤水样，将滤膜贴在添加乳糖的选择性培养基上 37℃培养 24 h，能形成特征性菌落的需氧和兼性厌氧的革兰氏阴性无芽孢杆菌以检测水中总大肠菌群的方法。

干扰和消除　暂不明确。

方法三：生活饮用水标准检验方法　微生物指标　2.3 酶底物法　GB/T 5750.12 - 2006

适用范围　本方法适用于生活饮用水及其水源水中总大肠菌群的检测。

方法原理　总大肠菌群酶底物法是指在选择性培养基上能产生 β -半乳糖苷酶（β - D - galactosidase）的细菌群组，该细菌群组能分解色原底物释放出色原体使培养基呈现颜色变化，以此技术来检测水中总大肠菌群的方法。

干扰和消除　暂不明确。

方法四：水质　总大肠菌群和粪大肠菌群的测定　纸片快速法　HJ 755 - 2015

见 2.2.6　3. 总大肠菌群（MPN/L）　方法四。

方法五：水质　总大肠菌群、粪大肠菌群和大肠埃希氏菌的测定　酶底物法　HJ 1001 - 2018

见 2.2.6　1. 粪大肠菌群数　方法五。

22. 菌落总数

方法：生活饮用水标准检验方法　微生物指标　1.1 平皿计数法　GB/T 5750.12 - 2006

适用范围　本方法适用于生活饮用水及其水源水中菌落总数的测定。

干扰和消除　暂不明确。

23. 亚硝酸盐（以 N 计）

方法一：生活饮用水标准检验方法　无机非金属指标　10.1 重氮偶合分光光度法　GB/T 5750.5－2006

适用范围　本方法适用于生活饮用水及其水源水中亚硝酸盐氮的测定。

方法原理　在 pH 为 1.7 以下时，水中亚硝酸盐与对氨基苯磺酰胺重氮化，再与盐酸 N-（1-萘）-乙二胺产生偶合反应，生成紫红色的偶氮染料，比色定量。

检出限　本方法最低检测质量为 0.05 μg 亚硝酸盐氮，若取 50 mL 水样测定，则最低检测质量浓度为 0.001 mg/L。

干扰和消除　水中三氯胺产生红色干扰。铁、铅等离子可产生沉淀引起干扰。铜离子起催化作用，可分解重氮盐使结果偏低。有色离子有干扰。

方法二：水质　亚硝酸盐氮的测定　分光光度法　GB/T7493－1987

适用范围　本标准规定了用分光光度法测定饮用水、地下水、地面水及废水中亚硝酸盐氮的方法。

方法原理　在磷酸介质中，pH 为 1.8 时，试份中的亚硝酸根离子与 4-氨基苯磺酰胺反应生成重氮盐，它再与 N-（1-萘基）-乙二胺二盐酸盐偶联生成红色染料，在 540 nm 波长处测定吸光度。如果使用光程长为 10 mm 的比色皿，亚硝酸盐氮的浓度在 0.2 mg/L 以内其呈色符合朗伯比尔定律。

检出限　采用光程长为 10 mm 的比色皿，试份体积为 50 mL，以吸光度 0.01 单位所对应的浓度值为最低检出限浓度，此值为 0.003 mg/L。采用光程长为 30 mm 的比色皿，试份体积为 50 mL，最低检出浓度为 0.001 mg/L。

干扰和消除　当试样 pH≥11 时，可能遇到某些干扰，遇此情况，可向试份中加入酚酞溶液（c=10 g/L）1 滴，边搅拌边逐滴加入磷酸溶液（1.5 mol/L），至红色刚消失。经此处理，则在加入显色剂后，体系 pH 为 1.8±0.3，而不影响测定。

试样如有颜色和悬浮物，可向每 100 mL 试样中加入 2 mL 氢氧化铝悬浮液，搅拌，静置，过滤，弃去 25 mL 初滤液后，再取试份测定。

水样中常见的可能产生干扰物质的含量范围见标准附录 A。其中氯胺、氯、硫代硫酸盐、聚磷酸钠和三价铁离子有明显干扰。

方法三：水质　无机阴离子（F^-、Cl^-、NO_2^-、Br^-、NO_3^-、PO_4^{3-}、SO_3^{2-}、

SO_4^{2-}）的测定　离子色谱法 HJ 84 - 2016

适用范围、方法原理、干扰和消除　见 2.2.1　4 氯化物、活性氯、氯离子　方法二。

检出限　当进样量为 25 μL 时，NO_2^- 方法检出限为 0.016 mg/L，测定下限为 0.064 mg/L。

24. 硝酸盐（以 N 计）

方法一：生活饮用水标准检验方法　无机非金属指标　3.2 离子色谱法 GB/T 5750.5 - 2006

适用范围　本方法适用于生活饮用水及水源水中可溶性氟化物、氯化物、硝酸盐和硫酸盐的测定。

方法原理　水样中待测阴离子随碳酸盐-重碳酸盐淋洗液进入离子交换柱系统（由保护柱和分离柱组成），根据分离柱对各阴离子的不同的亲和度进行分离，已分离的阴离子流经阳离子交换柱或抑制器系统转换成具高电导度的强酸，淋洗液则转变为弱电导度的碳酸。由电导检测器测量各阴离子组分的电导率，以相对保留时间和峰高或面积定性和定量。

检出限　本方法最低检测质量浓度决定于不同进样量和检测器灵敏度，一般情况下，进样 50 μL，电导检测器量程为 10 μS 时适宜的检测范围为：0.1～1.5 mg/L（以 F^- 计）；0.15～2.5 mg/L（以 Cl^- 和 NO_3^-—N 计）；0.75～12 mg/L（以 SO_4^{2-} 计）。

干扰和消除　水样中存在较高浓度的低相对分子质量有机酸时，由于其保留时间与被测组分相似而干扰测定，用加标后测量可以帮助鉴别此类干扰，水样中某一阴离子含量过高时，将影响其他被测离子的分析，将样品稀释可以改善此类干扰。

由于进样量很小，操作中必须严格防止纯水、器皿以及水样预处理过程中的污染，以确保分析的准确性。

为了防止保护柱和分离柱系统堵塞，样品必须经过 0.2 μm 滤膜过滤。为了防止高浓度钙、镁离子在碳酸盐淋洗液中沉淀，可将水样先经过强酸性阳离子交换树脂柱。

不同浓度离子同时分析时的相互干扰，或存在其他组分干扰时可采取水样预浓缩，梯度淋洗或将流出液分部收集后再进样的方法消除干扰，但必须对所采取的方法的精密度及偏性进行确认。

方法二：水质 无机阴离子（F^-、Cl^-、NO_2^-、Br^-、NO_3^-、PO_4^{3-}、SO_3^{2-}、SO_4^{2-}）的测定 离子色谱法 HJ 84－2016

适用范围、方法原理、干扰和消除 见 2.2.1 4 氯化物、活性氯、氯离子 方法二。

检出限 当进样量为 25 μL 时，NO_3^- 方法检出限为 0.016 mg/L，测定下限为 0.064 mg/L。

方法三：水质 硝酸盐氮的测定 紫外分光光度法（试行）HJ/T346－2007

适用范围 本方法适用于地表水、地下水中硝酸盐氮的测定。

方法原理 利用硝酸根离子在 220 nm 波长处的吸收而定量测定硝酸盐氮。溶解的有机物在 220 nm 处也会有吸收，而硝酸根离子在 275 m 处没有吸收。因此，在 275 nm 处做另一次测量，以校正硝酸盐氮值。

检出限 方法最低检出浓度为 0.08 mg/L，测定下限为 0.32 mg/L，测定上限为 4 mg/L。

干扰和消除 溶解的有机物、表面活性剂、亚硝酸盐氮、六价铬、溴化物、碳酸氢盐和碳酸盐等干扰测定，须进行适当的预处理。本方法采用絮凝共沉淀和大孔中性吸附树脂进行处理，以排除水样中大部分常见有机物、浊度和 Fe^{3+}、Cr^{6+} 对测定的干扰。

25. 氰化物

方法一：生活饮用水标准检验方法 无机非金属指标 4.1 异烟酸-吡唑啉酮分光光度法 GB/T 5750.5－2006

适用范围 本方法适用于生活饮用水及水源水中氰化物的测定。

方法原理 在 pH＝7.0 的溶液中，用氯胺 T 将氰化物转变为氯化氰，再与异烟酸-吡唑酮作用，生成蓝色染料，比色定量。

检出限 本方法最低检测质量为 0.1 μg 氰化物。若取 250 mL 水样蒸馏测定，则最低检测质量浓度为 0.002 mg/L。

干扰和消除 氧化剂如余氯等可破坏氰化物，可在水样中加 0.1 g/L 亚硝酸钠或少于 0.1 g/L 的硫代硫酸钠除去干扰。

方法二：生活饮用水标准检验方法 无机非金属指标 4.2 异烟酸-巴比妥酸分光光度法 GB/T 5750.5－2006

适用范围 本方法适用于生活饮用水及水源水中氰化物的测定。

方法原理 水样中的氰化物经蒸馏后被碱性溶液吸收，与氯胺 T 的活性氯作用生成氯化氰，再与异烟酸-巴比妥酸试剂反应生成紫蓝色化合物，于 600 nm 波长比色定量。

检出限　本方法最低检测质量为 0.1 μg 氰化物。若取 250 mL 水样蒸馏测定，则最低检测质量浓度为 0.002 mg/L。

干扰和消除　暂不明确。

方法三：水质　氰化物等的测定　真空检测管-电子比色法　HJ 659 - 2013

见 2.2.2　1. 总氰化物　方法二。

方法四：水质氰化物的测定　流动注射-分光光度法　HJ 823 - 2017

见 2.2.2　1. 总氰化物　方法三。

26. 氟化物

方法一：水质　氟化物的测定　离子选择电极法　GB 7484 - 1987

见 2.2.2　5. 氟化物　方法一。

方法二：生活饮用水标准检验方法　无机非金属指标　3.2 离子色谱法 GB/T 5750.5 - 2006

见 4.2.2　24. 硝酸盐　方法一。

方法三：水质　无机阴离子（F^-、Cl^-、NO_2^-、Br^-、NO_3^-、PO_4^{3-}、SO_3^{2-}、SO_4^{2-}）的测定　离子色谱法　HJ 84 - 2016

见 2.2.2　1. 氟化物　方法二。

方法四：水质　氟化物的测定　茜素黄酸锆目视比色法　HJ 487 - 2009

见 2.2.2　1. 氟化物　方法三。

方法五：水质　氟化物的测定　氟试剂分光光度法　HJ 488 - 2009

见章 2.2.2　1. 氟化物　方法四。

方法六：水质　氰化物等的测定　真空检测管-电子比色法　HJ 659 - 2013

见 2.2.2　1. 氟化物　方法五。

27. 碘化物

方法一：生活饮用水标准检验方法　无机非金属指标　11.1 硫酸铈催化分光光度法　GB/T 5750.5 - 2006

适用范围　本方法适用于生活饮用水及其水源水中碘化物的测定。

方法原理　在酸性条件下，亚砷酸与硫酸高铈发生缓慢的氧化还原反应。碘离子有催化作用使反应加速进行。反应速度随碘离子含量增高而变快，剩余的高铈离子就越少。用亚铁离子还原剩余的高铈离子，终止亚砷酸-高铈间的氧化还原反应。氧化产生的铁离子与硫氰酸钾反应生成红色络合物，比色定量。间接测定碘化物的含量。

检出限　本法最低检测质量为 0.01 μg，若取 10 mL 水样测定，最低检测质量浓度为 1 μg/L（I^-）。

本方法适宜测定 1~10 μg/L（I^-）低浓度范围和 10~100 μg/L（I^-）高浓度范围碘化物。

干扰和消除　银及汞离子抑制碘化物的催化能力，氯离子与碘离子有类似的催化作用，加入大量氯离子可以抑制上述干扰。

温度及反应时间对本方法影响极大，因此应严格按规定控制操作条件。

方法二：生活饮用水标准检验方法　无机非金属指标　11.2 高浓度碘化物比色法　GB/T 5750.5 – 2006

适用范围　本方法适用于生活饮用水及其水源水中高浓度碘化物的测定。

方法原理　在酸化的水样中加入过量溴水，碘化物被氧化为碘酸盐。用甲酸钠除去过量的溴，剩余的甲酸钠在酸性溶液中加热成为甲酸挥发逸失，冷却后加入碘化钾析出碘。加入淀粉生成蓝紫色复合物，比色定量。

检出限　本方法最低检测质量为 0.5 μg（以 I^- 计），若取 10 mL 水样测定，则最低检测质量浓度为 0.05 mg/L。

干扰和消除　大量的氯化物、氟化物、溴化物和硫酸盐不干扰测定。铁离子的干扰可加入磷酸予以消除。

方法三：水质　碘化物的测定　离子色谱法　HJ 778 – 2015

适用范围　本方法适用于地表水和地下水中碘化物的测定。

方法原理　样品随淋洗液进入阴离子分离柱，分离出碘离子（I^-），用电导检测器检测。根据碘离子保留时间定性，外标法定量。

检出限　当进样体积为 250 μL 时，本方法的检出限为 0.002 mg/L，测定下限为 0.008 mg/L。

干扰和消除　常见阴离子如 F^-、Cl^-、NO_2^-、NO_3^-、PO_4^{3-}、SO_4^{2-} 等对碘化物的测定没有干扰；某些金属离子如 Ag^+、Fe^{3+}、Cu^{2+}、Zn^{2+} 等可能会影响碘化物的测定，可采用阳离子交换柱（Na 型或 H 型）去除干扰物质；样品中含有表面活性剂、油脂、色素等大分子有机物时，可选择 C18 或 RP 固相萃取柱去除有机物。

28. 汞

方法一：生活饮用水标准检测方法　金属指标　8.1 汞　原子荧光法　GB/T

5750.6－2006

适用范围 本方法适用于生活饮用水及清洁水源水中汞的测定。

方法原理 在一定酸度下，溴酸钾与溴化钾反应生成溴，可将试样消解使所含汞全部转化为二价无机汞，用盐酸羟胺还原过剩的氧化剂，用硼氢化钠将二价汞还原成原子态汞，由载气（氩气）将其带入原子化器，在特制汞空心阴极灯的照射下，基态汞原子被激发至高能态，在去活化回到基态时，发射出特征波长的荧光。在一定的浓度范围内，荧光强度与汞的含量成正比，与标准系列比较定量。

检出限 本方法最低检测质量为 0.05 ng，若取 0.50 mL 水样测定，则最低检测质量浓度为 0.1 μg/L。

方法二：生活饮用水标准检测方法 金属指标 8.2 汞 冷原子吸收法 GB/T 5750.6－2006

适用范围 本方法适用于生活饮用水及其水源水中的总汞的测定。

方法原理 汞蒸气对波长 253.7 nm 的紫外光具有最大吸收，在一定的汞浓度范围内，吸收值与汞蒸气的浓度成正比。水样经消解后加入氯化亚锡将化合态的汞转为元素态汞，用载气带入原子吸收仪的光路中，测定吸光度。

检出限 本方法最低检测质量为 0.01 μg，若取 50 mL 水样处理后测定，则最低检测质量浓度为 0.2 μg/L。

干扰和消除 暂不明确。

方法三：水质 汞、砷、硒、铋和锑的测定 原子荧光法 HJ 694－2014

见 2.2.4 10. 总汞、总砷、总锑、总硒方法。

方法四：水质 汞的测定 冷原子荧光法 HJ/T 341－2007

见 2.2.4 9. 总汞 方法三。

方法五：水质 总汞的测定 冷原子吸收分光光度法 HJ/T 597－2011

见 2.2.4 9. 总汞 方法二。

29. 砷

方法一：生活饮用水标准检验方法 金属指标 1.5 电感耦合等离子体质谱法 GB/T 5750.6－2006

见 4.2.2 11. 锰 方法三。

方法二：生活饮用水标准检测方法 金属指标 6.1 砷 氢化物原子荧光法 GB/T 5750.6－2006

适用范围　本方法适用于生活饮用水及其水源水中的砷的测定。

方法原理　在酸性条件下，三价砷与硼氢化钠反应生成砷化氢，由载气（氩气）带入石英原子化器，受热分解为原子态砷。在特制砷空心阴极灯的照射下，基态砷原子被激发至高能态，在去活化回到基态时，发射出特征波长的荧光，在一定的浓度范围内，其荧光强度与砷含量成正比，与标准系列比较定量。

检出限　本方法最低检测质量为 0.5 ng，若取 0.5 mL 水样测定，则最低检测质量浓度为 1.0 μg/L。

干扰和消除　暂不明确。

方法三：生活饮用水标准检测方法　金属指标　6.2 砷　二乙氨基二硫代甲酸银分光光度法　GB/T 5750.6－2006

适用范围　本方法适用于生活饮用水及其水源水中砷的测定。

方法原理　锌与酸作用产生新生态氢。在碘化钾和氯化亚锡存在下，使五价砷还原为三价砷。三价砷与新生态氢生成砷化氢气体。通过用乙酸铅棉花去除硫化氢的干扰，然后与溶于三乙酸胺−三氯甲烷中的二乙氨基二硫代甲酸银作用，生成棕红色的胶态银，比色定量。

检出限　本方法最低检测质量为 0.5 μg，若取 50 mL 水样测定，则最低检测质量浓度为 0.01 mg/L。

干扰和消除　钴、镍、汞、银、铂、铬和钼可干扰砷化氢的发生，但饮用水中这些离子通常存在的量不产生干扰。水中锑的含量超过 0.1 mg/L 时对测定有干扰。用本方法测定砷的水样不宜用硝酸保存。

方法四：生活饮用水标准检测方法　金属指标　6.3 锌-硫酸系统新银盐分光光度法　GB/T 5750.6－2006

适用范围　本方法适用于生活饮用水及其水源水中砷的测定。

方法原理　水中砷在碘化钾、氯化亚锡、硫酸和锌作用下还原为砷化氢气体，并与吸收液中银离子反应，在聚乙烯醇的保护下形成单质胶态银，呈黄色溶液，可比色定量。

检出限　本方法最低检测质量为 0.2 μg 砷，若取 50 mL 水样测定，则最低检测质量浓度为 0.004 mg/L。

干扰和消除　汞、银、铬、钴等离子可抑制砷化氢的生成，产生负干扰，锑含量高于 0.1 mg/L 可产生正干扰。但饮用水及其水源水中这些离子的含量极微或不存在，不会产生干扰。硫化物的干扰可用乙酸铅棉花除去。

方法五：生活饮用水标准检测方法　金属指标　6.4 砷斑法 GB／T 5750.6－2006

适用范围　本方法适用于生活饮用水及其水源水中砷的测定。

方法原理　锌与酸作用产生新生态氢。在碘化钾和氯化亚锡存在下，使五价砷还原为三价砷。三价砷与新生态氢生成砷化氢气体。通过用乙酸铅棉花去除硫化氢的干扰，于溴化汞试纸上生成黄棕色斑点，比较斑颜色的深浅定量。

检出限　本方法最低检测质量为 0.5 μg 砷，若取 50 mL 水样测定，则最低检测质量浓度为 0.01 mg／L。

干扰和消除　见 4.4.2　29. 碘　方法五。

方法六：水质　汞、砷、硒、铋和锑的测定　原子荧光法 HJ 694－2014

见 2.2.4　10. 总汞、总砷、总锑、总硒方法。

方法七：水质　65 种元素的测定　电感耦合等离子体质谱法 HJ 700－2014

见 2.2.4　2. 总钡、总钒、总镉等方法。

方法八：水质　32 种元素的测定　电感耦合等离子体发射光谱法 HJ 776－2015

见 2.2.4　3. 总钡、总钒、总镉等方法。

30. 硒

方法一：生活饮用水标准检验方法　金属指标　1.5 电感耦合等离子体质谱法 GB／T 5750.6－2006

见 4.2.2　11. 锰　方法三

方法二：生活饮用水标准检测方法　金属指标　7.1 硒　氢化物原子荧光法 GB／T 5750.6－2006

适用范围　本方法适用于生活饮用水及其水源水中的硒的测定。

方法原理　在盐酸介质中以硼氢化钠（$NaBH_4$）或硼氢化钾（KBH_4）作还原剂，将硒还原成硒化氢（SeH_4），由载气（氩气）带入原子化器中进行原子化，在硒特制空心阴极灯照射下，基态硒原子被激发至高能态，在去活化回到基态时，发射出特征波长的荧光，在一定浓度范围内其荧光强度与硒含量成正比。与标准系列比较定量。

检出限　本方法最低检测质量为 0.5 ng，若取 0.5 mL 水样测定，则最低检测质量浓度为 0.4 μg／L。

干扰和消除　暂不明确。

方法三：水质　汞、砷、硒、铋和锑的测定　原子荧光法　HJ 694 – 2014

见 2.2.4　10. 总汞、总砷、总锑、总硒方法。

方法四：水质　65 种元素的测定　电感耦合等离子体质谱法　HJ 700 – 2014

见 2.2.4　2. 总钡、总钒、总镉等方法。

方法五：水质　32 种元素的测定　电感耦合等离子体发射光谱法　HJ 776 – 2015

见 2.2.4　3. 总钡、总钒、总镉等方法。

31. 镉

方法一：生活饮用水标准检验方法　金属指标　1.5 电感耦合等离子体质谱法　GB/T 5750.6 – 2006

见 4.2.2　11. 锰　方法三。

方法二：生活饮用水标准检验方法　金属指标　4.2 火焰原子吸收分光光度法　GB/T 5750.6 – 2006

见 4.2.2　10. 铁　方法四。

方法三：生活饮用水标准检验方法　金属指标　9.1 无火焰原子吸收分光光度法　GB/T 5750.6 – 2006

适用范围　本方法适用于生活饮用水及其水源水中镉的测定。

方法原理　样品经适当处理后，注入石墨炉原子化器，所含的金属离子在石墨管内经原子化高温蒸发解离为原子蒸气，待测元素的基态原子吸收来自同种元素空心阴极灯发出的共振线，其吸收强度在一定范围内与金属浓度成正比。

检出限　本方法最低检测质量为 0.01 ng，若取 20 μL 水样测定，则最低检测质量浓度为 0.5 μg/L。

干扰和消除　水中共存离子一般不产生干扰。

方法四：生活饮用水标准检测方法　金属指标　9.3 镉　双硫腙分光光度法　GB/T 5750.6 – 2006

适用范围　本方法适用于生活饮用水及其水源水中镉的测定。

方法原理　在强碱性溶液中，镉离子与双硫腙生成红色螯合物，用三氯甲烷萃取后比色定量。

检出限　本方法最低检测质量为 0.25 μg，若取 25 mL 水样测定，则最低检测质量浓度为 0.01 mg/L。

干扰和消除　水中多种金属离子的干扰可用控制 pH 和加入酒石酸钾钠、氰化钾等络合剂掩蔽。在本标准测定条件下，水中存在下列金属离子不干扰测定：铅，240 mg/L；锌，120 mg/L；铜，40 mg/L；铁，4 mg/L；锰，4 mg/L，镁达 40 mg/L 时须增加酒石酸钾钠。

方法五： 生活饮用水标准检测方法　金属指标　11.4 铅　催化示波极谱法 GB/T 5750.6－2006

见 4.2.2　33. 铅　方法四。

方法六： 水质　铜、锌、铅、镉的测定　原子吸收分光光度法　GB/T 7475－1987

见 2.2.4　7. 总镉、总铅、总铜、总锌方法。

方法七： 水质　65 种元素的测定　电感耦合等离子体质谱法　HJ 700－2014

见 2.2.4　2. 总钡、总钒、总镉等方法。

方法八： 水质　32 种元素的测定　电感耦合等离子体发射光谱法　HJ 776－2015

见 2.2.4　3. 总钡、总钒、总镉等方法。

32. 铬（六价）

方法一： 生活饮用水标准检验方法　金属指标　10.1 二苯碳酰二肼分光光度法　GB/T 5750.6－2006

适用范围　本方法适用于生活饮用水及其水源水中六价铬的测定。

方法原理　在酸性溶液中，六价铬可与二苯碳酰二肼作用，生成紫红色络合物，比色定量。

检出限　本方法最低检测质量为 0.2 μg（以 Cr^{6+} 计），若取 50 mL 水样测定，则最低检测质量浓度为 0.004 mg/L。

干扰和消除　铁约 50 倍于六价铬时产生黄色，干扰测定；10 倍于铬的钒可产生干扰，但显色 10 min 后钒与试剂所显色全部消失；200 mg/L 以上的钼与汞有干扰。

方法二： 水质　氰化物等的测定　真空检测管-电子比色法　HJ 659－2013

见 2.2.4　26. 六价铬　方法二。

方法三： 水质　六价铬的测定　流动注射-二苯碳酰二肼光度法　HJ 908－2017

见 2.2.4　26. 六价铬　方法三。

33. 铅

方法一： 生活饮用水标准检验方法　金属指标　1.5 电感耦合等离子体质谱

法　GB／T 5750.6 − 2006

　　见 4.2.2　11. 锰　方法三。

　　方法二：生活饮用水标准检验方法　金属指标　11.1 无火焰原子吸收分光光度法　GB／T 5750.6 − 2006

　　适用范围　本方法适用于生活饮用水及其水源水中铅的测定。

　　方法原理　样品经适当处理后，注入石墨炉原子化器，所含的金属离子在石墨管内经原子化高温蒸发解离为原子蒸气，待测元素的基态原子吸收来自同种元素空心阴极灯发出的共振线，其吸收强度在一定范围内与金属浓度成正比。

　　检出限　本方法最低检测质量为 0.05 ng 铅，若取 20 μL 水样测定，则最低检测质量浓度为 2.5 μg／L。

　　干扰和消除　水中共存离子一般不产生干扰。

　　方法三：生活饮用水标准检测方法　金属指标　11.3 铅　双硫腙分光光度法 GB／T 5750.6 − 2006

　　适用范围　本方法适用于生活饮用水及其水源水中铅的测定。

　　方法原理　在弱碱性溶液中（pH = 8~9），铅与双硫腙生成红色螯合物，可被四氯化碳、三氯甲烷等有机溶剂萃取。严格控制溶液的 pH，加入掩蔽剂和还原剂，采用反萃取步骤，可使铅与其他干扰金属离子分离后比色定量。

　　检出限　本方法最低检测质量为 0.5 μg 铅，若取 50 mL 水样测定，则最低检测质量浓度为 0.01 mg／L。

　　干扰和消除　在本方法测定条件下，水中大多数金属离子的干扰可以消除，只有大量锡存在时干扰测定。

　　方法四：生活饮用水标准检测方法　金属指标　11.4 铅　催化示波极谱法 GB／T 5750.6 − 2006

　　适用范围　本方法适用于生活饮用水及其水源水中铅和镉的测定。

　　方法原理　在盐酸-碘化钾-酒石酸底液中，铅在 − 0.49 V、镉在 − 0.60 V 时产生灵敏的吸附催化波。在一定范围内，铅和镉浓度分别与其峰电流呈线性关系，可分别测定水中铅和镉含量。

　　检出限　铅和镉的最低检测质量为 0.2 μg，若取 20 mL 水样测定，则最低检测质量浓度为 0.01 mg／L。

　　干扰和消除　水中常见共存离子，虽较高浓度也不干扰铅、镉的测定，但 Sn^{2+} 和 As^{2+} 分别对铅、镉测定有干扰，底液中加入磷酸可分开 Sn^{2+} 峰；消化时加入盐酸，可使砷挥发出去，从而减少砷的干扰。

方法五：水质 65 种元素的测定 电感耦合等离子体质谱法 HJ 700 - 2014

见 2.2.4 2. 总钡、总钒、总镉等方法。

方法六：水质 32 种元素的测定 电感耦合等离子体发射光谱法 HJ 776 - 2015

见 2.2.4 3. 总钡、总钒、总镉等方法。

34. 总 α 放射性

方法一：生活饮用水标准检验方法 放射性指标 1.1 低本底总 α 检测法 GB/T 5750.13 - 2006

适用范围 本方法适用于测定生活饮用水及其水源水中 α 放射性核素（不包括在本方法规定条件下属于挥发性核素）的总 α 发射性体积活度。经过扩展，本方法也可用于测定含盐水和矿化水的总 α 发射性体积活度，但灵敏度有所下降。

方法原理 将水样酸化，蒸发浓缩，转化为硫酸盐，于 350℃ 灼烧。残渣转移至样品盘中制成样品源，在低本底 α、β 测量系统的 α 道测量 α 计数。

对于生活饮用水中总 α 放射性体积活度的检测，有三种方法可供选择：第一，用电镀源测定测量系统的仪器计数效率，再用实验测定有效厚度的厚样法；第二，通过待测样品源与含有已知量标准物质的标准源在相同条件下制样测量的比较测量法；第三，用已知质量活度的标准物质粉末制备成一系列不同质量厚度的标准源，测量给出标准源的计数效率与标准源质量厚度的关系，绘制 α 计数效率曲线的标准曲线法。检测单位根据自身条件，任选其一即可。

检出限 本方法的探测限取决于水样所含无机盐量、计数测量系统的计数效率、本底计数率、计数时间等多种因素。典型条件下，本方法的探测限为 1.6×10^{-2} Bq/L。

干扰和消除 如果生活饮用水中含有 ^{226}Ra，从固体残渣灼烧到样品源测量完毕期间产生的 α 放射性子体——^{222}Rn 对测定结果有干扰。通过缩短灼烧后固体残渣及制成样品源的放置时间可以减少干扰；通过定期测量固体残渣 α 放射性活度随放置时间增长而增长的情况可以扣除这一干扰。

方法二：水质 总 α 放射性的测定 厚源法 HJ 898 - 2017

见 2.2.1 5. 总 α 放射性 方法一。

方法三：水中总 α 放射性浓度的测定 厚源法 EJ/T 1075 - 1998

见 2.2.1　5. 总 α 放射性　方法二。

35. 总 β 放射性

方法一：生活饮用水标准检验方法　放射性指标　2.1 薄样法 GB／T 5750.13－2006

适用范围　本方法适用于测定生活饮用水及其水源水中 β 放射性核素（不包括在本方法规定条件下属于挥发性核素）的总 β 发射性体积活度。如果不作修改，本方法不适用于测定含盐水和矿化水中总 β 发射性体积活度。

方法原理　将水样酸化，蒸发浓缩，转化为硫酸盐，蒸发至硫酸冒烟完毕，然后于 350℃ 灼烧。残渣转移到样品盘中制成样品源，在低本底 α、β 测量系统的 β 道作 β 计数测量。

用已知 β 质量活度的标准物质粉末，制备成一系列不同质量厚度的标准源，测量给出标准源的计数效率与质量厚度关系，绘制 β 计数效率曲线。由水残渣制成的样品源在相同几何条件下作相对测量，由样品源的质量厚度在计数效率曲线上查出对应的计数效率值，计算水样的总 β 发射性体积活度。

检出限　本方法的探测限取决于水样所含无机盐量、存在的放射性核素种类、计数测量系统的计数效率、本底计数率、计数时间等多种因素。典型条件下，本方法的探测限为 $2.8×10^{-2}$ Bq／L。

干扰和消除　暂不明确。

方法二：水质　总 β 放射性的测定　厚源法 HJ 899－2017

见 2.2.1　6. 总 β 放射性　方法一。

方法三：水中总 β 放射性的测定　蒸发法 EJ／T 900－1994

见 2.2.1　6. 总 β 放射性　方法二。

36. 铍

方法一：生活饮用水标准检验方法　金属指标　1.5 电感耦合等离子体质谱法 GB／T 5750.6－2006

见 4.2.2　11. 锰　方法三。

方法二：生活饮用水标准检测方法　金属指标　20.1 铍　桑色素荧光分光光度法 GB／T 5750.6－2006

适用范围　本方法适用于生活饮用水及其水源水中铍的测定。

方法原理　铍在碱性溶液中与桑色素反应生成黄绿色荧光化合物，测定荧光强度定量。低含量的铍在 pH＝5～8 与乙酰丙酮形成的络合物可被四氯化碳萃取，予以富集。

检出限 本方法最低检测质量为 0.1 μg，若取 20 mL 水样测定，则最低检测质量浓度为 5 μg/L；若取 500 mL 水样富集后测定，最低检测质量浓度为 0.2 μg/L。

干扰和消除 暂不明确。

方法三：生活饮用水标准检测方法 金属指标 20.2 铍 无火焰原子吸收分光光度法 GB/T 5750.6－2006

适用范围 本方法适用于生活饮用水及其水源水中铍的测定。

方法原理 样品经加入 Mg(NO₃)₂ 为基体改进剂，注入石墨炉原子化器，所含的金属离子在石墨管内经高温原子化，待测元素的基态原子吸收来自同种元素空心阴极灯发出的共振线，其吸收强度在一定范围内与金属浓度成正比。

检出限 本方法最低检测质量为 0.004 ng，若取 20 μL 水样测定，则最低检测质量浓度为 0.2 μg/L。

干扰和消除 水中共存离子一般不干扰测定。

方法四：生活饮用水标准检测方法 金属指标 20.3 铍 铝试剂（金精三羧酸铵）分光光度法 GB/T 5750.6－2006

适用范围 本方法适用于生活饮用水及其水源水中铍的测定。

方法原理 在乙酸缓冲溶液中，铍与铝试剂生成红色染料，在 515 nm 波长测量吸光度定量。

检出限 本方法最低检测质量为 0.5 μg，若取 50 mL 水样测定，则最低检测质量浓度为 10 μg/L。

干扰和消除 水中较低含量铝、钴、铜、铁、锰、镍、钛、锌及锆的干扰，可用乙二胺四乙酸（EDTA）隐蔽。铜含量大于 10 mg/L 时必须增加 EDTA 的用量，铜与铝试剂在 515 nm 有吸收，必要时可于标准系列中加入同样质量的铜予以校正。含有机铍的样品可分解后进行测定。

方法五：水质 65 种元素的测定 电感耦合等离子体质谱法 HJ 700－2014

见 2.2.4 2. 总钡、总钒、总镉等方法。

37. 硼

方法一：生活饮用水标准检验方法 金属指标 1.5 电感耦合等离子体质谱法 GB/T 5750.6－2006

见 4.2.2 11. 锰 方法三。

方法二：水质　65 种元素的测定　电感耦合等离子体质谱法　HJ 700 − 2014

见 2.2.4　2. 总钡、总钒、总镉等方法。

方法三：水质　硼的测定　姜黄素分光光度法　HJ／T 49 − 1999

适用范围　本方法适用于农田灌溉水质、地下水和城市污水中硼的测定。

方法原理　含硼水样在酸性条件下，与姜黄素共同蒸发，生成被称为玫瑰花箐苷的络合物，该络合物可溶于乙醇或异丙醇中，在 540 nm 处有最大吸收峰，其颜色深度与硼的含量成正比。

检出限　试样体积为 1.0 mL，用 20 mm 比色皿时，最低检测浓度为 0.02 mg／L，测定上限浓度为 1.0 mg／L。

干扰和消除　20 mg／L 以下的硝酸盐氮不干扰测定。

当钙和镁浓度（以 $CaCO_3$ 计）超过 100 mg／L 时，在 95% 的乙醇中生成沉淀产生干扰，将显色后的溶液离心分离后测定。水样中即使有 600 mg／L 的 $CaCO_3$ 也不干扰测定。若将原水样通过强酸性的阳离子交换树脂，本法可用于 600 mg／L 以上硬度水中硼的测定。

38. 锑

方法一：生活饮用水标准检验方法　金属指标　1.5 电感耦合等离子体质谱法　GB／T 5750.6 − 2006

见 4.2.2　11. 锰　方法三。

方法二：生活饮用水标准检测方法　金属指标　19.1 氢化物原子荧光法 GB／T 5750.6 − 2006

适用范围　本方法适用于生活饮用水及其水源水中锑的测定。

方法原理　在酸性条件下，以硼氢化钠为还原剂使锑生成锑化氢，由载气带入原子化器原子化，受热分解为原子态锑，基态锑原子在特制锑空心阴极灯的激发下产生原子荧光，其荧光强度与锑含量成正比。

检出限　本方法最低检测质量为 0.005 μg，若取 10 mL 水样测定，最低检测质量浓度为 0.5 μg／L。

干扰和消除　暂不明确。

方法三：水质　汞、砷、硒、铋和锑的测定　原子荧光法　HJ 694 − 2014

见 2.2.4　10. 总汞、总砷、总锑、总硒方法。

方法四：水质　65 种元素的测定　电感耦合等离子体质谱法　HJ 700 − 2014

见 2.2.4　2. 总钡、总钒、总镉等方法。

39. 钡、镍、钴、钼、铊

方法一：生活饮用水标准检验方法　金属指标　1.5 电感耦合等离子体质谱法　GB/T 5750.6 – 2006

见 4.2.2　11. 锰　方法三。

方法二：生活饮用水标准检验方法　金属指标　12.1 无火焰原子吸收分光光度法　GB/T 5750.6 – 2006

适用范围　本方法适用于生活饮用水及其水源水中钡、镍、钴、钼的测定。

方法原理　见 4.2.2　40. 银　方法二。

检出限　本方法钡最低检测质量为 0.2 ng，若取 20 μL 水样测定，则最低检测质量浓度为 10 μg/L；本方法镍、钴、钼最低检测质量为 0.1 ng，若取 20 μL 水样测定，则最低检测质量浓度为 5 μg/L；本方法铊最低检测质量为 0.01 ng，若取 500 mL 水样富集 50 倍后，进样 20 μL，则最低检测质量浓度为 0.01 μg/L。

干扰和消除　水中共存离子一般不产生干扰。

方法三：水质　65 种元素的测定　电感耦合等离子体质谱法　HJ 700 – 2014

见 2.2.4　2. 总钡、总钒、总镉等方法。

40. 银

方法一：生活饮用水标准检验方法　金属指标　1.5 电感耦合等离子体质谱法　GB/T 5750.6 – 2006

见 4.2.2　11. 锰　方法三。

方法二：生活饮用水标准检验方法　金属指标　12.1 无火焰原子吸收分光光度法　GB/T 5750.6 – 2006

适用范围　本方法适用于生活饮用水及其水源水中银的测定。

方法原理　样品经适当处理后，注入石墨炉原子化器，所含的金属离子在石墨管内经原子化高温蒸发解离为原子蒸气，待测元素的基态原子吸收来自同种元素空心阴极灯发射的共振线，其吸收强度在一定范围内与金属浓度成正比。

检出限　本方法最低检测质量为 0.05 ng 银，若取 20 μL 水样测定，则最低检测质量浓度为 2.5 μg/L。

干扰和消除　水中共存离子一般不产生干扰。

方法三：生活饮用水标准检验方法　金属指标　12.2 疏基棉富集-高碘酸钾分光光度法　GB/T 5750.6 – 2006

适用范围　本方法适用于生活饮用水及其水源水中银的测定。

方法原理　水中痕量银经疏基棉富集分离后，在碱性介质中，有过硫酸钾助氧剂存在下，高碘酸钾将氯化银（或氧化银）氧化成黄色银络盐，进行比色测定。

检出限　本方法最低检测质量为 1 μg，若取 200 mL 水样测定，则最低检测质量浓度为 0.005 mg/L。

干扰和消除　暂不明确。

方法四：水质　65 种元素的测定　电感耦合等离子体质谱法 HJ 700 - 2014

见 2.2.4　2. 总钡、总钒、总镉等方法。

41. 三氯甲烷、四氯化碳、苯、甲苯、二氯甲烷、1,2 -二氯乙烷、1,1,1,-三氯乙烷、1,1,2 -三氯乙烷、1,2 -二氯丙烷、三溴甲烷、氯乙烯、1,1 -二氯乙烯、1,2 -二氯乙烯、三氯乙烯、四氯乙烯、氯苯、邻二氯苯、对二氯苯、三氯苯（总量）、乙苯、二甲苯（总量）、苯乙烯

方法一：水质　挥发性有机物的测定　吹扫捕集-气相色谱-质谱法 HJ 639 - 2012

见 2.2.5　3. 1,1,1 -三氯乙烷方法。

方法二：水质　挥发性有机物的测定　顶空/气相色谱-质谱法 HJ 810 - 2016

见 2.2.5.5　1,2 -二甲苯（邻二甲苯）、1,3 -二甲苯（间二甲苯）等　方法三。

42. 2,4 -二硝基甲苯、2,6 -二硝基甲苯

方法一：水质　硝基苯类化合物的测定　液液萃取/固相萃取-气相色谱法 HJ 648 - 2013

见 2.2.5　22 2,4 -二硝基氯苯、4 -硝基氯苯（对-硝基氯苯）等　方法二。

方法二：水质　硝基苯类化合物的测定　气相色谱-质谱法 HJ 716 - 2014

见 2.2.5　22 2,4 -二硝基氯苯、4 -硝基氯苯（对-硝基氯苯）等　方法三。

43. 萘、蒽、荧蒽、苯并[b]荧蒽、苯并[a]芘

方法：水质　多环芳烃的测定　液液萃取和固相萃取高效液相色谱法 HJ 478 - 2009

见 2.2.5　13. 苯并[a]芘、多环芳烃　方法二。

44. 多氯联苯（总量）

方法：水质　多氯联苯的测定　气相色谱-质谱法 HJ 715 - 2014

见 2.2.5　24. 多氯联苯方法。

45. 邻苯二甲酸二(2-乙基己基)酯

方法：生活饮用水标准检验方法　有机物指标　12.1 邻苯二甲酸二(2-乙基己基)酯　气相色谱法　GB/T 5750.8-2006

适用范围　本方法适用于生活饮用水及其水源水中邻苯二甲酸二(2-乙基己基)酯的测定。

方法原理　用环己烷萃取浓缩水中的邻苯二甲酸二(2-乙基己基)酯后，用具有氢火焰离子化检测器的气相色谱仪测定。

检出限　本方法的最低检测质量为 4 ng，若取 500 mL 水样测定，则最低检测质量浓度为 2 μg/L。

干扰和消除　暂不明确。

46. 2,4,6-三氯酚、五氯酚

方法一：水质　五氯酚的测定　气相色谱法　HJ 591-2010

见 2.2.5　47. 五氯酚及五氯酚盐（以五氯酚计）　方法二。

方法二：水质　酚类化合物的测定　液液萃取/气相色谱法　HJ 676-2013

见 2.2.5　9. 2,4,6-三氯酚、2,4-二氯酚、苯酚、间-甲酚、硝基酚　方法一。

方法三：水质　酚类化合物的测定　气相色谱-质谱法　HJ 744-2015

见 2.2.5　9. 2,4,6-三氯酚、2,4-二氯酚、苯酚、间-甲酚、硝基酚　方法二。

47. 六六六（总量）、γ-六六六（林丹）、滴滴涕（总量）

方法一：水质　六六六、滴滴涕的测定　气相色谱法　GB 7492-1987

见 2.2.5　19. 滴滴涕、六六六　方法一。

方法二：生活饮用水标准检验方法　农药指标　1.1 填充柱气相色谱法　GB/T 5750.9-2006

适用范围　本方法适用于生活饮用水及其水源水中滴滴涕和六六六各种异构体的测定。

方法原理　用环己烷萃取水中滴滴涕和六六六的各种异构体，浓缩后用带有电子捕获检测器的气相色谱仪分离和测定。

检出限　本方法最低检测质量：滴滴涕为 6.0 pg，六六六的各异构体为 2.0 pg，若取 500 mL 水样测定，则最低检测质量浓度：滴滴涕为 0.03 μg/L，六六六各异构体为 0.008 μg/L。

干扰和消除　在选定的分析条件下，本方法对滴滴涕和六六六的各种异构体分离效果好，干扰小。

方法三：生活饮用水标准检验方法　农药指标　1.2 毛细管柱柱气相色谱法 GB/T 5750.9 - 2006

适用范围、方法原理　见 4.2.2　47. 六六六（总量）、γ -六六六（林丹）等　方法二。

检出限　本方法最低检测质量：滴滴涕为 1.0 pg，六六六为 0.50 pg；若取 500 mL 水样测定，则最低检测质量浓度：滴滴涕为 0.02 μg/L，六六六为 0.01 μg/L。

干扰和消除　暂不明确。

方法四：水质　有机氯农药和氯苯类化合物的测定　气相色谱-质谱法　HJ 699 - 2014

见 2.2.5　19. 滴滴涕、六六六　方法二。

48. 六氯苯

方法一：生活饮用水标准检验方法　有机物指标　24.1 二氯苯　气相色谱法 GB/T 5750.8 - 2006

适用范围　本方法适用于生活饮用水及其水源水中二氯苯、三氯苯、四氯苯和六氯苯的测定。

方法原理　用石油醚萃取水中氯苯系化合物，经净化后，用电子捕获气相色谱法进行测定。

检出限　本方法最低检测质量分别为：二氯苯，1.5 ng；三氯苯，0.050 ng；四氯苯，0.025 ng；六氯苯，0.025 ng。若取 250 mL 水样经处理后测定，则最低检测质量浓度分别为：二氯苯，2 μg/L；三氯苯，0.04 μg/L；四氯苯，0.02 μg/L；六氯苯，0.02 μg/L。

干扰和消除　在选定的分析条件下六六六，滴滴涕，多氯联苯，对、间、邻硝基氯苯等均不干扰测定。

方法二：水质　有机氯农药和氯苯类化合物的测定　气相色谱-质谱法　HJ 699 - 2014

见 2.2.5　19. 滴滴涕、六六六　方法二。

49. 七氯

方法一：生活饮用水标准检验方法　农药指标　19.1 七氯　液液萃取气相色

谱法 GB/T 5750.9－2006

适用范围 本方法适用于生活饮用水及其水源水中七氯的测定。

方法原理 水样经二氯甲烷萃取后，用 KD 浓缩器浓缩。浓缩后的萃取液经气相色谱柱分离，用电子捕获检测器测定。

检出限 本方法最低检测质量为 0.02 ng。若取 100 mL 水样测定，则最低检测质量浓度为 0.000 2 mg/L。

干扰和消除 暂不明确。

方法二：水质 有机氯农药和氯苯类化合物的测定 气相色谱-质谱法 HJ 699－2014

见 2.2.5 19. 滴滴涕、六六六 方法二。

50. 2,4-滴

方法：生活饮用水标准检验方法 农药指标 12.1 灭草松 气相色谱法 GB/T 5750.9－2006

适用范围 本方法适用于生活饮用水及其水源水中灭草松和 2,4-滴的测定。

方法原理 水在酸性条件下经乙酸乙酯萃取，然后在碱性条件下用碘甲烷溶液酯化，生成较易挥发的甲基化衍生物，用毛细管柱气相色谱-电子捕获检测器分离测定。

检出限 本方法灭草松和 2,4-滴的最低检测质量分别为 0.1 ng 和 0.03 ng，若取水样 200 mL 经处理后测定，则最低检测质量浓度分别为：灭草松，0.2 μg/L；2,4-滴，0.05 μg/L。

干扰和消除 暂不明确。

51. 克百威

方法一：生活饮用水标准检验方法 农药指标 15.1 呋喃丹 高压液相色谱法 GB/T 5750.9－2006

适用范围 本方法适用于生活饮用水及其水源水中呋喃丹和甲萘威的测定。

方法原理 样品经过滤后注入反相 HPLC 柱中，其各种组分经梯度洗脱色谱方式分离。经过柱分离后，氨基甲酸酯类化合物与氢氧化钠发生水解反应，生成的甲胺与邻苯二醛（OPA）和 2-硫基乙醇（MERC）反应生成一种强荧光的异吲哚产物，可用荧光检测器定量。柱后反应，一般对伯胺类比较敏感，因为它们能生成测定的荧光加合物。干扰的大小取决于它们的洗脱时间或荧光强度。干扰还可能来源于污染。因此，要求使用高纯度试剂和溶剂。

检出限　本方法呋喃丹和甲萘威的最低检测质量为 0.25 ng，若取 200 mL 水样经处理后测定，则最低检测质量浓度为 0.125 μg/L。

干扰和消除　暂不明确。

方法二： 水质　氨基甲酸酯类农药的测定　超高效液相色谱-三重四极杆质谱法 HJ827－2017

适用范围　本方法适用于地表水、地下水、生活污水和工业废水中灭多威、灭多威肟、3-羟基克百威、残杀威、恶虫威、甲萘威、混杀威、速灭威、仲丁威、猛杀威、氯灭杀威、克百威、异丙威、灭虫威、抗蚜威共 15 种氨基甲酸酯类农药的测定。

方法原理　水中的氨基甲酸酯类农药经直接进样或固相萃取法富集，用超高效液相色谱-三重四极杆质谱法分离检测。根据保留时间和特征离子定性，内标法定量。

检出限　当进样体积为 2.0 μL 时，直接进样法的检出限为 0.1~2 μg/L，测定下限为 0.4~8 μg/L。

当取样量为 100 mL，浓缩定容体积为 1.0 mL，进样体积为 2.0 μL 时，固相萃取法检出限为 0.002~0.031 μg/L，测定下限为 0.008~0.124 μg/L，见表 4-22。

表 4-22　15 种氨基甲酸酯类农药的方法检出限和测定下限

序号	化合物名称	英　文　简　称	CAS 号	直接进样法		固相萃取法	
				检出限/(μg/L)	测定下限/(μg/L)	检出限/(μg/L)	测定下限/(μg/L)
1	灭多威肟	Methomyl-oxime	13749－94－5	2	8	0.031	0.124
2	灭多威	Methomyl	16752－77－5	0.6	2.4	0.012	0.048
3	抗蚜威	Pirimicarb	23103－98－2	0.2	0.8	0.002	0.008
4	3－羟基克百威	3－Hydroxy carbofuran	16655－82－6	0.4	1.6	0.009	0.036
5	速灭威	Metolcarb	1129－41－5	0.3	1.2	0.004	0.016
6	残杀威	Propoxur	114－26－1	0.4	1.6	0.008	0.032
7	克百威	Carbofuran	1563－66－2	0.1	0.4	0.005	0.020
8	恶虫威	Bendiocarb	22781－23－3	0.6	2.4	0.007	0.028

序号	化合物名称	英文简称	CAS 号	直接进样法		固相萃取法	
				检出限/(μg/L)	测定下限/(μg/L)	检出限/(μg/L)	测定下限/(μg/L)
9	甲萘威	Carbaryl	63 – 25 – 2	0.3	1.2	0.010	0.040
10	异丙威	Isoprocarb	2631 – 40 – 5	0.2	0.8	0.003	0.012
11	混杀威	2,3,5 – Trimethacarb	2655 – 15 – 4	0.3	1.2	0.007	0.028
12	氯灭杀威	Carbanolate	671 – 04 – 5	0.2	0.8	0.006	0.024
13	仲丁威	Fenobucarb	3766 – 81 – 2	0.2	0.8	0.007	0.028
14	灭虫威	Mercaptodimethur	2032 – 65 – 7	0.2	0.8	0.004	0.016
15	猛杀威	Promecarb	2631 – 37 – 0	0.2	0.8	0.004	0.016

干扰和消除　暂不明确。

52. 涕灭威

备注　无分析方法。

53. 敌敌畏、甲基对硫磷、马拉硫磷、乐果

方法一：水质　有机磷农药的测定　气相色谱法　GB 13192 – 1991

见 2.2.5　20. 对硫磷、甲基对硫磷、乐果等方法。

方法二：生活饮用水标准检验方法　农药指标　4 对硫磷　填充柱气相色谱法　GB/T 5750.9 – 2006

适用范围　本方法适用于生活饮用水及其水源水中对硫磷（E – 605）、甲基对硫磷（甲基 E – 605）、内吸磷（E – 059）、马拉硫磷（4049）、乐果和敌敌畏（DDVP）的测定。

方法原理　水中微量有机磷经二氯甲烷萃取，浓缩，定量注入色谱柱，各有机磷在柱上逐一分离，依次在火焰光度检测器富氢火焰中燃烧，发射出 526 nm 波长的特征光。光强度与含磷量成正比，此特征光通过磷滤光片，由光电倍增管检测进行定量分析。

检出限　本方法测定对硫磷（E – 605）等 6 种有机磷的最低检测质量均为 0.20 ng。若取 100 mL 水样萃取后测定，对硫磷（E – 605）等 6 种有机磷的最低

检测质量浓度均为 2.5 μg/L。

干扰和消除　暂不明确。

方法三：生活饮用水标准检验方法　农药指标　4.2 对硫磷　毛细管柱气相色谱法 GB/T 5750.9－2006

适用范围　本方法适用于生活饮用水及其水源水中敌敌畏、甲拌磷、E－059、乐果、甲基 E－605、4049 和 E－605 的测定。

方法原理　水中微量有机磷经二氯甲烷萃取、浓缩，定量注入色谱柱，各有机磷在柱上逐一分离，依次在火焰光度检测器富氢火焰中燃烧，发射出 526 nm 波长的特征光。光强度与含磷量成正比，此特征光通过磷滤光片，由光电倍增管检测进行定量分析。

检出限　本方法最低检测质量分别为：敌敌畏，0.012 ng；甲拌磷，0.025 ng；内吸磷，0.025 ng；乐果，0.025 ng；甲基对硫磷，0.025 ng；马拉硫磷，0.025 ng；对硫磷，0.025 ng。若取 250 mL 水样萃取后测定，则最低检测质量浓度分别为：敌敌畏，0.05 μg/L；甲拌磷，0.1 μg/L；内吸磷，0.1 μg/L；乐果，0.1 μg/L；甲基对硫磷，0.1 μg/L；马拉硫磷，0.1 μg/L；对硫磷，0.1 μg/L。

干扰和消除　在本方法的实验条件下，氧化乐果对内吸磷的测定有干扰，久效磷、甲基毒死蜱对乐果的测定有干扰，毒死蜱对甲基对硫磷的测定有干扰。如果上述几种干扰存在时，可以用 HP－1（30 m×0.53 mm×2.65 μm）色谱柱进行确证（仪器条件：气化室温度 270℃；柱温：程序升温，初温 140℃，保持 1 min，以 10℃/min 升至 190℃，保持 4 min，以 5℃/min 升至 220℃，保持 1 min；检测器温度：270℃；载气流量：氮气 30 mL/min；尾吹气流量 15 mL/min）。

由于甲胺磷和乙酰甲胺磷在水中的溶解度大，直接用二氯甲烷提取时其回收率很低，故此方法不适合于甲胺磷及乙酰甲胺磷的测定。

54. 毒死蜱

方法：生活饮用水标准检验方法　农药指标　16.1 毒死蜱　气相色谱法 GB/T 5750.9－2006

适用范围　本方法适用于生活饮用水及其水源水中毒死蜱的测定。

方法原理　水中的毒死蜱经二氯甲烷萃取后，用气相色谱火焰光度检测器测定，以保留时间定性，以峰高或峰面积外标法定量。

检出限　本方法最低检测质量为 0.2 ng，若取 200 mL 水样，则最低检测质量浓度为 2 μg/L。

干扰和消除 暂不明确。

55. 百菌清

方法一：水质百菌清和溴氰菊酯的测定 气相色谱法 HJ 698－2014

适用范围 本方法适用于地表水、地下水、工业废水和生活污水中百菌清和溴氰菊酯的测定。

方法原理 用正己烷萃取样品中百菌清和溴氰菊酯，萃取液经无水硫酸钠脱水、浓缩、定容后用气相色谱仪-电子捕获检测器（ECD）分离、检测，根据保留时间定性，外标法定量。

检出限 当样品量为 100 mL 时，本标准的方法检出限：百菌清为 0.07 μg/L，溴氰菊酯为 0.40 μg/L；测定下限：百菌清为 0.28 μg/L，溴氰菊酯为 1.60 μg/L。

干扰和消除 电子捕获检测器由于其高灵敏度，易因杂质峰较多而产生干扰，当目标化合物有检出时，应用色谱柱 2 辅助定性确认以消除干扰。

方法二：水质 百菌清及拟除虫菊酯类农药的测定 气相色谱—质谱法 HJ 753－2015

适用范围 本方法适用于地表水、地下水、工业废水和生活污水中百菌清及拟除虫菊酯类农药化合物的测定。

方法原理 采用液液萃取或固相萃取法，萃取水样中百菌清及拟除虫菊酯类农药，萃取液经脱水、浓缩、净化、定容后，用气相色谱分离，质谱检测。根据保留时间、碎片离子质荷比及其丰度比定性，内标法定量。

检出限 液液萃取法取样量为 1 L 时，方法检出限为 0.005～0.05 μg/L，测定下限为 0.020～0.20 μg/L；固相萃取法取样量为 500 mL 时，方法检出限为 0.005～0.08 μg/L，测定下限为 0.020～0.32 μg/L。见表 4－23。

表 4－23 百菌清及拟除虫菊酯类农药的方法检出限和测定下限

序 号	化 合 物	液液萃取法		固相萃取法	
		方法检出限 /(μg/L)	测定下限 /(μg/L)	方法检出限 /(μg/L)	测定下限 /(μg/L)
1	百菌清	0.005	0.020	0.008	0.032
2	丙烯菊酯	0.006	0.024	0.007	0.028
3	胺菊酯	0.006	0.024	0.005	0.020

续　表

序　号	化　合　物	液液萃取法		固相萃取法	
		方法检出限 /（μg/L）	测定下限 /（μg/L）	方法检出限 /（μg/L）	测定下限 /（μg/L）
4	联苯菊酯	0.005	0.020	0.007	0.028
5	甲氰菊酯	0.005	0.020	0.007	0.028
6	氯氟氰菊酯	0.03	0.12	0.05	0.20
7	氯氰菊酯	0.04	0.16	0.07	0.28
8	氰戊菊酯	0.05	0.20	0.07	0.28
9	溴氰菊酯	0.04	0.16	0.08	0.32

干扰和消除　暂不明确。

56. 莠去津

方法：生活饮用水标准检验方法　农药指标　17.1 莠去津 高压液相色谱法 GB/T 5750.9 - 2006

适用范围　本方法适用于生活饮用水及其水源水中莠去津的测定。

方法原理　用二氯甲烷萃取水中的莠去津，浓缩，挥干，用甲醇定容后用液相色谱仪测定。

检出限　本方法最低检测质量为 0.5 ng。若取 100 mL 水样测定，则最低检测质量浓度为 0.000 5 mg/L。

干扰和消除　有干扰物质存在时可用硅酸镁吸附柱进行净化。

57. 草甘膦

方法一：生活饮用水标准检验方法　农药指标　18.1 草甘膦　高压液相色谱法　GB/T 5750.9 - 2006

适用范围　本方法适用于生活饮用水及其水源水中草甘膦和氨甲基膦酸的测定。

方法原理　采用阴离子或阳离子交换色谱法分离草甘膦和氨甲基膦酸，经柱后衍生，用荧光检测器检测。柱后衍生反应为先用次氯酸盐溶液将草甘膦氧化成氨基乙酸；然后氨基乙酸与邻苯二醛（OPA）和 2 - 巯基乙醇（MERC）的混合液反应，形成一种强光的异吲哚产物。氨甲基膦酸可直接与 OPA/MERC 混合液反应，在次氯酸盐存在下，检测灵敏度会下降。

检出限 本方法草甘膦和氨甲基膦酸的最低检测质量均为 5.0 ng。若取 200 μL 直接进样则最低检测质量浓度均为 25 μg/L。

干扰和消除 目前未见有基质干扰的报道。草甘膦可在氯消毒过的水中降解。草甘膦在矿物和玻璃表面有强吸附作用。

方法二：水质 草甘膦的测定 高效液相色谱法 HJ 1071－2019

适用范围 本方法适用于地表水、地下水、生活污水和工业废水中草甘膦的测定。

方法原理 样品在 pH 为 4~9 的条件下加入二水合柠檬酸三钠，经过滤或固相萃取净化后与 9－芴甲基氯甲酸酯（FMOC－Cl）进行衍生化反应，生成的荧光产物经二氯甲烷萃取净化去除衍生化副产物后，用具有荧光检测器的高效液相色谱分离检测。以保留时间和特征波长定性，外标法定量。

检出限 当进样体积为 20 μL，方法的检出限为 2 μg/L，测定下限为 8 μg/L。

干扰和消除 样品中的金属离子会与草甘膦形成稳定的络合物从而干扰草甘膦的测定，可通过加入二水合柠檬酸三钠消除干扰。

第5章 自行监测质量保证与质量控制体系

5.1 企业自行开展监测

排污单位应建立并实施质量保证与质量控制措施方案，以自证自行监测数据的质量。

排污单位应根据单位自行监测的工作需求，设置监测机构，梳理监测方案制定、样品采集、样品分析、监测结果报出、样品留存、相关记录的保存等监测的各个环节中。为保证监测工作质量应制定的工作流程、管理措施与监督措施，建立自行监测质量体系。委托其他有资质的检（监）测机构代其开展自行监测的，排污单位不用建立监测质量体系，但应对检（监）测机构的资质进行确认。

质量体系应包括监测机构、人员、出具监测数据所需仪器设备、监测辅助设施和实验室环境、监测方法技术能力验证、监测活动质量控制与质量保证等。具体描述如下。

（1）监测机构

监测机构应具有与监测任务相适应的技术人员、仪器设备和实验室环境，明确监测人员和管理人员的职责、权限和相互关系，有适当的措施和程序保证监测结果准确可靠。

（2）监测人员

应配备数量充足、技术水平满足工作要求的技术人员，规范监测人员录用、培训教育和能力确认/考核等活动，建立人员档案，并对监测人员实施监督和管理，规避人员因素对监测数据正确性和可靠性的影响。

（3）监测设施和环境

根据仪器使用说明书、监测方法和规范等的要求，配备必要的如除湿机、空调、干湿度温度计等辅助设施，以使监测工作场所条件得到有效控制。

（4）监测仪器设备和实验试剂

应配备数量充足、技术指标符合相关监测方法要求的各类监测仪器设备、标准物质和实验试剂。监测仪器性能应符合相应方法标准或技术规范要求，根据仪器性能实施自校准或者检定/校准、运行和维护，并开展定期检查。

标准物质、试剂、耗材的购买和使用情况应建立台账予以记录。

（5）监测方法技术能力验证

应组织监测人员按照其所承担监测指标的方法步骤开展实验活动，测试方法的检出浓度、校准（工作）曲线的相关性、精密度和准确度等指标，实验结果满足方法相应的规定以后，方可确认该人员实际操作技能满足工作需求，能够承担测试工作。

（6）监测质量控制

编制监测工作质量控制计划，选择与监测活动类型和工作量相适应的质控方法，包括使用标准物质、采用空白试验、平行样测定、加标回收率测定等，定期进行质控数据分析。

（7）监测质量保证

按照监测方法和技术规范的要求开展监测活动，若存在相关标准规定不明确但又影响监测数据质量的活动，可编写《作业指导书》予以明确。

编制工作流程等相关技术规定，规定任务下达和实施，分析用仪器设备购买、验收、维护和维修，监测结果的审核签发、监测结果录入发布等工作的责任人和完成时限，确保监测各环节无缝衔接。

设计记录表格，对监测过程的关键信息予以记录并存档。

定期对自行监测工作开展的时效性、自行监测数据的代表性和准确性、管理部门检查结论和公众对自行监测数据的反馈等情况进行评估，识别自行监测存在的问题，及时采取纠正措施。管理部门执法监测与排污单位自行监测数据不一致的，以管理部门执法监测结果为准，作为判断污染物排放是否达标、自动监测设施是否正常运行的依据。

5.2 委托第三方开展监测

5.2.1 资质认定基本要求

《检验检测机构资质认定能力评价-检验检测机构通用要求》（RB/T 214－

2017）4.5.14 方法的选择；验证和确认　条款规定如下。

（1）检验检测机构应建立和保持检验检测方法控制程序。检验检测方法包括标准方法、非标准方法（含自制方法）。应优先使用标准方法，并确保使用标准的有效版本。在使用标准方法前，应进行验证。在使用非标准方法（含自制方法）前，应进行确认。检验检测机构应跟踪方法的变化，并重新进行验证或确认。必要时，检验检测机构应制定作业指导书。如确需方法偏离，应有文件规定，经技术判断和批准，并征得客户同意。当客户建议的方法不适合或已过期时，应通知客户。

（2）非标准方法（含自制方法）的使用，应事先征得客户同意，并告知客户相关方法可能存在的风险。需要时，检验检测机构应建立和保持开发自制方法控制程序，自制方法应经确认。检验检测机构应记录作为确认证据的信息：使用的确认程序、规定的要求、方法性能特征的确定、获得的结果和描述该方法满足预期用途的有效性声明。

《检验检测机构资质认定生态环境监测机构评审补充要求》第十七条　生态环境监测机构对于方法验证或方法确认应做到以下几点

（1）初次使用标准方法前，应进行方法验证。包括对方法涉及的人员培训和技术能力、设施和环境条件、采样及分析仪器设备、试剂材料、标准物质、原始记录和监测报告格式、方法性能指标（如校准曲线、检出限、测定下限、准确度和精密度）等内容进行验证，并根据标准的适用范围，选取不少于一种实际样品进行测定。

（2）使用非标准方法前，应进行方法确认。包括对方法的适用范围、干扰和消除、试剂和材料、仪器设备、方法性能指标（如校准曲线、检出限、测定下限、准确度和精密度）等要素进行确认，并根据方法的适用范围，选取不少于一种实际样品进行测定。非标准方法应由不少于 3 名本领域高级职称及以上专家进行审定。生态环境监测机构应确保其人员培训和技术能力、设施和环境条件、采样及分析仪器设备、试剂材料、标准物质、原始记录和监测报告格式等符合非标准方法的要求。

（3）方法验证或方法确认的过程及结果应形成报告，并附验证或确认全过程的原始记录，保证方法验证或确认过程可追溯。

5.2.2　资质认定方法概述

1. 方法分类
一般可将方法分为标准方法和非标准方法（含自制方法）两大类。

（1）标准方法

指标准组织发布的方法，包括以下内容。

① 国内标准，由国内标准化组织或机构发布的标准。包括我国国家标准、行业标准和地方标准。

② 国际标准，由国际标准化组织发布的标准，如 ISO、IEC、ITU 等。

③ 区域标准，由国际上区域标准化组织发布的标准，如欧洲标准化委员会（CEN）等①。

④ 国外标准，由国外标准化组织发布的标准，如 ANSI、DIN、BSI 等。

（2）非标准方法

非标准方法包括知名技术组织、有关科学书籍和期刊公布的方法，以及设备制造商指定的方法。

从方法确认的角度看，非标准方法广义上也可包括实验室制定的方法和超出其预定范围使用的标准方法，以及扩充和修改过的标准方法。

2. 方法选择

实验室选择方法的原则：

（1）满足客户的需求；

（2）适用于所进行的检测/校准（包括抽样）；

（3）满足法律、法规、有关机构的要求。

以上条件应同时满足。对客户指定的方法应进行审查，如不适用，应向客户指明并重新选择方法。

CMA 建议优先使用标准方法。对非标准方法，应考虑其必要性。对一些技术手册上的方法，如有相应的标准，应按标准方法申请认可。

3. 方法评审

方法评审的重点是方法的适用性和正确实施。评审时首先应区分是标准方法还是非标准方法。对标准方法，评审中应审查其方法证实的有效性，主要要求申请实验室在引入标准方法前，应从"人""机""料""法""环""测"等方面，验证实验室有能力满足标准方法要求，开展检测/校准活动；对非标准方法，应审查方法的确认、确认的有效性以及是否能正确实施。

---

① 注：标委会网站的区域组织、太平洋地区标准大会一般不制订标准，故不列出。

5.2.3　标准方法资质认定

1. 标准方法的有效性

有效性包括标准版本的现行有效和标准的实施有效两方面内容。

实验室应确保使用标准的最新有效版本，除非该版本不适宜或不可能使用。

实验室应定期核查标准，确保使用最新有效版本，如由于特别原因确须使用作废标准，应予以合理说明，说明文件应有规范的批准手续。现场使用的作废标准必须有明确标识，以防止可能的误用。

2. 标准方法的适用性

实验室在引入新方法前，必须注意方法是否满足预期的要求。选择的方法是否适用于所进行的检测/校准（包括抽样）。

3. 方法的偏离

实际工作与方法有偏离时，该偏离应文件化，在技术判断的基础上经授权并得到客户接受。偏离是一种让步的书面许可，它必须在一定的测量范围或误差范围内；限制一定的数量、一定的时间段，必须在经技术判断不会影响检测/校准结果正确、可靠的情况下，获得批准后才允许偏离，还必须要得到客户同意，客户不同意就不能发生偏离。偏离的技术判断可由实验室或以实验室的名义，或由实验室外的技术机构作出，应有对偏离技术判断的记录。

偏离应与非标准方法区别对待。偏离是一个临时措施，在特定的情况下才使用偏离，不能长久偏离。如果需要长久偏离，可以修订方法（包括标准方法和非标准方法），形成文件作为作业指导书使用。偏离的对象可以包括已验证过的标准方法和已确认过的非标准方法。非标准方法经确认后可长期使用，或者在转化为标准方法前可以在一个时期内使用。

4. 作业指导书

必要时，应采用附加细则或作业指导书（无论称谓如何）对标准加以补充，以确保应用的一致性。实验室应根据员工的技术素质、方法的充分性和操作的繁杂程度，识别制定方法作业指导书的需求。如果缺少指导书可能危及检测/校准结果，则实验室应制定相应的指导书，并便于人员理解和使用。指导书按《文件控制程序》规定批准发布，保持现行有效并便于有关人员使用。

5. 标准方法的验证

在引入检测/校准之前，实验室应验证能够正确地运用这些标准方法。如果标准方法发生了变化，应重新进行验证。

实验室对标准方法的验证应有相关的文件规定、支持的文件记录。验证的内容应包括以下几点。

（1）执行新标准所需的人力资源的评价，检测人员是否具备所需的技能及能力，必要时进行人员培训，考核后上岗。

（2）现有设备适用性的评价，是否具有所需的标准/参考物质，必要时进行补充。

（3）环境条件和设施的评价，必要时进行验证。

（4）样品的制备、前处理、存放等各环节是否满足方法的要求。

（5）作业指导书、原始记录表格和报告内容、格式的审查或修订，以适应新标准要求。

（6）对新旧标准进行比较，尤其是差异的分析。当有较大差异时，应进行适当的比对。

方法的验证可包括以前参加的实验室间比对或能力验证的结果，以及为确定测量不确定度、检出限、置信限等而使用的已知值样品或物品所做的试验性检测或校准计划的结果。

5.2.4　非标准方法资质认定

1. 方法确认的范围

确认是通过检查并提供客观证据，以验证某一特定预期用途的特定要求得到满足。CNAS CL01：2018 规定对以下情况需要进行方法的确认。

（1）非标准方法

（2）实验室制定的方法

（3）超出预定范围使用的标准方法

（4）其他修改的标准方法

这几方面从广义上都可理解为非标准方法。

确认可包括对检测或校准物品的抽样；处置和运输程序的确认。当对已确认的非标准方法作某些改动时，适当时应当重新进行确认。

2. 不同方法的确认要求

（1）获得承认的非标准方法

获得政府、客户或认可机构承认的非标准方法可直接验证使用，不须进行确认。非标准方法的承认是一种认定要求，国家主管部门、行业主管部门的发文或发布的技术方法可以直接证实使用。如 CNAS 的动物检疫应用说明中规定："国际动物卫生组织（OIE）规定或推荐的方法为实验室标准方法。有关国家或组织（如欧盟、美国、加拿大、澳大利亚和新西兰等）使用的官方（农业部或兽医部门）确认的方法，以及我国农业部或国家质检总局确认的方法为不须确认的非标方法"，对上述列举的方法，只要实验室证实具备实施这些方法的能力就可以了。

（2）知名技术组织、有关科学书籍和期刊公布的方法，设备制造商指定的方法对知名技术组织公布的、行业内公认的方法，可以直接证实使用，否则应进行技术确认。国际上普遍采用、行业广泛认可的某些公司、行业协会的标准，可以直接证实使用，但在有的行业需要得到主管部门承认，不能与主管部门的规定不一致。

对有关科学书籍和期刊公布的方法，如果是国际上普遍采用、行业广泛认可的方法，可以直接证实使用。但许多是较多地阐述原理，对特定的测试研究不够详尽，这种情况下实验室必须提供深入研制方法的报告，形成文件，并提供技术确认记录，必要时要由行业内专家进行确认。

对仪器供应商提供的方法，实验室选用时如果测试对象同仪器方法的是相同类型、在仪器的测量范围内，且方法是行业内公认的方法，可直接证实使用，否则须供深入研制方法的报告，形成文件，并提供技术确认记录，必要时要由行业内专家进行确认。

（3）实验室制定的方法

实验室制定的方法应进行技术确认，应参考标准方法的验证方式。由行业内专家进行鉴定确认，包括可以提供由国家或行业的权威机构出具的证明该方法准确可靠的材料。

对于国家或行业的权威机构，有时会有一些尚未转化为国标或行业标准的新技术新方法的研究成果。如果实验室为行业内的权威机构，可由实验室组织进行内部技术确认，必要时应提供外部的证明材料。对此类方法的评审应关注研究报告的完整性以及方法确认的有效性。

（4）超出其预定范围使用的标准方法或其他修改过的标准方法

根据变动性质和程度决定是直接证实使用还是进行技术确认。应考虑方法或其原理在行业内的应用情况和成熟度。实验室提交申请时应进行说明。如果是对标准方法做了少量改动，可由实验室组织进行确认。如果是将标准方法应用到新的领域，应由行业内的专家进行确认。

3. 方法确认的文件和记录

（1）实验室提交的材料

实验室申请非标准方法时，应提交方法文本文件及方法确认材料。非标准方法应参照标准方法的格式编写，技术指标内容要完整。方法确认材料可以包括在上级行政主管机构或行业备案获批准的相关资料（有些情况下必须提供）、同行专家审定资料和实验室内部技术方法确认资料等。非标准方法的确认须得到主管部门或行业内的认可。申请时应提交说明，进行了哪些验证。

对方法确认记录应核查其真实性、准确性、可靠性。实验室进行方法确认时，应记录所获得的结果、使用的确认程序以及该方法是否适合预期用途的声明。

确认的记录应有以下内容。

① 确认的检测方法，包括设备、试剂、校准等详细信息。

② 用于产生检测方法性能特性的确认程序或计划的参考。

③ 方法性能特性的汇总，以及这些特性的计算和定义、应提供原始数据。

④ 方法预期的用途。

⑤ 对有效性的声明。

⑥ 测量不确定度的评定，校准领域必须提供不确定度评定报告。

（2）非标准方法的文件化

方法经确认后，必须制定成文件，以保证方法应用的一致性。

实验室应参照标准方法的要求编制方法操作程序或类似文件。对实验室制定的方法，其制定方法的过程应是有计划的活动。计划应随方法制定的进度加以更新，并确保所有有关人员之间的有效沟通。

当对已确认的非标准方法做某些改动时，应当将这些改动的影响制定成文件，适当时应当重新进行确认。

在方法制定过程中，须进行定期的评审，以证实客户的需求仍能得到满足。

要求中的认可变更需要对方法制定计划进行调整时，应当得到批准和授权。

（3）体系文件的有关要求

实验室体系文件中应对方法确认有相应规定，包括进行方法确认的范围、职责、要求等，应有相应的支持文件记录。

实验室应对进行方法确认的人员有明确岗位职责规定。进行方法确认的人员必须有能力从事此领域工作，必须有与工作相关的足够知识，能够根据研究过程中的观察结果作出适宜的判断。方法的选择、制定和确认应由技术负责人或相关领域授权签字人负责组织、审批。

4. 方法确认的技术说明

（1）方法确认的内容

确认应尽可能全面，确认包括：

① 对要求的详细说明；

② 对方法特性量的测定；

③ 对利用该方法能满足要求的核查；

④ 对有效性的声明。

（2）方法确认的技术

方法确认采用的技术应当是下列之一，或是其组合：

① 使用参考标准或标准物质（参考物质）进行校准；

② 与其他方法所得的结果进行比较；

③ 通过改变控制检验方法的稳健度，如培养箱温度、加样体积等；

④ 实验室间比对；

⑤ 对影响结果的因素做系统性评审；

⑥ 根据对方法的理论原理和实践经验的科学理解，对所得结果不确定度进行的评定。

方法确认经常与方法的制定密切相关，许多性能参数通常在制定方法时已进行了评价，或至少大致进行了评价。方法确认时可采用这些数据。对改动的非标准方法进行再确认时，根据改动的性质，可采用原有的数据。

（3）方法确认使用的特性值

方法确认可对以下特性值进行评价：结果的不确定度、检出限、方法的选择性、线性、重复性限和/或复现性限、抵御外来影响的稳健度和/或抵御来自样品（或测试物）基体干扰的交互灵敏度。经过确认的方法所得数据的范围和准确度应适应客户的需求。

方法确认过程中测定方法性能参数时要求必须使用符合要求的、正常工作的、经过校准的仪器。

（4）方法确认的程度

不同领域对非标准方法的确认要求有显著差异。方法确认的深入程度和广泛程度与方法预期的用途相称，是成本、风险和技术可行性之间的一种平衡。许多情况下，由于缺乏信息，数值（如准确度、检出限、选择性、线性、重复性、复现性、稳健度和交互灵敏度）的范围和不确定度只能以简化的方式给出。确认和/或再确认的程度也依赖于将方法应用到不同实验室、仪器、人员和环境时变动的程度和性质。

5. 方法的正确实施

对非标准方法，不仅应通过确认证实方法的合理性、可操作性，能够满足预期使用要求，还应证实实验室能够正确使用方法，获得正确、准确、可靠的测量结果。应考核实验室确实具备方法要求的资源，包括人员、环境、设备、标准物质/参考标准、样品等。

5.2.5 申请新分析方法所须提供的材料清单

（1）开展新工作项目申请表。

（2）方法验证报告（采样部分确认、方法检出限、方法精密度、方法准确度等技术指标的确认，以及典型报告包括采样和分析），验证报告最后须有结论，做成表单方法要求和实际确认结果以及判定结果。

（3）作业指导书。

（4）不确定度报告（若需）。

（5）新项目确认单。

（6）人员培训记录。

（7）人员上岗证。

（8）人员监督员记录或人员监督计划。

（9）标准物质证书。

（10）仪器设备校准证书（包括采样仪器设备），若须期间核查，须提交期间核查记录。

参 考 文 献

［1］中华人民共和国环境保护部科技标准司. 排污单位自行监测技术指南　总则：HJ 819 -
　　2017［S］. 北京：中国环境科学出版社，2017.

［2］中华人民共和国环境保护部科技标准司. 水质　挥发性卤代烃的测定　顶空气相色谱法：
　　HJ 620 - 2011［S］. 北京：中国环境科学出版社，2011.

［3］中华人民共和国环境保护部科技标准司. 水质　挥发性有机物的测定　吹扫捕集/气相色
　　谱-质谱法：HJ 639 - 2012［S］. 北京：中国环境科学出版社，2012.

［4］中华人民共和国环境保护部科技标准司. 杂环类农药工业水污染物排放标准：GB 21523 -
　　2008［S］. 北京：中国环境科学出版社，2008.

［5］中华人民共和国国家卫生和计划生育委员会. 工作场所空气有毒物质测定　第一部分：
　　总则：GBZ/T 300. 1 - 2017［EB/OL］. ［2017 - 11 - 09］. http://www.nhc.gov.cn/fzs/
　　s7852d/201711/8e7f244973ab4b22ad7763d266e641d9. shtml.

［6］中华人民共和国环境保护部科技标准司. 空气和废气　颗粒物中铅等金属元素的测定
　　电感耦合等离子体质谱法：HJ 657 - 2013［S］. 北京：中国环境科学出版社，2013.

［7］U. S. EPA. Semivolatile Organic Compounds by Gas Chromatography /Mass Spectrometry
　　（GC/MS）：Method 8270E（SW - 846）［S］. Washington. DC，2014.

［8］Workplace atmospheres - Determination of inorganic acids by ion chromatography - Part 1：
　　Non - volatile acids（sulfuric acid and phosphoric acid）：ISO 21438 - 1：2007［S /OL］.
　　［2007 - 12 - 01］. https：//www.iso.org/standard/40239. html.

［9］中华人民共和国环境保护部科技标准司. 环境空气　挥发性有机物的测定　罐采样/气相
　　色谱-质谱法：HJ 759 - 2015［S］. 北京：中国环境科学出版社，2015.

［10］Volatile Organic Compounds by Gas Chromatography：U. S. EPA Method 18［S /OL］.
　　［2019 - 01 - 14］. https：//www. epa. gov /emc /method - 18 - volatile-organic-compounds-
　　gas-chromatography.

［11］ASTM International. Standard Test Method for Determination of Gaseous Organic Compounds
　　by Direct Interface Gas Chromatography-Mass Spectrometry：ASTM D6420 - 99（2010）
　　［S］. West Conshohocken. PA，2010.

［12］Workplace air quality. Determination of total organic isocyanate groups in air using 1 - (2 - methoxyphenyl) piperazine and liquid chromatography：ISO 16702 - 2007 ［S/OL］.［2007 - 12 - 01］. https：//www. iso. org/obp/ui/#iso：std：iso：16702：ed - 2：v1：en.

［13］中华人民共和国环境保护部科技标准司. 固定污染源废气　挥发性有机物的测定　固相吸附-热脱附/气相色谱-质谱法：HJ 734 - 2014 ［S］. 北京：中国环境科学出版社，2014.

［14］中华人民共和国生态环境部科技标准司. 土壤环境质量　建设用地土壤污染风险管控标准（试行）：GB 36600 - 2018 ［S］. 北京：中国环境科学出版社，2018.

［15］中华人民共和国环境保护部科技标准司. 土壤和沉积物　12 种金属元素的测定　王水提取-电感耦合等离子体质谱法：HJ 803 - 2016 ［S］. 北京：中国环境科学出版社，2016.

［16］中华人民共和国环境保护部科技标准司. 土壤和沉积物　半挥发性有机物的测定　气相色谱-质谱法：HJ 834 - 2017 ［S］. 北京：中国环境出版社，2017.

［17］全国国土资源标准化技术委员会. 地下水质量标准：GB 14848 - 2017 ［S］. 北京：中国质检出版社，2018.

［18］中国疾病预防控制中心环境与健康相关产品安全所. 生活饮用水标准检验方法　总则：GB/T 5750. 1 - 2006 ［S］. 北京：中国标准出版社，2007.

［19］中国国家认证认可监督管理委员会. 检验检测机构资质认定能力评价　检验检测机构通用要求：RB/T 214 - 2017 ［S］. 北京：中国标准出版社，2018.